AF396956

V

32188

NOUVELLE
ARITHMÉTIQUE
RAISONNÉE.

DUMOULIN, RONET ET SIBUET, IMPRIMEURS,
Quai Saint-Antoine, n. 33.

NOUVELLE ARITHMÉTIQUE RAISONNÉE

MISE EN DIALOGUES,

EXPLIQUÉE SI CLAIREMENT
QU'IL EST FACILE D'APPRENDRE TOUTES LES OPÉRATIONS DE L'ARITHMÉTIQUE
SANS LE SECOURS D'AUCUN MAÎTRE ;

SUIVIE D'UNE

ARITHMÉTIQUE POLITIQUE

ET DES PREMIÈRES NOTIONS DE TENUE DES LIVRES EN PARTIE DOUBLE ;

par

Nicolas BÉZÉNAC,

Ancien Officier d'Artillerie.

PARIS,

CHEZ M. MAIRE-NYON, LIBRAIRE,

QUAI DE CONTI.

LYON,

GIBERTON ET BRUN, LIBRAIRES DE L'ACADÉMIE,
Petite rue Mercière, Nᵒ 7 ;

CHEZ L'AUTEUR,

Aux Brotteaux, cours Lafayette, maison V. Reydelet,

1840.

PRÉFACE.

L'uniformité des poids et mesures dans toute la France est un bienfait pour sa population. Elle rend désormais faciles dans tous les pays les échanges et les acquisitions, contrariés autrefois, ou exposés à de graves erreurs par l'effet des dénominations diverses qui donnaient, pour ainsi dire, à chaque localité des mesures et des poids particuliers. On aime à voir, dans cette disposition générale, prescrite par la législation actuelle, un moyen et un gage d'union entre tous les Français, chez qui tout se fera ainsi, comme parmi les membres d'une grande famille, d'un accord unanime et sans difficulté. Et il est permis encore de penser que cet accord existera un jour entre toutes les nations, puisque c'est la nature même qui en a déterminé la convention.

Le système des poids et mesures, obligatoire en France, à dater du 1er janvier 1840, et pour cela nommé légal, est aussi appelé système métrique, parce que le mètre en est la base. La conservation de cette mesure première importait trop aux sciences pour qu'on ne cherchât pas à la rattacher à une dimension certaine et invariable. L'académie des sciences pensa que la mesure du globe terrestre était propre à fournir ce type de dimension ; elle chargea MM. Delambre et Méchin de répéter, et de continuer avec une exactitude parfaite, les opérations antérieurement exécutées pour mesurer la surface du méridien qui traverse la France.

Ainsi, au moyen de procédés rigoureux, MM. Delambre et Méchin mesurèrent l'arc du méridien de la France, depuis Dunkerque jusqu'à Barcelonne ; plus tard, MM. Biot et Arago ont continué cette mesure depuis Barcelonne jusqu'à l'île de Formentera (Méditerranée.) On obtint pour mesure du quart du méridien terrestre, qui va du pôle à l'équateur, une longueur dont on convint que la dix-millionnième partie deviendrait sous le nom de *mètre*, mot tiré du grec qui signifie mesure, la base du système métrique.

C'est à l'application de ce système que cette nouvelle Arithmétique a été consacrée.

Instruire en amusant, éclairer l'esprit en stimulant la curiosité, tel est le but que s'est proposé son auteur. La science qu'il apprend n'est plus hérissée de difficultés qui rebutent et embarrassent dans certains auteurs très-instruits, sans doute, mais qui ne sont pas pénétrés de l'objet de leur mission. Pour enseigner, il ne faut pas montrer trop de savoir; le trop grand savoir éblouit. Le bon maître rend l'abord de la science facile par la simplicité, la clarté de ses explications; il se fait commençant avec ses élèves, il semble apprendre avec eux.

Cet ouvrage, avec ces moyens, doit avoir ce résultat. Le genre dialogué semblait le mieux convenir; il repose l'esprit, intéresse la curiosité, permet quelques tournures, quelques expressions simples et familières, qui répugneraient à la gravité d'un enseignement ordinaire. Les interlocuteurs sont dix élèves pris dans une classe parmi les plus avancés pour la lecture et pour l'écriture; l'un de ces élèves prend la place du maître; la scène se passe dans l'intérieur d'une école.

Comme les enfants ne peuvent pas suivre avec attention une longue suite d'idées sérieuses auxquelles leur âge ne saurait s'accoutumer, aucune leçon n'est suivie dans cet ouvrage; elles sont souvent abandonnées pour être plus tard reprises. C'est, pour ainsi dire, en satisfaisant leur légèreté, en folâtrant, que les élèves parcourent les règles du calcul mental, de la numération écrite et parlée, des proportions, du toisé, du cubage, de l'extraction des racines, de la gnomonique, de la tenue des livres; raisonnent chaque opération, se familiarisent avec les grands calculs de l'arithmétique politique; arrivent enfin, comme sans peine, jusqu'aux combinaisons de l'algèbre.

L'auteur se plaît à croire qu'on lui saura gré de ses efforts pour mettre son ouvrage à la portée de tout le monde, par la clarté de ses démonstrations, la simplicité de son style, et il espère qu'il aura été utile.

ARITHMÉTIQUE

RAISONNÉE,

MISE EN DIALOGUE.

PREMIER ENTRETIEN.

Du Calcul avec les doigts.

THÉODORE. — Pour expliquer la formation des langues, on a commencé par observer le langage d'action. Or, le calcul avec les doigts est le premier calcul, comme le langage d'action est le premier langage. Pour expliquer la formation de toutes les espèces de calcul, je commencerai donc par observer le calcul avec les doigts.

En ouvrant successivement les doigts d'une main, nous représentons une suite d'unités, depuis un jusqu'à cinq, et nous étendons cette suite jusqu'à dix, si nous ouvrons successivement les doigts des deux mains. Or, j'appelle numération cette opération des doigts par laquelle nous nous représentons successivement une unité, deux, trois, jusqu'à cinq ou jusqu'à dix.

On conçoit que, pour porter au-delà de dix la numération avec les doigts, je n'ai qu'à prendre dix pour unité, et qu'alors, si je rouvre successivement les doigts, l'un immédiatement après l'autre, je formerai une suite qui s'étendra jusqu'à dix fois dix ou cent; de la même manière, je formerai des suites jusqu'à dix fois cent ou mille, dix mille, cent mille, etc.

Tous les élèves. — Nous n'avons pas bien compris cela.

Théodore. — Eh bien! Messieurs, je vais vous l'expliquer d'une manière qui ne vous laissera rien à désirer.

Je vous ai dit que le premier langage des calculs a été celui des doigts: effectivement, il faut croire que les premiers hommes qui ont compté, ont dû compter avec les doigts; comme ils avaient cinq doigts à chaque main, les deux mains réunies formaient une collection de dix. Alors, qu'ont-ils fait? après avoir compté avec leurs dix doigts, ils furent un instant arrêtés; mais après avoir réfléchi qu'ils pouvaient continuer de calculer ainsi, ils n'ont eu besoin que de changer d'expression: les premières unités, au nombre de dix, ils les ont appelées unités du premier ordre, et ont recommencé en comptant une unité du premier ordre, deux unités, trois unités, etc., jusqu'à dix; de dix unités du second ordre, ils en ont fait une unité du troisième ordre; de dix unités du troisième ordre, ils en ont fait une du quatrième, etc., ainsi de suite. C'est de cette manière qu'ils sont parvenus à nommer tous les nombres possibles. M'avez-vous compris, maintenant?

Tous les élèves ensemble. — Oui, nous avons compris.

3

Théodore. — Eh bien! que l'un de vous me l'explique, afin que je puisse m'assurer s'il est vrai que l'on m'a compris.

Alphonse.—Voici comment j'ai compris : après avoir fait de dix unités du premier ordre une unité du second ordre, ils ont, en recomptant avec leurs dix doigts, fait de dix unités du second ordre, une unité du troisième ordre; et de dix unités du troisième ordre, une unité du quatrième ordre, et ainsi de suite, jusqu'à des millions, billions et même des décatillons, nombre que l'on ne peut dépasser, puisque même, à dire vrai, on n'y va jamais.

Théodore. — C'est fort bien. Mais je voudrais une définition.

Napoléon. — La voici. Leurs unités du premier ordre étaient un, leurs unités du second ordre sont aujourd'hui des dizaines, leurs unités du troisième ordre des centaines, celles du quatrième des mille, du cinquième des dizaines de mille, et ainsi de suite, vu qu'ils marchaient toujours de dix en dix. C'est de cette manière qu'ils pouvaient aller à l'infini.

Théodore. — Donnez-moi un exemple.

Alphonse. — Le voici : 4,567,894. Dans ces quatre millions cinq cent soixante-sept mille huit cent quatre-vingt-quatorze, il y a quatre unités du 7e ordre, cinq du 6e, six du 5e, sept du 4e, huit du 3e, neuf du 2e et quatre du 1er. Ainsi, l'on peut dire que les unités du premier ordre représentaient nos unités simples, que celles du second représentaient nos dizaines, que celles du troisième représentaient nos centaines, celles du quatrième les mille, celles du cinquième les dizaines de mille, et ainsi de suite. Leur manière de calculer valait mieux que la nôtre sous le rapport de l'analogie, et je crois que le système décimal sort de là.

Théodore.—Voilà qui est compris. Allons plus loin. Les deux ailes du mathématicien, disait Platon, sont l'arithmétique et la géométrie. En effet, toutes les questions des mathématiques se réduisent à des déterminations de rapports de nombres ou de grandeur; on pourrait même dire, en continuant la comparaison de l'ancien philosophe, que l'arithmétique est l'aile droite du mathématicien; car il est incontestable que les déterminations géométriques n'offriraient le plus souvent rien de satisfaisant à l'esprit, si les rapports ainsi déterminés ne pouvaient se réduire à des rapports de nombre à nombre. Ceci justifie l'usage où l'on est de commencer par l'arithmétique.

Cette science offre un grand nombre de spéculations et de recherches curieuses. Dans la moisson que nous en avons faite, nous nous sommes bornés à ce qui est le plus propre à piquer la curiosité de ceux qui ont le goût des calculs.

Alphonse. — Pour en revenir au système du calcul avec les doigts, je me rappelle avoir lu quelque part ce qui suit: « Il n'est personne qui n'ait remarqué que toutes les nations connues comptent par périodes de dix, » c'est-à-dire qu'après avoir compté les unités depuis un jusqu'à dix, on recommence par ajouter des unités à une dizaine ; que parvenus à deux dizaines ou vingt, on recommence à ajouter des unités jusqu'à trente ou trois dizaines, et ainsi de suite jusqu'à cent ou dix dizaines ; que de dix fois cent on a formé les mille, etc. Cela est-il nécessaire, ou a-t-il été occasionné par quelque cause physique, ou est-ce simplement un effet du hasard ?

Léonidas. — Pour peu que l'on réfléchisse sur cet accord unanime, l'on ne pensera point que ce soit l'ouvrage du hasard. Il est non seulement probable, mais comme démontré que ce système tire son origine de notre conformation physique. Tous les hommes ont dix doigts aux mains, à quelques-uns près, et en très-petit nombre, qui, par un jeu de la nature, sont sexdigitaires. Or, les premiers hommes ont commencé par compter sur leurs doigts ; après les avoir épuisés en comptant les unités, il leur fallait en former un premier total, et recommencer à compter par les mêmes doigts jusqu'à ce qu'ils fussent épuisés une seconde fois, puis une troisième, etc. De là, l'origine des dizaines qui, retenues elles-mêmes sur les doigts, n'ont pas dû aller au-delà de dix, sans obliger d'en former un nouveau total appelé centaine, etc., de dix centaines le mille, etc., et ainsi de suite.

Si j'ai répété à peu près ce que vous aviez déjà dit, c'est pour vous prouver que j'avais bien compris ce que vous nous aviez expliqué d'une manière, à la vérité, simple et précise.

Tous les élèves ensemble. — Et nous, Théo-

dore, si vous voulez, nous allons aussi vous donner des explications sur ce que vous nous avez dit.

THÉODORE. — Non, mes amis, les explications
que vient de nous donner Léonidas sont plus que
suffisantes pour me persuader que vous m'avez
tous compris, car Léonidas vient de nous rendre
cela mieux que je ne l'avais fait. C'est ce qui vous
prouve que le raisonnement des sciences passe
avant tout, et que ce n'est que par le raisonnement de chaque science que nous traiterons, que
nous parviendrons réellement à nous instruire.

ALPHONSE. — Continuez; nous vous écoutons.

THÉODORE. — Il suit, d'après ce que vient de
nous dire Léonidas, il suit de là, dis-je, une conséquence curieuse: c'est que si, au lieu de dix
doigts, nous en avions eu douze, notre système
de numération aurait été différent. En effet, au
lieu de dire après 10: dix plus un ou onze, et dix
plus deux ou douze, nous aurions monté par des
noms simples jusqu'à douze; ensuite nous aurions
compté par douze plus un, douze plus deux,
etc., jusqu'à deux douzaines; le cent eût été douze
douzaines, le mille eût été douze fois douze douzaines, etc. Un peuple sexdigitaire aurait sûrement une arithmétique de cette espèce et n'en
serait pas plus mal, ou, pour mieux dire, il joui-
rait de divers avantages dont notre ancien système est privé.

HIPPOLYTE. — Cela a engagé des philosophes à
examiner les propriétés de quelques autres systè-
mes de numération. Le célèbre Leibnitz a considéré celui où, après deux, on recommencerait par

deux plus un ; c'est ce qu'il appelle l'Arithmétique Binaire. Dans ce système arithmétique, on
n'aurait que deux chiffres, 1 et 0, et les nombres
s'y marqueraient ainsi :

Un.	1
Deux.	10
Trois.	11
Quatre.	100
Cinq.	101
Six.	110
Sept.	111
Huit.	1,000
Neuf.	1,001
Dix.	1,010
Onze.	1,011
Douze.	1,100
Treize.	1,101
Quatorze.	1,110
Quinze.	1,111
Seize.	10,000
Trente-deux.	100,000
Soixante-quatre.	1,000,000
Deux mille trois cent soixante-dix-neuf.	100,101,001,011

Comme Leibnitz trouvait dans cette manière
d'exprimer les nombres quelques avantages particuliers, il a donné dans les Mémoires de Ber-
lin (tome I des anciens Mémoires), les règles pour
pratiquer, dans cette espèce d'arithmétique, les
opérations ordinaires de l'arithmétique vulgaire
Mais il est aisé de voir que ce nouveau système a,
quant à l'usage ordinaire, l'inconvénient d'exiger

un trop grand nombre de chiffres ou de caractè-res; il en faudrait vingt pour exprimer un nom-bre d'environ un million, ce qui serait extrême-ment incommode dans la pratique.

NAPOLÉON. — Il ne faut pas, au reste, omettre ici une chose curieuse au sujet de cette arithmé-tique binaire; c'est qu'elle donne l'explication d'un symbole chinois qui avait fort tourmenté les savants en antiquités chinoises. Il était question de certains caractères révérés par les Chinois et consistant dans les différentes combinaisons d'une petite ligne entière et d'une brisée, caractères attribués à leur ancien empereur Fohi. Le père Bouvet, jésuite, célèbre missionnaire de la Chine, ayant été informé des idées de Leibnitz, re-marqua que si la ligne entière représente notre 1 et la ligne brisée notre 0, ces caractères ne sont autre chose que la suite des nombres exprimés par l'arithmétique binaire. Il serait fort singulier qu'une énigme chinoise n'eût trouvé son OEdipe qu'en Europe. Mais peut-être tout cela est-il plus ingénieux que solide.

VICTOR. — Puisque Théodore, avant d'entrer dans les opérations, veut que l'on raisonne ou que l'on fournisse son contingent d'une manière quelconque, je vais fournir le mien par la multi-plication avec les doigts. — Pour multiplier, par exemple, 9 par 8, il faut commencer par fermer les deux mains; prenez, après cela, la différence de 9 à 10 qui est 1, levez un doigt d'une main quelconque et laissez les quatre autres fermés; puis levant deux doigts de l'autre main qui repré-

sente 8, puisque la première représente 9, prenez aussi la différence de 8 à 10 qui est 2, et levez deux doigts présentement, multipliez les
doigts levés l'un par l'autre : 1, multiplié par 2,
donne 2 ; tous les doigts restés fermés sont autant de dizaines, vous en avez 7 qui donnent 70 ;
ajoutez 2 à ce nombre, vous trouverez que 9 fois
8 font 72.

On voit par là qu'il faut prendre la différence
de 10 à chacun des nombres donnés ; que le produit de ces différences désignées par les doigts
levés de chaque main, donnent les unités du produit qui est 2, et que la somme des doigts qui
restent fermés est celle des dizaines de ce même
produit.

Cette manière de multiplier par les doigts est
très-utile pour ceux qui ne connaissent pas la table de Pythagore (ou vulgairement le livret) ;
ils peuvent par ce moyen l'apprendre en cinq
minutes.

Tous les élèves ensemble. — Voilà qui est curieux.

Eugène. — Moi qui ne connais pas bien mon
livret, je voudrais faire l'épreuve de ce que vient
d'avancer Victor, et voir s'il est vrai que l'on
peut apprendre son livret en cinq minutes.

Victor. — Volontiers. Commencez par fermer
les deux mains ; maintenant, je vous demande
combien 7 fois 7 font : vous voyez que de 7 pour
aller à 10, il manque 3 ; eh bien ! levez trois
doigts et laissez les deux autres fermés ; faites en
autant de l'autre main, et dites : 7 pour aller à

10, c'est 3; levez trois doigts, il en reste deux de fermés; multipliez maintenant les doigts levés l'un par l'autre, vous trouverez 9, puisque 3 fois 3 font 9; les doigts fermés étant des dizaines, vous en trouverez quatre qui font 40, auxquels vous ajoutez les 9, résultat de la multiplication des doigts levés, et vous aurez 49, ce que donne effectivement la multiplication de 7 par 7.

Eugène. — Je crois avoir compris. Faites-moi une question?

Victor. — Volontiers. 8 fois 7, combien cela fait-il?

Eugène. — Je ferme les deux mains entièrement, puis je dis : 8 pour aller à 10 c'est 2, je lève deux doigts, puis je dis : 7 pour aller à 10, c'est 3, je lève trois doigts de l'autre main; puis je multiplie 3 par 2, ce qui me donne 6, qui, ajouté aux cinq dizaines que représentent les cinq doigts fermés, me donne 56 qui est bien le produit de 7 par 8.

Tous les élèves ensemble. — Nous y sommes; nous avons parfaitement compris.

Henri. — Il n'a pas fallu cinq minutes. Victor a raison; le livret peut s'apprendre même en moins de temps.

Adolphe. — Puisque Théodore veut nous apprendre l'arithmétique en nous amusant, voudrait-il bien me permettre de fournir aussi mon contingent dans ce genre?

Théodore. — Volontiers, Adolphe; nous sommes tous ici en piquenique, et chacun peut apporter son plat.

IIe ENTRETIEN,

Où l'on parle de quelques Multiplications et Divisions abrégées.

ADOLPHE. — Voici le mien :

Je vais vous parler de quelques multiplications et divisions abrégées. Il n'est personne qui ne sache que pour multiplier un nombre par 10, il suffit de lui ajouter un zéro ; pour multiplier par 100, de lui en ajouter deux ; par 1,000, trois, etc.

D'où il suit que, pour multiplier par 5, il n'y a qu'à diviser par 2, en supposant un zéro ajouté à la fin. Ainsi, pour multiplier 127 par 5, on supposera un zéro ajouté, ce qui donnerait 1,270, qu'on divise par 2 ; le quotient 635 sera le produit cherché.

De même, pour multiplier un nombre par 25, il faudrait le concevoir multiplié par 100 ou augmenté de deux zéros, et le diviser par 4. Ainsi, 127, multiplié par 25, serait 3,175 ; car 127, augmenté de deux zéros, donne 12,700, qui, divisé par 4, produit 3,175.

Pareillement, pour multiplier par 125, il suffirait d'ajouter, ou concevoir ajoutés, trois zéros au nombre à multiplier, et de diviser par 8. Il en est de même pour multiplier un nombre par 625 ; il faudrait ajouter quatre zéros au nombre à multiplier et diviser par 16; le quotient serait le produit. Voilà donc une manière de faire la multiplication par la division.

La multiplication par 11 se réduit à une simple addition; car il est aisé de voir que multiplier un nombre par onze, ce n'est autre chose que l'ajouter à son décuple, c'est-à-dire à lui-même, suivi d'un zéro.

Soit, par exemple, le nombre 67,583. Pour le multiplier par 11, on dira : 3 et 0 font 3, on écrira 3 au rang des unités; ensuite, 8 et 3 font 11, on écrira 1 au rang des dizaines, en retenant 1 ; puis, 5 et 8 font 13, et 1 de retenu font 14; on écrira 4 au troisième rang, en retenant 1.

Ce qu'on vient de dire suffit pour indiquer la suite de l'opération qui donnera 743,413.

On pourrait pareillement multiplier le nombre 67,583 par 111, en prenant d'abord le premier chiffre des unités 3, ensuite la somme de 8 et 3; après cela, celle de 5, 8 et 3; puis celle de 7, 5 et 8, et ainsi de suite. Avez-vous compris ce genre de multiplication?

Tous les élèves. — Ma foi, non; nous ne comprenons rien. Expliquez-nous cela, mon cher Adolphe, un peu plus clairement, afin que nous puissions nous en rendre compte.

Adolphe. — Rien n'est si simple pourtant, et je croyais m'être assez expliqué pour être compris; mais enfin, revenons au même nombre, quoique tous les nombres soient indifférents.

Nous disons donc 67,583 à multiplier par 111, ce qui donnerait par la règle ordinaire 7,501,713;

mais comme il est question ici de faire cette multiplication par une simple addition que vous n'a-
vez pas comprise, je vais vous la démontrer plus
clairement :

Je repose ici l'opération 67,583, et j'additionne
comme il suit. Je dis, en prenant le dernier chiffre : 3 est 3 que je pose; ensuite, j'ajoute ce 3 au
8, et je dis : 8 et 3 font 11 ; je pose 1 et retiens
1, et 3 font 4, et 8 font 12, et 5 font 17 ; je pose
7 et retiens 1 que j'ajoute au 8, et je dis : 8 et 1
font 9, et 5 font 14, et 7 font 21 ; je pose 1
et retiens 2, lesquels 2 j'ajoute au 5 et je dis :
5 et 2 font 7, 7 et 7 font 14, 14 et 6 font 20; je
pose 0 et retiens 2 que j'ajoute au 7, et je dis : 7
et 2 font 9, 9 et 6 font 15 ; je pose 5 et retiens 1 :
1 et 6 font 7, que je pose, et le produit que j'obtiens par cette addition, est le même que celui que
l'on obtient par la multiplication. Cette manière
d'opérer s'adapte à tous les nombres. Maintenant,
Messieurs, m'avez-vous compris ?

Tous les élèves. — Nous vous avons tellement
compris, que voilà plusieurs opérations que nous
avons faites sur différents nombres et qui répondent parfaitement à la multiplication ordinaire.
Voyez.

Adolphe. — Fort bien ! Voilà qui est compris.

Alfred. — A ce qu'il paraît, nous ne trai-
tons pas encore l'arithmétique sérieusement, et
Théodore a voulu nous la rendre aussi amu-
sante que profitable, avant d'entrer dans les opérations qui en font la base et le mérite. Je vais
donc aussi fournir mon contingent par une multi-

plication que l'on peut faire par la soustraction ; ce qui manquait pour compléter toutes les manières de la faire, puisqu'il est déjà démontré que l'on peut faire la multiplication par l'addition et par la division. Je vais la démontrer autant que possible par la soustraction.

Je vous ferai remarquer encore que, pour multiplier un nombre quelconque par 9, on peut employer la simple soustraction. Prenons pour exemple le même nombre que nous a donné Adolphe, qui est 67,583. Pour le multiplier par 9, on n'a qu'à ajouter par la pensée un zéro à la fin du nombre à multiplier, et ensuite soustraire chaque chiffre de celui qui le précède, en commençant par la droite. Ainsi, l'on ôtera 3 de 0 ou 10, ce qui donnera 7; ensuite, 8 de 2 ou 12, ce qui donnera 4; ensuite, 5 de 7 donnera 2; 7 de 15, donnera 8; 6 de 6 donnera 0; le 6 de la gauche n'ayant pas de nombre après lui, on l'abaissera devant le 0, et l'on aura 608,247, qui est bien le même nombre qu'amènerait la multiplication du nombre 67,583 par 9.

Il est aisé d'apercevoir la raison de ces opérations, car il est évident que, dans la première, on ne fait qu'ajouter le nombre lui-même à son décuple; et dans celle-ci, on l'ôte de ce même décuple.

Il suffit enfin de faire l'opération d'une manière développée, pour en concevoir le procédé et la raison.

On peut employer des artifices semblables dans certains cas de division, par exemple, pour diviser un nombre par telle puissance qu'on voudra de 5; car, supposons qu'on veuille diviser 128 par 5, il faut le doubler, ce qui donnera 256; puis, retranchez le dernier chiffre qui représentera des décimales : ainsi l'on aura pour quotient 25-6, ou 25 $\frac{6}{10}$, ou 25-60 centièmes. Pour diviser le même nombre par 25, il faudra le quadrupler, ce qui donnera 512, et retrancher les deux derniers chiffres qui seront des décimales; vous aurez pour quotient 5 et $\frac{12}{100}$. Pour diviser par 125, il faudra octupler le dividende, ce qui donnera 1,024, et retrancher ensuite trois chiffres qui seront des décimales, vous aurez pour quotient 1-024 ou 1 et $\frac{24}{1000}$.

Mais il faut l'avouer, de pareils abrégés de calcul ne mènent pas loin.

Théodore. — Maintenant, Messieurs, je laisserai de côté les récréations mathématiques pour entrer sérieusement dans les calculs.

L'arithmétique est la base des mathématiques, elle en est l'alphabet; les opérations qui constituent toute l'arithmétique sont au nombre de quatre, que l'on nomme addition, soustraction, multiplication et division. Bezout démontre ces quatre opérations ainsi qu'il suit.

L'addition, dit-il, est une opération par laquelle on cherche la valeur totale de plusieurs nombres dans un seul qu'on appelle somme.

La soustraction est une opération par laquelle on cherche le reste, l'excès ou la différence qui existe entre deux nombres.

La multiplication est une opération par laquelle on répète un nombre autant de fois qu'il est indiqué par un autre ; le résultat de cette opération se nomme produit.

La division est une opération par laquelle on cherche combien de fois un nombre est contenu dans un autre.

La multiplication a trois nombres bien distincts, le multiplicande, le multiplicateur et le produit.

La division en a trois aussi qu'on appelle dividende, diviseur et quotient.

Maintenant, je crois pouvoir vous dire que l'on aurait pu donner des définitions bien plus simples et plus analogues. Que faisons-nous en arithmétique ? nous allons toujours du connu à l'inconnu. N'est-il pas plus simple de dire que l'addition est une opération par laquelle, au moyen de plusieurs nombres connus, on cherche un troisième nombre inconnu, qu'on appelle somme ou total ? La soustraction est une opération par laquelle on cherche, au moyen de deux nombres connus, un troisième nombre inconnu qu'on appelle reste, excès ou différence. La multiplication est une opération par laquelle on cherche, au moyen de deux nombres connus, un troisième nombre inconnu qu'on appelle produit. La division est une opération par laquelle on cherche, au moyen de deux nombres connus, un troisième nombre inconnu qu'on appelle quotient.

Trouvez-vous cette définition plus simple et plus claire ?

Tous les élèves. — Certainement, et l'on comprend facilement toutes ces dénominations.

Léonidas. — Au moins l'analogie y est, et toutes les opérations n'ont qu'une même expression et un même but.

Alphonse. — On voit par cette manière de définir les quatre opérations de l'arithmétique, qu'il est toujours question d'aller du connu à l'inconnu, et effectivement, chaque fois que nous opérons, nous marchons toujours du connu à l'inconnu.

Théodore. — Eh bien ! Messieurs, nous conserverons ces dénominations qui, comme le dit Léonidas, sont l'analogie de toutes les opérations de l'arithmétique.

J'aurai, par la suite, plus d'une fois occasion d'observer que la difficulté de faire de bons éléments vient en partie d'un langage qui a été mal fait et que nous nous obstinons à parler, parce qu'on le parlait avant nous. Écoutons M. de Condillac à ce sujet :

Les premières expressions du langage d'action, dit-il, sont données par la nature, puisqu'elles sont une suite de notre organisation ; les premières étant données, l'analogie fait les autres, elle étend ce langage ; peu à peu il devient propre à représenter toutes nos idées, de quelque espèce qu'elles soient.

La nature commence le langage des sons articulés, comme elle a commencé le langage d'action ; et l'analogie qui achève les langues, les fait bien, si elle continue comme la nature a commencé.

L'analogie est proprement un rapport de ressemblance; donc, une chose peut être exprimée de bien des manières, puisqu'il n'y en a point qui ne ressemble à beaucoup d'autres.

Mais, différentes expressions représentent la même chose sous des rapports différents, et les vues de l'esprit, c'est-à-dire les rapports sous lesquels nous considérons une chose, déterminent le choix que nous devons faire. Alors, l'expression choisie est ce qu'on nomme le terme propre; entre plusieurs, il y en a donc toujours une qui mérite d'être préférée; et toutes nos langues seraient également bien faites, si on avait toujours su choisir.

Les langues sont d'autant plus imparfaites, qu'elles paraissent plus arbitraires; mais remarquez qu'elles le paraissent moins dans les bons écrivains. Quand une pensée est bien rendue, tout est fondé en raison, jusqu'à la place de chaque mot. Aussi, sont-ce les hommes de génie qui ont fait tout ce qu'il y a de bon dans les langues; et quand je dis les hommes de génie, je n'exclus pas la nature dont ils sont les favoris.

L'algèbre est une langue bien faite, et c'est la seule : rien n'y paraît arbitraire. L'analogie qui n'échappe jamais, conduit sensiblement d'expression en expression.

L'usage ici n'a aucune autorité. Il ne s'agit pas de parler comme les autres. Il faut parler d'après la plus grande analogie pour arriver à la plus grande précision; et ceux qui ont fait cette langue ont senti que la simplicité du style en fait toute l'élégance : vérité peu connue dans nos langues vulgaires.

Dès que l'algèbre est une langue que l'analogie fait, l'analogie qui fait la langue, fait la méthode; ou plutôt la méthode d'invention n'est que l'analogie même.

Alphonse. — Voilà un raisonnement qui nous convient, et je pense que nous allons apprendre à calculer sans peine.

Théodore. — Je pense comme vous, que vous y parviendrez sans peine; mais avant d'entrer dans les opérations, il faut que je vous y prépare; il faut que je vous fasse entrer dans la voie par un chemin sûr et facile.

Tous les élèves. — Commencez, nous vous écoutons.

Théodore. — Eh bien! Messieurs, je vais commencer; dites-moi, savez-vous combien font 10 fois 9 ?

Les élèves. — Non, nous ne le savons pas.

Théodore. — Eh bien! ajoutez un zéro et vous le saurez.

Alphonse. — Si j'ajoute un zéro à neuf, cela fera quatre-vingt-dix.

Théodore. — Positivement, 10 fois 9 font 90. Mais il s'agit de se rappeler que pour multiplier un nombre par 10, il ne s'agit que d'ajouter un zéro. Ainsi 10 fois 8 font 80. On voit qu'il n'a fallu qu'ajouter un zéro; ainsi 10 fois 4 font 40, 10 fois 10 font 100, et ainsi de suite; je vois que pour faire cette multiplication par 10, il ne s'agissait toujours que d'ajouter un zéro au nombre à multiplier; mais par la même raison, pour multiplier par 100, par 1,000, par 10,000, etc.; il ne s'agit toujours que d'ajouter des zéros; par 100, il faut, comme on le voit, en ajouter deux; par 1,000, trois; par 10,000, quatre, et ainsi de suite; on peut donc de cette manière multiplier par millions, billions, trillions, etc. Mais il est une chose à remarquer, c'est que la même latitude nous reste pour la division; car pour diviser un nombre par 10, il ne s'agit que de retrancher le dernier chiffre vers la droite; par 100, deux; par 1,000, trois; par 10,000, quatre; nous pouvons donc par la même marche diviser de dix en dix jusqu'à des millions, billions, trillions, etc. Je pense que vous m'avez compris.

Léonidas. — Nous vous avons parfaitement compris; vous pouvez nous faire des questions pour vous en assurer.

Théodore. — Volontiers. Eh bien! je demande à Alphonse combien 10 fois 75 font?

Alphonse. — 10 fois 75 font 750.

Théodore. — Cela est vrai; mais comment avez-vous vu cela de suite?

Alphonse. — Parce que je me suis rappelé que pour multiplier un nombre par 10 il ne s'agit toujours que d'ajouter un zéro; ainsi, un zéro ajouté à 75 donne 750.

Théodore. — Fort bien; mais si j'avais demandé combien 100 fois 75 font?

Alphonse. — J'aurais ajouté deux zéros, ce qui m'aurait donné 7,500.

Théodore. — Fort bien! mais qui vous a conduit à faire cette multiplication, quel en est le raisonnement?

Alphonse. — Le raisonnement est que je me suis rappelé que pour multiplier par 100 il ne s'agit que d'ajouter deux zéros.

Théodore. — Et s'il avait fallu multiplier par 1,000?

Alphonse. — J'aurais ajouté trois zéros.

Théodore. — Et par 10,000?

Alphonse. — J'aurais ajouté quatre zéros, et ainsi de suite.

Théodore. — Voilà qui est compris. Je pense que tous ces Messieurs ont compris comme Alphonse.

Tous les élèves ensemble. — Nous avons tous compris; vous pouvez nous faire des questions.

Théodore. — Cela n'est pas utile; nous allons passer à la division, par 10, par 100, par 1,000, par 10,000, etc. Supposons que vous eussiez 435 francs à diviser par 10; comment feriez-vous cette opération, en vous rappelant toutefois comment vous avez opéré pour multiplier par 10, par 100, par 1,000, etc.?

Alphonse. — Je me rappelle que je n'ai eu besoin que d'ajouter des zéros.

Théodore. — Pour faire la division, il faut faire l'inverse, au lieu d'ajouter, il faut retrancher; ainsi, pour diviser par 10 il faut retrancher un chiffre, par 100 il faut en retrancher deux, par

1,000 il faut en retrancher trois, par 10,000 quatre, et ainsi de suite; et tous les chiffres restant sur la gauche après le retranchement, sont des entiers, les deux premiers vers la droite sont des centimes. Je pense que vous pourrez maintenant faire la division que je viens de vous proposer. Voyons, Alphonse, si vous m'avez bien compris.

ALPHONSE. — Vous avez dit que pour diviser par 10, il fallait retrancher un chiffre vers la droite, par 100 deux, par 1,000 trois et ainsi de suite.

Vous avez dit aussi que des deux premiers retranchés après la virgule, le premier était des dixièmes et le second des centièmes, mais qu'on pouvait les réunir et les exprimer de suite en centièmes. C'est d'après votre raisonnement que je pense pouvoir diviser 435 francs par 10, en suivant la marche que vous nous avez indiquée.

THÉODORE. — C'est bien, très-bien, mais opérez.

ALPHONSE. — Volontiers; de 435 je retranche le dernier chiffre qui est 5, et il me reste vers la gauche après la virgule 43, qui sont des francs, et vers la droite, après la virgule, le chiffre 5 me représente des décimes ou 50 centimes. Ainsi l'opération se représenterait ainsi : 43, 50.

THÉODORE. —Fort bien, mais si 435 avait été à diviser par 100?

ALPHONSE. —J'aurais retranché deux chiffres de droite à gauche, et j'aurais eu pour résultat 4,35 ou quatre francs trente cinq centimes.

THÉODORE. — Tout cela va bien; mais si vous aviez eu à diviser 435 francs par 1,000?

Alphonse. — J'aurais retranché trois chiffres et j'aurais eu pour résultat 0,435, quarante-trois centimes et cinq millièmes ou 435 millièmes, ce qui revient au même, car la valeur ne change pas, il n'y a que la dénomination.

Théodore. — Voilà qui est bien, mon cher Alphonse; je désirerais que ces Messieurs m'eussent compris comme vous.

Tous les élèves. — Nous avons parfaitement compris.

Théodore. — Léonidas, donnez m'en un exemple.

Léonidas. — Volontiers, j'attends une question.

Théodore. — Eh bien! divisez 66 francs par 100.

Léonidas. — Je retranche d'un coup de plume 66 et j'ai pour quotient 66 centimes.

Théodore. — Fort bien; mais si les 66 francs avaient été à diviser par 1,000?

Léonidas. — J'aurais ajouté un zéro en avant et j'aurais retranché trois chiffres, et le quotient serait, 066 ou 6 centimes et 6 millièmes ou bien 66 millièmes.

Théodore. — Bravo, Léonidas, cela va bien; mais je voudrais quelque chose de plus fort, par exemple, le nombre 784,563 à diviser par 10, par 100, par 1,000, par 10,000, par 100,000 et enfin par un million.

Léonidas. — Mon cher Théodore, rien n'est plus facile qu'à diviser par 10 le nombre 784,563. Je retranche le 3 et il me reste 78,456, 3, c'est-à-dire soixante dix-huit mille quatre cents cinquante-six francs et 3 décimes ou 30 centimes;

par 100, je retranche deux chiffres qui sont 3 et 6 et il me reste 7,845,63, et j'ai pour quotient sept mille huit cent quarante-cinq francs et soixante-trois centimes. Par 1,000, je retranche trois chiffres, qui sont 3,6,5, et j'ai pour quotient sept cent quatre-vingt-quatre francs, cinquante-six centimes et trois millièmes, ou 563 millièmes. Par 10,000, je retranche quatre chiffres toujours de droite à gauche, les quatre chiffres à retrancher sont 3,6,5,4, et j'ai pour quotient soixante-dix-huit francs quarante-cinq centimes et 63 dix millièmes, ou 4563 dix millièmes. Par 100,000, je retranche cinq chiffres, qui sont 3,6,5,4,8, et j'ai pour quotient sept francs quatre-vingt-quatre centimes et 63 cent-millièmes, ou 84,563 cent-millièmes. Par 1,000,000, je retranche tous les chiffres, ayant soin d'avancer un zéro devant le 7: 0,784,563, et j'ai pour quotient 0 aux francs, soixante-dix-huit centimes 45 dix-millièmes et 63 cent millionièmes, ou 784563 millionièmes. Ainsi, en récapitulant toutes ces divisions, on reconnaît facilement leur décuple en représentant le nombre 784563 divisé de dix en dix jusqu'à un million, tel qu'on le voit ici: 0,7,8,4,5,6,3. Je pense, mon cher Théodore, que j'ai parfaitement compris la multiplication et la division par 10, par 100, par 1,000, etc.

Théodore. — C'est très bien; mais j'ai encore bien des choses à vous dire avant que de démontrer une addition.

Victor. — Dans le commencement de vos démonstrations, je vous promets que je ne m'amusais guère et je pense que mes camarades ne s'amusaient pas plus que moi; mais à présent c'est bien différent, j'attendrai sans ennui les opérations de l'arithmétique; continuez donc vos entretiens.

Théodore. — Je vais vous entretenir sur la numération, sur la grandeur, sur l'unité et sur les nombres; mais je vous assure que souvent vous aurez besoin de vous rappeler tout ce dont nous nous sommes entretenus jusqu'à présent.

Tous les élèves. — Nous nous le rappelons parfaitement.

Théodore. — Eh bien! que l'un de vous récapitule tout ce que j'ai dit.

Henri. — Moi qui n'ai encore rien dit, mais qui ai écouté, je me charge de la récapitulation de tout ce qui a été dit jusqu'à présent.

Théodore. — Volontiers; commencez.

Henri. — On a commencé par le calcul avec les doigts, on a démontré et prouvé qu'il est le premier calcul et que, peut-être même, le calcul décimal découle de ce premier calcul. On a parlé du système binaire de M. Leibnitz, ensuite, de la multiplication avec les doigts, puis de la multiplication par la division, par l'addition, par la soustraction, et de la division par telle puissance de 5 que l'on voudra. Ensuite, on est venu aux quatre opérations de l'arithmétique d'après Bezout; de là, on est passé à une définition plus simple et plus analogique. Ensuite, Théodore nous a appris la multiplication et la division par 10, par 100, par 1,000, etc.

IIIe ENTRETIEN,

De la Numération.

Théodore. — C'est fort bien; maintenant que je suis assuré que tout ce que nous avons dit et traité jusqu'à présent est retenu et su, je vais continuer par la numération.

La numération est l'art d'exprimer tous les nombres possibles avec une quantité limitée de caractères, qu'on appelle chiffres et qui sont au nombre de neuf, plus zéro, tel qu'on les voit ici : 1, 2, 3, 4, 5, 6, 7, 8, 9, 0.

Ces caractères nous viennent des Arabes, mais ils les ont pris eux-mêmes des Indiens ; c'est donc aux Indiens que l'on doit leur invention.

Une quantité est tout ce qui est susceptible d'augmentation ou de diminution; ainsi, une montagne est une quantité, comme un grain de sable est aussi une quantité, vu que si l'on peut extraire de l'un on peut ajouter à l'autre ; ainsi, l'on peut dire que tout est quantité dans le monde, puisque l'on peut toujours extraire ou augmenter un objet quelconque.

L'unité est une mesure prise arbitrairement pour servir de terme ou de comparaison à toutes les unités d'une même espèce.

Le nombre exprime combien il y a d'unités ou de parties d'unités dans une quantité.

Il y a deux sortes de nombres, le nombre abstrait et le nombre concret. La numération actuelle est fondée sur ce principe de convention que, si plusieurs chiffres sont rangés sur une même ligne, les unités représentées par chacun de ces chiffres, valent dix fois plus que celles du chiffre à droite, et dix fois moins que celle du chiffre à gauche; un nombre devient donc dix fois plus grand ou plus petit, à mesure que la virgule avance ou recule d'un rang vers la droite ou vers la gauche.

ALPHONSE. — Il nous a été facile de retenir tout ce que vous venez de nous dire, mais je n'ai pas tout compris, et nous aurions besoin, mes camarades et moi, d'une définition.

THÉODORE. — Volontiers; d'autant plus que je l'ai fait avec intention, car je voulais que chacun de vous me fît des questions; mais celles d'Alphonse suffiront pour tous, et je vais y répondre de mon mieux pour pouvoir être compris. Je vous ai dit qu'une quantité était tout ce qui était susceptible d'être augmenté ou diminué. Ainsi, une montagne, comme tout autre objet, est une quantité chaque fois qu'on peut en extraire ou y ajouter; ainsi, une chose, tant petite qu'elle soit, est une quantité, puisque l'on peut y ajouter; de même une chose, tant grande qu'elle soit, est une quantité, puisqu'on peut en ôter. Que pensez-vous de cela?

TOUS LES ÉLÈVES. — Nous pensons maintenant que tout ce qui est dans le monde est quantité, puisqu'on peut toujours ôter ou ajouter à une chose quelconque.

Théodore. — C'est cela. Nous allons maintenant passer à l'unité. Quand j'ai dit que l'unité était une mesure prise arbitrairement, j'ai voulu dire sans choix, au hazard, pourvu qu'elle soit de même espèce que l'objet de comparaison. Par exemple, je veux mesurer un champ, je n'ai ni perche, ni toise, ni pied, je n'ai que ma canne; je ne suis pas arrêté, vu que ma canne est un objet de comparaison avec des longueurs; je me servirai donc de ma canne pour mesurer le champ, et si, je suppose, j'ai trouvé 1,000 cannes de long, 400 cannes de large, lorsque j'aurai un mètre, je mesurerai ma canne, et si je suppose qu'elle a un mètre, la superficie du champ (en mètres) est bien vite trouvée. Je n'ai qu'à multiplier les 1,000 cannes de longueur par mètre, et j'ai 1,000 mètres pour la longueur; j'en fais autant pour la largeur. Je multiplie 400 par 1, et j'ai 400 mètres pour la largeur; en multipliant 1,000 par 400, j'obtiens, pour la superficie du champ, 40,000 mètres. Le défaut de mètre ne m'a donc pas empêché de mesurer le champ. Il en est de même pour les poids, pour les liquides; à défaut de poids ou de mesures, on peut prendre un objet quelconque, pourvu qu'il ait un rapport de comparaison; pour la comparaison du poids, on peut prendre des pierres ou tout autre chose pesante; pour les liquides, un vase quelconque peut servir de comparaison. M'avez-vous compris ?

Léonidas. — Je pense que oui. Par exemple, je vends des liquides, quelqu'un vient chez moi au moment où j'ai prêté mes mesures, je me trou-

verais fort embarrassé si vous ne nous aviez pas
donné le moyen de nous tirer d'affaire. Pour cela,
je prends un vase quelconque, et je remplis avec
mon vase la cruche ou le vase de la personne, et
lorsque mes mesures sont rentrées, je mesure le
contenu du vase dont je me suis servi, et si le vase
dont je me suis servi contient trois litres, que je
l'aie rempli trois fois pour remplir le vase de la
personne, je suis sûr de lui avoir donné neuf litres. Par ce moyen je me suis tiré d'affaire. Il en
sera de même pour les poids; quelqu'un viendrait
me demander un poids d'une marchandise quelconque, mes poids me manquent pour le moment,
je mettrai des pierres ou tout autre chose pesante dans la balance, jusqu'à ce que ce poids
fasse équilibre avec la marchandise que je livre,
et lorsque mes poids seront rentrés, j'en mettrai
dans la balance opposée jusqu'à ce que l'équilibre
soit établi avec les pierres ou autres objets dont je
me serai servi, et s'il m'a fallu, pour obtenir l'é-
quilibre, mettre dix ou quinze kilogrammes, plus
ou moins, je conclus de là que j'ai donné un poids
de dix ou quinze kilogrammes, plus ou moins.
J'obtiens, par ce moyen, mon poids qui est exact.
Il en est de même pour toute mesure ou poids
quelconque.

Théodore. — Voilà qui est entendu pour l'u-
nité; maintenant passons aux nombres. Il y a
deux sortes de nombres, l'un qu'on appelle concret et l'autre abstrait. Le nombre concret est celui qui désigne la nature des espèces qui le composent; le nombre abstrait est celui qui ne désigne

pas la nature des espèces qui le composent; comme, par exemple, quand j'écris ou que je dis 15, 20, 60, etc., sans désigner de quoi se compose ces nombres, les nombres sont abstraits; mais quand j'écris ou que je dis 15 francs, 20 chevaux, 60 mètres, etc., ce sont des nombres concrets, vu qu'ils désignent la nature des espèces qui les composent.

ALPHONSE — N'y a-t-il pas aussi des nombres complexes et des nombres incomplexes?

THÉODORE. — Oui, un nombre qui est composé de parties rapportées à différentes unités, est ce qu'on appelle un nombre complexe, et par opposition, celui qui ne renferme qu'une seule espèce d'unité, s'appelle nombre incomplexe; 8 francs, 8 kilogrammes, 10 mètres, etc., sont des nombres incomplexes; 8 francs, 10 centimes, 8 kilogrammes, 4 hectogrammes, 10 mètres, 50 centimètres, sont des nombres complexes.

LÉONIDAS. — Un nombre complexe est celui qui est composé d'entiers et de parties d'entier, et le nombre incomplexe est celui qui n'est composé que d'entiers; voilà comme je le comprends d'après ce que vous venez de nous dire.

THÉODORE. — Positivement, et je pense que tous ces Messieurs l'ont compris de même.

TOUS LES ÉLÈVES. — Nous l'avons compris comme Léonidas.

THÉODORE. — C'est fort bien; maintenant je vais continuer.

Chaque art subdivise, à sa manière, l'unité principale qu'il s'est choisie. Les subdivisions de la toise sont différentes de celles de la livre, celles de la livre différentes de celles du jour, de l'heure; celles-ci différentes de l'aune, et ainsi de suite : nous les ferons connaître lorsque nous traiterons des nombres complexes.

Mais de toutes les divisions et subdivisions qu'on peut faire de l'unité, celle qui se fait par décimales, c'est-à-dire en partageant l'unité en parties de dix en dix fois plus petites, est incontestablement plus commode dans les calculs; elle est fort en usage dans la pratique des mathématiques; la formation et le calcul des décimales sont absolument les mêmes que pour les nombres ordinaires ou entiers : nous allons les faire connaître.

Pour évaluer en décimales les parties plus petites que l'unité, on conçoit que cette unité, quelle qu'elle soit, livre, toise, etc., est composée de 10 parties, comme on imagine la dizaine composée de dix unités simples. Ces nouvelles unités par opposition aux dizaines, sont nommées dixièmes; et comme dix fois plus petite que l'unité, on les place à la droite du chiffre qui représente les unités.

Mais pour éviter l'équivoque, et ne point donner lieu de prendre les unités pour des dizaines, on est convenu en même temps, de fixer une fois pour toutes la place des unités, par une marque particulière : celle qui est le plus en usage, est une virgule, que l'on met à la droite du chiffre qui représente les unités, ou, ce qui est la même chose, entre les unités et les dixièmes.

Ainsi, pour marquer vingt-quatre unités et trois dixièmes, on écrira, 24,3.

Théodore. — On peut, de même, regarder actuellement les dixièmes comme des unités qui ont été formées de dix autres, chacune dix fois plus petite que les dixièmes, et par la même raison d'analogie, les placer à la droite des dixièmes. Ces nouvelles unités, dix fois plus petites que les dixièmes, seront cent fois plus petites que les unités principales, et pour cette raison, seront nommées centièmes.

Ainsi, pour marquer vingt-quatre unités, trois dixièmes et cinq centièmes, on écrira 24,35.

Concevons pareillement les centièmes, comme formés de dix parties; ces parties seront mille fois plus petites que l'unité principale, et pour cette raison seront nommées millièmes; et comme dix fois plus petites que les centièmes, on les placera à la droite de celle-ci; en continuant de subdiviser ainsi de dix en dix, on formera de nouvelles unités qu'on nommera successivement des dix-millièmes, cent-millièmes, millionièmes, dix-millionièmes, cent-millionièmes, billionièmes, etc., et qu'on placera dans des rangs de plus en plus reculés sur la droite de la virgule.

Les parties de l'unité que nous venons de décrire, sont ce qu'on appelle les décimales.

Quant à la manière de les énoncer, elle est la même que pour les autres nombres. Après avoir énoncé les chiffres qui sont à la gauche de la virgule, on énonce les décimales de la même manière; mais on ajoute à la fin le nom des unités décimales de la dernière espèce.

Ainsi, pour énoncer ce nombre 34,572, on dirait trente-quatre unités et cinq cent soixante-douze millièmes.

. La raison en est facile à apercevoir, si on fait attention que dans le nombre 34,572, le chiffre 5 peut indifféremment être rendu, ou par cinq dixièmes ou par cinq cents millièmes, puisque le dixième ayant été composé de 10 centièmes, et le centième de 10 millièmes, le dixième contiendra 100 millièmes. Il en est de même du chiffre 7, qu'on peut indifféremment énoncer sept centièmes, ou soixante-dix millièmes, puisque le centième a été composé de 10 millièmes.

A l'égard de l'espèce des unités du dernier chiffre, on la trouvera toujours facilement, en comptant successivement de gauche à droite, sur chaque chiffre depuis la virgule, les noms suivants : dixièmes, centièmes, millièmes, dix-millièmes, cent-millièmes, millionièmes, dix-millionièmes, cent-millionièmes, billionièmes, etc.

Si l'on n'avait point d'unités entières, mais seulement des parties de l'unité, on mettrait un zéro pour tenir la place des unités; ainsi pour marquer 125 millièmes, on écrirait 0,125; si on voulait marquer 25 millièmes, on écrirait 0,025, en mettant un zéro, tant pour marquer qu'il n'y a point de dixièmes, que pour donner aux parties suivantes leur véritable valeur. Par la même raison, pour marquer 6 dix-millièmes on écrirait 0,0006.

Examinons maintenant les changements qu'on

peut faire naître dans un nombre, par le déplacement de la virgule.

ALPHONSE. — Puisque la virgule détermine la place des unités, et que tous les autres chiffres ont des valeurs dépendantes de leurs distances à cette virgule, si on avance la virgule d'une, deux ou trois, etc. places, sur la gauche, on le rend 10, 100, 1,000, etc. fois plus petit; et au contraire, on le rend 10, 100, 1,000, etc. fois plus grand, si on recule la virgule d'une, deux, trois, etc., places sur la droite.

LÉONIDAS. En effet, si on a le nombre 4327,5264, et qu'en avançant la virgule d'une place sur la gauche, on écrive 432,75264, il est visible que les mille du premier nombre sont des centaines dans le nouveau, les centaines sont des dizaines, les dizaines des unités, les unités des dixièmes, les dixièmes des centièmes, et ainsi de suite. Donc, chaque partie du premier nombre est devenu dix fois plus petite par ce déplacement. Si, au contraire, en reculant la virgule d'une place sur la droite, on eût écrit 43275,264, les mille du premier nombre, se trouveraient changés en dizaines de mille, les centaines en mille, les dizaines en centaines, les unités en dizaines, les dixièmes en unités, et ainsi de suite. Donc, le nouveau nombre est dix fois plus grand que le premier.

THÉODORE. — Voilà qui est fort bien, continuons sur ce chapitre.

Un raisonnement semblable fait voir qu'en avançant sur la gauche, de deux ou de trois places, on rendrait le nombre 100 ou 1,000 fois plus petit; et au contraire 100 ou 1,000 fois plus grand, en reculant la virgule de deux ou de trois places sur la droite.

La dernière observation que nous ferons sur les décimales est qu'on n'en change point la valeur, en mettant à la suite du dernier chiffre décimal tel nombre de zéros qu'on voudra. Ainsi, 43,25 est la même chose que 43,250, ou que 43,2500; ou que 43,25000, le nombre 43,25, n'a fait que de changer de dénomination, mais point de valeur, car le nombre 43,25 ou 43,25000, sont absolument les mêmes sous le rapport de la valeur.

Car chaque centième valant 10 millièmes, 100 dix-millièmes, etc., les 25 centièmes valent 250 millièmes, ou 2500 dix-millièmes, ou 25 mille cent-millièmes, etc.; en un mot, c'est la même chose que lorsqu'au lieu de dire 6 sous, on disait 72 deniers.

Napoléon.—Nous avons parfaitement compris tout cela par une raison bien simple; nous savions déjà d'avance comment on multipliait un nombre par 10, par 100, par 1,000, par 10,000 etc.; nous savions aussi d'avance, d'après l'explication qui nous en a été faite, comment il fallait s'y prendre pour diviser un nombre par 10, par 100, par 1,000, par 10,000, etc.; ce que vous venez de nous expliquer n'est, selon moi, que multiplier par 10, par 100, etc., ou diviser par 10, par 100, etc.; car chaque fois que l'on recule la virgule d'un chiffre vers la droite, on multiplie le nombre par dix; quand on la recule de deux, on multiplie par 100, etc.; et si au contraire on la recule d'un chiffre vers la gauche, on divise le nombre par 10; si l'on en retranche deux vers la gauche, on divise par 100, et ainsi de suite. Ainsi, lorsque l'on dit que l'on rend un nombre dix fois, cent fois, mille fois plus petit, ce n'est autre chose que diviser par 10, par 100, par 1,000, etc. De même, lorsqu'on rend un nombre dix fois, cent fois, mille fois plus grand; ce n'est autre chose que de le multiplier par 10, par 100, par 1,000, etc. Voilà, mon cher Théodore, comme j'ai compris ce que vous venez de nous expliquer, relativement au reculement de la virgule, soit sur la droite, soit sur la gauche.

Théodore. — C'est fort bien, voilà qui est encore compris, et je pense que nous allons maintenant entrer dans les opérations.

Tous les élèves. — Pas encore.

Alphonse. — Nous voulons des définitions, des comparaisons dans un sens figuré, encore quelques récréations mathématiques, et après cela vous nous parlerez des opérations; et puis d'ailleurs, nous sommes déjà beaucoup plus avancés que vous ne le croyez, vos leçons ne sont pas perdues, et vous verrez, mon cher Théodore, qu'une addition, une soustraction, une multiplication, n'est déjà plus rien pour nous, et que le raisonnement nous a conduit plus loin que vous ne croyez; raisonnez donc encore et nous vous écoutons.

Théodore.—Volontiers, puisque vous le voulez.

Je commencerai par vous demander combien coûterait le kilogramme d'une marchandise qui coûterait 42 francs les 100 kilogrammes; ne cherchez pas, c'est inutile, il faut me le dire de suite, autrement s'il fallait faire une opération, il n'y aurait plus d'abrégé ni de mérite.

Henry. — Vous ne voulez pas que l'on cherche, vous voulez que l'on réponde de suite à la question, c'est un peu difficile pour nous.

Théodore. — Rien n'est si simple, et puisque personne n'a répondu à la question, je vais avec peu de paroles vous mettre à même d'opérer sans faire d'opérations. Si je vous demande combien il faut de kilogrammes pour un quintal métrique (1), tout le monde me répondra 100; si je vous demande combien il faut de centimes pour faire un franc, vous me répondrez tous qu'il en faut 100; il s'en suit de là que si le quintal métrique coûte 42 francs, le kilogramme coûtera 42 centimes. Il vous est facile maintenant de deviner qu'autant de francs coûtera le quintal métrique, autant de centimes coûtera le kilogramme. Je pense que je n'ai pas besoin d'en dire davantage pour me faire comprendre.

Léonidas. — Je crois avoir compris; faites-moi une question.

Théodore. — Volontiers. Un marchand de farine me vend sa farine à 21 francs le quintal métrique, combien le prix du kilogramme?

Léonidas. — D'après ce que vous venez de nous expliquer, le kilogramme coûterait 21 centimes.

(1) On entend par quintal métrique, 100 kilogrammes, ce qui équivaut à deux quintaux d'autrefois.

THÉODORE. — Cela est vrai; mais pourquoi?

LÉONIDAS. — Parce que, comme il faut cent kilogrammes pour faire un quintal métrique, et cent centimes pour faire un franc, il est clair que tout est relatif entr'eux, et que, par cette raison, autant de francs que coûtera le quintal métrique, autant de centimes coûtera le kilogramme, attendu que le kilogramme est la centième partie du quintal métrique, comme un centime est la centième partie d'un franc.

THÉODORE. — Très-bien! Léonidas, très-bien! Il serait à désirer que ces Messieurs eussent compris comme vous.

ALPHONSE. — Nous avons compris comme Léonidas; vous pouvez nous faire des questions.

THÉODORE. — Eh bien! soit. Je vous demande à vous, Alphonse, combien coûterait un kilogramme de fer que le marchand vend 45 fr. le quintal métrique.

ALPHONSE. — Le kilogramme de fer, à 45 francs le quintal métrique, coûterait 45 centimes.

THÉODORE. — Pourquoi? donnez-m'en l'explication?

ALPHONSE. — L'explication, la voici. Il est clair que, puisqu'il faut cent kilogrammes pour faire un quintal métrique, qu'il faut cent centimes pour faire un franc, le kilogramme étant la centième partie de l'entier, le centime étant aussi la centième partie de l'entier, le kilogramme étant le centième du quintal métrique, ne peut valoir que des centièmes de francs.

Théodore. — C'est bien; mais j'aurais voulu une définition plus claire et plus simple.

Napoléon. — Lorsque vous nous avez démontré la multiplication par 10, par 100, par 1,000, etc., il ne s'agissait toujours que d'ajouter un, deux et trois zéros; il s'en suit de là que, pour représenter un quintal métrique en kilogrammes, il ne s'agit que d'ajouter deux zéros; comme pour représenter un franc en centimes, il ne s'agit aussi que d'ajouter deux zéros. De la multiplication, vous avez passé à la division, et vous nous avez dit que pour diviser par 10, par 100, par 1,000, etc., il ne fallait que retrancher un, deux et trois chiffres. Il résulte de cette explication que si je veux savoir combien 100 kilogrammes font de quintaux métriques, je retranche les deux zéros et je trouve vers la gauche 1 qui est un quintal métrique. Si j'avais 1,000 kilogrammes, je retrancherais vers la droite deux zéros, il me resterait sur la gauche 10 qui sont dix quintaux métriques. Il en est de même des francs que des quintaux métriques. Si j'avais 100 centimes à convertir en francs, en retranchant les deux zéros, il me reste 1 qui est un franc; si j'en avais 1,000, en retranchant deux zéros, il me resterait 10 vers la gauche qui sont dix francs. Ainsi, l'on voit par là qu'un franc répond à un quintal, comme dix fr. répondent à dix quintaux, et que, d'après cet exposé, il est facile de reconnaître qu'autant de francs coûterait le quintal d'une marchandise quelconque, autant de centimes coûterait le kilogramme.

Théodore. — Voilà qui est fort bien défini. Mais s'il y avait des fractions, comme, par exemple, une marchandise qui se vendrait 35 fr. 50 c. le quintal métrique?

Léonidas. — Cette marchandise coûterait 35 c. et demi, ou 35 cent. et 5 millièmes, ou 35 c. et 50 dix-millièmes.

Théodore. — Très-bien! Mais une marchandise qui coûterait 45 fr. 75 cent. le quintal métrique, combien coûterait-elle le kilogramme?

Alphonse. — Le kilogramme coûterait 45 c. et 75 dix-millièmes.

Théodore. — Tout cela est fort bien. Nous voyons donc que les fractions ne peuvent nullement nous arrêter, vu que les fractions des francs deviennent des fractions de centimes. Ainsi, 75 centimes donnent 750 millièmes; 50 centimes, 500 millièmes; 25 centimes, 250 millièmes, et ainsi de suite.

Avez-vous tous compris ces dénominations, avez-vous tous compris ce qui vient d'être dit?

Tous les élèves. — Oui, nous avons compris.

Alphonse. — Nous avons tellement compris, que nous pouvons vous rendre compte de toutes ces dénominations jusqu'à des billionièmes, etc. Nous avons créé des cahiers où toutes vos leçons sont écrites, nous y travaillons chaque jour, et le raisonnement a suffi pour nous mener beaucoup plus loin que vous ne pensez, et lorsque nous serons aux opérations, nous vous prouverons que vos leçons n'ont pas été infructueuses. Pour varier un peu vos leçons, vous devriez maintenant entrer dans quelques entretiens récréatifs.

Théodore. — Si tout le monde est de cet avis, je le veux bien.

Tous les élèves. — Oui, nous le voulons bien, malgré que vos leçons soient assez récréatives par elles-mêmes.

Théodore. — Un auteur Arabe, Al-Sephadi, raconte l'origine d'un problème d'une manière assez curieuse pour trouver place ici. Un roi de Perse, dit-il, ayant imaginé le jeu de trictrac, en était tout glorieux. Mais il y avait dans les Etats du roi de l'Inde, un mathématicien nommé Sessa, fils de Daher, qui inventa le jeu d'échecs. Il le présenta à son maître qui en fut si satisfait, qu'il voulut lui en donner une marque digne de sa magnificence, et lui ordonna de demander la récompense qu'il voudrait, lui promettant qu'elle lui serait accordée. Le mathématicien se borna à demander un grain de blé pour la première case de son échiquier, deux pour la seconde, quatre pour la troisième, et ainsi de suite, jusqu'à la dernière ou la soixante-quatrième. Le prince s'indigna presque d'une demande qu'il jugeait répondre mal à sa libéralité, et ordonna à son visir de satisfaire Sessa. Mais quel fut l'étonnement de ce ministre, lorsqu'ayant fait calculer la quantité de blé nécessaire pour remplir l'ordre du prince, il vit que, non-seulement il n'y avait pas assez de grains dans ses greniers, mais même dans tous ceux de ses sujets et dans toute l'Asie. Il en rendit compte au roi, qui fit appeler le mathématicien, et lui dit qu'il reconnaissait n'être pas assez riche pour remplir sa demande, dont la subtilité l'étonnait encore plus que l'invention du jeu qu'il lui avait présenté.

Telle est, pour le remarquer en passant, l'origine du jeu des échecs, du moins au rapport de l'historien arabe Al-Sephadi. Mais ce n'est pas ici notre objet de discuter ce qu'il en est; occupons-nous du calcul des grains demandés par le mathématicien Sessa.

Ainsi, on trouve en faisant ce calcul, que le soixante-quatrième terme de la progression double, en commençant par l'unité, est le nombre 9,223,372,036,854,775,808. Or, dans la progression double commençant par l'unité, la somme de tous les termes se trouve en doublant le dernier et en ôtant l'unité. Ainsi, le nombre des grains de blé nécessaires pour remplir la demande de Sessa, était le suivant : 18,446,744,073,709,551,615. Or, on trouve qu'une livre de blé de médiocre grosseur et médiocrement sec, contient environ 12,800 grains, et conséquemment le septier de blé, qui est de 240 livres, poids moyen, en contiendrait environ 3,072,000, je le suppose de 31,000,000; divisant donc le nombre des grains trouvés ci-dessus par ce dernier nombre, il en résulterait 59,505,620,044,422 septiers, qu'il eût fallu pour acquitter la promesse du roi indien.

En supposant encore qu'un arpent de terre ensemencé rendit cinq septiers, il faudrait, pour produire en une année la quantité de septiers ci-dessus, la quantité de 1,190,112,408,884 arpents, ce qui fait près de huit fois la surface entière du globe de la terre ; car la circonférence de la terre, étant supposée de 9,000 lieues moyennes, c'est-à-dire de 2,280 toises au degré, sa surface entière, y compris celle des eaux de toute espèce, se trouve de 148,882,176,000 arpents.

M. Wallis envisage la chose autrement, et trouve dans son arithmétique que la quantité de blé nécessaire pour remplir la promesse faite à Sessa, formerait une pyramide de neuf mille anglais de longueur, de hauteur et de largeur, ce qui revient à une pareille pyramide qui aurait trois de nos lieues (d'environ 3,000 toises) en tous sens de base et trois lieues de hauteur, ou à une masse parallélipipède de neuf lieues carrées de base, sur une hauteur uniforme d'une lieue. Or, 3,000 toises de hauteur font 18,000 pieds ; ainsi, ce solide est l'équivalent d'un autre de 162,000 lieues carrées sur un pied de hauteur ; d'où il suit que la quantité de blé ci-dessus couvrirait 126,000 lieues carrées à la hauteur d'un pied ; ce qui fait au moins trois fois la surface de la France, qui ne contient, je pense, toute réduction faite, guère plus de 50,000 lieues carrées.

En supposant le septier de blé à 10 fr., la quantité de blé ci-dessus vaudrait 595,056,260,444,220 francs, ce qui fait 5,950,560 milliards, somme qui qui excède toutes les richesses existantes sur la terre.

ALFRED. — Par exemple, voilà qui est curieux, et j'étais bien loin, pour mon compte, comme le roi de Perse, de croire qu'un grain de blé, mul-

tiplié toujours en doublant jusqu'à soixante-qua-
tre, amènerait un produit en blé qui couvrirait
126,000 lieues carrées à la hauteur d'un pied, et
en argent, une somme dont toutes les richesses
de la terre seraient insuffisantes pour payer cette
quantité de blé.

THÉODORE. — Il y en a bien d'autres qui n'auraient jamais pu s'imaginer cela. Mais entrons
maintenant dans l'arithmétique. Je ne reviendrai
plus sur l'analogie des quatres règles qui font la
base de l'arithmétique.

IVe ENTRETIEN.

De l'Addition.

THÉODORE. — Nous allons commencer par l'addition. Pour faire cette opération, il faut observer la règle suivante :

Ecrivez, les uns sous les autres, tous les nombres proposés, de manière que les chiffres des
unités du premier ordre de chacun des nombres
soient rangés dans une même colonne verticale;
qu'il en soit de même des unités du 2e ordre, du
3e, du 4e, etc.

Ajoutez d'abord tous les nombres qui sont dans
la colonne des unités du premier ordre; si la
somme ne passe pas 9, écrivez-la au dessous; si
elle surpasse 9, elle renfermera des unités du second ordre; n'écrivez au dessous que l'excédant
du nombre des unités du second ordre; comptez

ces unités du second ordre pour autant d'unités,
et ajoutez-les avec les nombres de la seconde colonne : observez, à l'égard de la somme des nombres de cette seconde colonne, la même règle
qu'à l'égard de la première, et continuez ainsi,
de colonne en colonne, jusqu'à la dernière, au
dessous de laquelle vous écrirez la somme telle
que vous la trouverez. Eclaircissons cette règle
par des exemples.

Qu'il soit question d'ajouter 4,362 avec 5,284,
j'écris ces deux nombres comme on le voit ici :

Je tire un trait pour séparer   4,362
les deux nombres,   5,284
____

                     9,646 somme.

et j'additionne en commençant par la droite,
et je dis : 2 et 4 font 6 ; comme dans six unités du
premier, il n'y a pas d'unités du second ordre,
je pose 6 sous les unités du premier ordre ; je
passe à la seconde colonne qui contient les unités du second ordre, et je dis : 6 et 8 font 14 ;
comme dans 14 unités du second ordre, il y a
4 unités de cette espèce, plus une unité du troisième ordre, je pose les 4 unités du second ordre
dans la seconde colonne et retiens 1 qui est une
unité du troisième ordre que j'ajoute au 3 de la
3ᵉ colonne, en disant 1 et 3 font 4, 4 et 2 font 6 ;
je pose 6 sous les unités de la 3ᵉ colonne ; puis
passant à la quatrième colonne, je dis 4 et 5
font 9 ; que je pose sous les unités du 4ᵉ ordre.

Le nombre 9646, trouvé par cette opération,

est la somme des deux nombres proposés, puisqu'il en renferme les unités du premier ordre, les unités du second, les unités du troisième et les celles du quatrième ordre , ou vulgairement, les dizaines, les centaines et les mille, que nous avons rassemblées successivement.

Théodore. — Donnons un autre exemple.

On demande la somme des quatre nombres suivants : 7,435, 6,842, 9,234 et 541. Je les écrits comme on le voit ici.

$$
\begin{array}{r}
7,435 \\
6,842 \\
9,234 \\
541 \\
\hline
24,052.
\end{array}
$$

En commençant, comme je l'ai déjà dit, par la droite, je dis : 5 et 2 font 7, 7 et 4 font 11, 11 et 1 font 12; comme dans 12 unités du premier ordre, il y a deux unités de cette espèce et une unité du second ordre, je pose les deux unités du premier ordre dans la colonne de ces unités et retiens l'unité du second ordre pour être additionnée avec les unités de cette espèce; passant à la seconde colonne, je commence par joindre l'unité que j'ai retenue au premier chiffre des unités du second ordre, et je dis : 1 et 3 font 4, 4 et 4 font 8, 8 et 3 font 11, 11 et 4 font 15; je pose 5 sous les unités du second ordre et retiens 1, qui étant une unité du troisième ordre, je l'ajoute aux unités du troisième ordre et je dis : 1 et 4 font 5, 5 et 8 font 13, 13 et 2 font 15, 15 et 5 font 20;

comme dans 20 unités du troisième ordre il y a deux unités du quatrième ordre, sans reste, je pose zéro aux unités du troisième ordre et retiens 2 que je joins aux unités du quatrième ordre, et je continue en disant : 2 et 7 font 9, 9 et 6 font 15, 15 et 9 font 24 ; mais comme dans 24 unités du quatrième ordre, il y a 4 unités du quatrième ordre et deux unités du cinquième ordre, je pose 4 dans la quatrième colonne et avance les 2 unités du cinquième dans la cinquième colonne.

S'il y avait des parties décimales, comme elles se composent par dizaines, c'est-à-dire, qu'elles marchent de dix en dix, à mesure qu'on avance de droite à gauche, ainsi que les autres nombres ; la règle pour les ajouter est absolument la même, en observant de mettre toujours les unités de même ordre, dans une même colonne.

Ainsi, si on propose d'ajouter les trois nombres :

$$72,957$$
$$12,8$$
$$124,03$$
$$\overline{}$$
$$209,787$$

En suivant la règle ci-dessus, j'aurai 209 fr., 78 centimes et 7 millièmes.

Théodore. — Je pense, Messieurs, en avoir assez dit sur l'addition pour que vous l'ayez comprise.

Léonidas. — Quant a moi, je l'ai parfaitement comprise, et je puis vous le prouver à l'instant, si vous le désirez.

Théodore. — Non, mon cher Léonidas, je vou-

drais avant tout que vous raisonniez cette opération.

Léonidas.—Volontiers. Dans le commencement
de nos séances, vous nous avez dit que l'addition
était une opération par laquelle, au moyen de
plusieurs nombres connus, on en trouvait un
inconnu, qu'on appelle somme ou total. Maintenant, vous venez de nous dire que pour faire cette
opération il fallait, avant tout, avoir soin de bien
placer les unités de chaque ordre les unes sous les
autres; c'est-à-dire, les unités du premier ordre
sous les unités du premier ordre, celles du second,
sous celles de cette espèce, et enfin, celles du troisième ordre, sous celles du troisième ordre, et
ainsi de suite; puis après, pour que l'on com-
prenne bien leur valeur par ordre, vous nous avez
dit que les unités du premier ordre n'étaient que
des unités simples; que les unités du second ordre
n'étaient autre chose que nos dizaines, celles du
troisième ordre, nos centaines, celles du quatrième,
nos mille, celles du cinquième, nos dizaines de
mille, et ainsi de suite; que, de plus, pour faire
cette opération, il fallait commencer par la droite,
et quand le nombre passait 9, il fallait poser l'excédant et retenir le reste pour être porté au nombre de la seconde colonne, et ainsi de suite, jusqu'à
la fin de l'opération.

Théodore. — Très-bien! Léonidas; si ces Messieurs ont retenu le raisonnement comme vous,
il n'y a plus de difficulté pour faire quelque addition que ce soit. Vous avez oublié seulement de
parler des parties décimales.

Léonidas. — Cela est vrai; mais je l'ai retenu comme le reste. Vous avez dit que pour additionner un nombre quelconque, où il y aurait des parties décimales, il fallait faire l'opération comme dans les règles ordinaires, vu que les unités marchant de dix en dix, chaque retenue valait toujours dix. Ainsi, si l'on a retenu 3, c'est la même chose que si l'on avait retenu 30, 1-10, 2-20, 4-40, et ainsi de suite, vu qu'une retenue de la colonne de droite passant à la colonne de gauche, vaudra une unité ou deux unités de celles de la gauche; et comme les unités de la gauche valent dix fois plus que celles de la droite, ce sera donc toujours dix, ou vingt, ou trente unités de la droite qu'on portera vers la gauche; et par la même raison, 10, 20 ou 30 unités de la droite portées vers la gauche ne vaudront que 1, 2 ou 3, en passant de droite à gauche, puisqu'il faut dix unités de la droite pour en faire une de la gauche. Et d'ailleurs, lorsque vous nous avez appris à multiplier par dix, par cent, par mille, etc., vous nous avez appris tout le mécanisme et la marche de cette numération.

Théodore. — On ne peut mieux, mon cher Léonidas; cela va fort bien. Ces Messieurs pourraient-ils nous en dire autant?

Alphonse. — Il ne nous est pas difficile de répondre comme Léonidas; vous avez cru que nous nous en rapporterions à notre mémoire; pas du tout, quoiqu'elle soit bonne, nous avons fait des cahiers où toutes vos leçons sont écrites séance par séance et jour par jour. Ainsi, vous voyez que par ce moyen nous pouvons répondre à toutes vos questions.

Théodore. — C'est très-bien, Messieurs; mais je désirerais que chacun fît son travail lui-même; que personne ne prêtât son cahier à un camarade paresseux; celui qui travaille, qui est laborieux, rendrait un mauvais service à son camarade, et se rendrait, pour ainsi dire, complice de l'ignorance de son ami, qui plus tard pourrait lui reprocher sa complaisance. Je vous dis cela, mes amis, en passant; ne croyez pas que je veuille sermoner.

Théodore. — Mais il est un fait que celui qui ne s'exerce pas sans maître est susceptible de rester dans l'ignorance, et l'ignorance est un oreiller assez doux pour bien des têtes. Mais ici je pense que tout le monde travaille, et je me suis aperçu que les élèves en faisaient plus que le maître; c'est souvent à votre honneur et gloire, et vous vous en trouverez bien et moi aussi par la suite.

Léonidas. — Voilà de la morale, mon cher Théodore, un professeur de collége ne parlerait pas mieux. Ne nous ménagez pas; mais cependant il est bon que vous sachiez que nous avons tous fait nos cahiers sans le secours de personne, et que c'est à notre travail et à notre zèle pour nous instruire, que nous les devons.

Théodore. — Fort bien, Messieurs, je n'en doute pas; mais passez-moi cette petite sortie contre la paresse.

Alfred — Bien loin de vous en vouloir nous vous en remercions. Maintenant, si vous voulez, je vais

vous faire une opération; je ne reviendrai plus sur
le raisonnement, je pense qu'on en a assez dit sur
ce sujet.

Théodore. — Eh bien! faites une opération et
nous vous écoutons.

Alfred. — Comme nous n'en sommes qu'à l'addition, je vais donc faire une addition; mais je la
ferai avec un simple raisonnement et avec des dé
cimales. Je suppose que l'on demande le montant
de ces trois sommes réunies : 54-254, 67-305,
84-755.

Je commence par les placer comme on le voit
ici :

$$
\begin{array}{r}
54\text{—}254 \\
67\text{—}305 \\
84\text{—}755 \\
\hline
206\text{—}314 \quad \text{Somme.}
\end{array}
$$

J'ai commencé d'abord par bien placer les uni
tés de chaque ordre les unes sous les autres; c'est-
à-dire, j'ai placé les millièmes sous les millièmes,
les centièmes sous les centièmes, les décimes sous
les décimes (ou dixièmes), les unités d'entier sous
les entiers, les dizaines sous les dizaines, après
quoi j'ai opéré comme il suit :

$$
\begin{array}{r}
\text{A B} \quad \text{C D E} \\
54\text{—}254 \\
67\text{—}305 \\
84\text{—}755 \\
\hline
\text{Somme.} \ldots \ldots 206\text{—}314
\end{array}
$$

En commençant par la droite, colonne E, j'ai
dit : 4 et 5 font 9, 9 et 5 font 14; comme dans

14 millièmes il y a 4 millièmes plus un centième, j'ai posé 4 sous les millièmes et retenu le centième pour être additionné avec les centièmes, colonne D. Puis passant aux centièmes j'ai dit: 1 de retenu et 5 font 6, 6 et 5 font 11; comme dans 11 centièmes il y a un centième plus un dixième, je pose le centième sous les centièmes, et retiens le dixième pour être additionné avec les dixièmes. Passant à la 3ᵉ colonne C, qui représente les dixièmes, je dis: 1 et 2 font 3, 3 et 3 font 6, 6 et 7 font 13; comme dans 13 dixièmes (ou décimes) il y a un franc ou un entier quelconque, je pose 3 aux dixièmes et retiens un entier ou un franc pour être additionné avec le franc ou l'entier, et je dis, en passant à la colonne B des entiers: 1 et 4 font 5, 5 et 7 font 12, 12 et 4 font 16; comme dans 16 entiers il y a 6 entiers plus une dizaine, je pose 6 aux entiers et retiens la dizaine pour être additionnée avec les dizaines. Passant à la colonne A des dizaines, je dis: 1 de retenu et 5 font 6, 6 et 6 font 12, 12 et 8 font 20; comme dans 20 dizaines il n'y a que deux centaines juste, je pose zéro aux dizaines, et comme l'opération est finie, j'avance le 2 dans la colonne des centaines qui est la troisième vers la gauche à partir des entiers.

Théodore. — Ma foi, Messieurs, cela va de mieux en mieux, ou pour mieux dire de plus fort en plus fort, car il est impossible de mieux démontrer une addition; aussi je ne ferai plus de question sur cette opération, nous passerons de suite à la soustraction.

Léonidas. — Avant que de quitter l'addition, il me semble, mon cher Théodore, que vous me permettrez d'en parler encore un instant.

Théodore. — Volontiers; reprenons l'addition.

Léonidas. — Pour prévenir toute confusion dans la recherche des sommes partielles, on écrit les nombres, comme dans l'exemple suivant, où chaque ordre d'unité formant une colonne verticale, tous les chiffres qui sont au même rang, se correspondent.

$$596$$
$$305$$
$$720$$
$$18$$

Somme. . . 1639

Comme chaque addition partielle peut faire passer des unités dans l'ordre immédiatement supérieur, on conçoit qu'il faut commencer par chercher la somme des unités simples. Or, $6 + 5 = 11$, $11 + 8 = 19$, et j'écris 9 au-dessous de la barre, en continuant la colonne des chiffres qui sont au premier rang. Cette addition fait passer une unité dans l'ordre des dizaines. Ainsi $1 + 9 = 10$, $10 + 2 = 12$, $12 + 1 = 13$, j'écris 3 et j'ai une unité de centaines. Cette unité $+ 5 = 6$, $6 + 3 = 9$, $9 + 7 = 16$, que j'écris. La somme totale est 1639.

Je pense qu'il est indifférent, dans la recherche des sommes partielles, de commencer par le haut ou par le bas des colonnes : mais quand on craint d'être tombé dans quelque méprise, il est à propos de recommencer par le bas, si l'on a commencé par le haut.

Lorsqu'on sait additionner les nombres qui sont en progression décuple, peut-on trouver quelque difficulté à faire l'addition des nombres qui sont en progression sous-décuple? n'est-il pas évident qu'on doit ajouter des dixièmes à des dixièmes, des centièmes à des centièmes, de la même manière qu'on ajoute des dizaines à des dizaines, des centaines à des centaines ?

Exemple :

$$42—$$
$$04—053$$
$$00—24$$
$$01—6$$

Le premier de ces nombres, en commençant par le haut, n'a point de parties décimales. Le second a des millièmes, le troisième des centièmes, le dernier des dixièmes; mais pour prévenir toute confusion, on achève la colonne avec des zéros, qui remplissent toutes les places vides. L'opération étant ainsi préparée, il est clair que la virgule n'y saurait apporter aucun changement; il suffira de ne pas l'oublier dans la somme et de la mettre où elle doit être. Ici ce sera comme on le voit, entre le troisième et le quatrième rang, puisqu'il y a dans les parties des $\frac{1}{1000}$ le même sxemple que ci-contre avec des zéros pour remplir les places vides ou les unités manquantes.

$$42—000$$
$$4—053$$
$$0—240$$
$$1—600$$

$$47—893$$

En remarquant comment nous avons fait une addition avec des chiffres, nous découvrirons comment elle peut être défaite. On sait donc soustraire quand on sait additionner.

On voit 1° que, lorsqu'on ajoute un nombre à un nombre, la somme est la chose à découvrir; le reste, au contraire, est la chose à découvrir lorsqu'on soustrait un nombre d'un nombre.

2° Que la soustraction et l'addition étant des opérations contraires, il sera naturel de commencer la première par où la seconde a fini, c'est-à-dire qu'il faudra d'abord opérer sur les unités de l'ordre supérieur.

3° Que puisque pour additionner on a cherché plusieurs sommes partielles, afin d'arriver à la somme totale, on cherchera pour soustraire plusieurs restes partiels, afin d'arriver à un reste total.

4° Que si, pour faire les additions partielles, nous avons dit, par exemple, $4+2=6$; nous dirons, pour faire des soustractions partielles, $4—2=2$.

6° Enfin on éprouvera que, pour faire ces opérations sans confusion, il faut écrire les nombres les uns au-dessous des autres, de manière que les unités se correspondent ordre à ordre.

Reprenons actuellement la première addition que nous avons faite, et essayons de soustraire de la somme totale tous les nombres que nous avons additionnés, la soustraction vérifiera l'addition; sur quoi il faut remarquer que ces deux opérations sont propres à se vérifier réciproquement.

Première addition, la preuve par la soustraction.

$$
\begin{array}{r}
596 \\
305 \\
720 \\
18 \\
\hline
\end{array}
$$

Somme. 1,639

Restes. . . . . $\left\{\begin{array}{l} 13 \\ 19 \\ 00 \end{array}\right.$

Dans les centaines des nombres à soustraire, j'ai $5 + 3 + 7 = 15$: or $16 - 15 = 1$, que j'écris au-dessous de 6, dans le rang des centaines; à côté j'abaisse le 3 de la somme totale, et voyant que j'ai 13 dizaines pour reste, je dis: $13 - 9 - 2 - 1 = 1$, que j'écris au-dessous de 3, et j'abaisse 9 à côté; il ne reste donc plus de la somme totale que 19 unités simples: mais $19 - 6 - 5 - 8 = 19 - 19 = 0$; par conséquent il ne reste rien, et l'addition avait été bien faite.

En faisant cette soustraction, vous remarquez que vous réservez les unités d'un ordre supérieur pour les transporter de gauche à droite; comme en faisant l'addition vous en avez réservé pour les transporter de droite à gauche: et vous voyez jusques dans le mécanisme de ces opérations, que l'une est l'inverse de l'autre, comme fermer la main est l'inverse de l'ouvrir.

ALPHONSE. — Voilà qui est très-bien, mon cher Léonidas; mais au moins tu aurais bien dû , avant tout, nous donner la clé des signes que tu emploies soit pour additionner soit pour soustraire.

LÉONIDAS. — Volontiers; pour additionner, le signe + veut dire *plus*, le signe = veut dire *égal*; ainsi $4 + 7 = 11 + 9 = 20$; c'est comme si j'avais dis: 4 plus 7 égale 11, 11 plus 9 égale 20, ou 4 et 7 font 11, et 9 font 20; voilà pour l'addition. Pour la soustraction le signe — veut dire *moins*, ainsi $7 - 4 = 3, 9 - 7 = 2, 12 - 8 = 4$; c'est comme si j'avais dit : 7 moins 4 égale 3, ou 9 moins 7 égale 2, ou 12 moins 8 égale 4; m'avez-vous compris maintenant?

ALPHONSE. — Parfaitement; allons, Messieurs, ajoutons encore sur nos cahiers cette manière d'opérer, afin de nous la rappeler, et nous en saurons autant que Léonidas.

THÉODORE. — Allons, Messieurs, continuons; vous serez aussitôt maîtres qu'élèves ; mais je voudrais que vous me permissiez de définir la preuve de l'addition d'une autre manière.

Exemple :
$$
\begin{array}{r}
4563 \\
2784 \\
1567 \\
\hline
8914 \\
\hline
1210
\end{array}
$$

Léonidas a fort bien démontré la preuve de l'addition; je ne la démontrerais pas mieux, mais l'une fera comprendre l'autre. Nous avons dit que pour faire l'addition, il fallait commencer par la droite; c'est ce que je fais et je dis : 3 et 4 font 7 et 7 font 14; comme dans 14 unités simples il y a 4 unités plus une dizaine que je dois porter aux dizaines, j'ai donc posé 4 et fait passer une dizaine aux dizaines, laquelle dizaine provenait des unités, et j'ai dit: une dizaine et 6 font 7, 7 et 8 font 15, 15 et 6 font 21 dizaines; comme dans 21 dizaines il y a deux centaines, je pose la dizaine restante et je fais passer les deux centaines aux centaines, et je continue l'addition des centaines en disant: 2 et 5 font 7, 7 et 7 font 14, 14 et 5 font 19; comme dans 19 centaines il y a 9 centaines plus un mille, je pose les 9 centaines sous les centaines et fais passer le mille à la colonne des mille en disant : 1 et 4 font 5, 5 et 2 font 7, 7 et 1 font 8, que je pose dans la colonne des mille, et j'ai pour la somme totale 8914. Maintenant pour faire la preuve, je fais l'inverse; au lieu de commencer par la droite je commence par la gauche, en disant : 4 et 2 font 6, 6 et 1 font 7; comme j'ai 8 au total, je soustrais 7 de 8 et il me reste 1 que je fais marcher avec le 9 du total, ce qui me donne 19. Je recompte les chiffres de la seconde colonne en disant: 5 et 7 font 12 et 5 font 17, que je soustrais de 19; il me reste 2 que je fais marcher avec le 1 du total, ce qui me donne 21. Je cherche dans la troisième colonne le nombre qu'elle me donnera, et disant: 6 et 8 font 14, 14 et 6 font 20, que je soustrais de 21, il me reste 1 que je fais marcher avec le dernier qui est 4, ce qui me donne 14. En additionnant cette dernière colonne je trouve 14, ainsi 14 pour aller à 14 c'est zéro; on peut conclure de là que l'opération est bien faite. L'artifice est facile à concevoir, tous les nombres que j'ai fait passer de droite à gauche, quand je fais la preuve je les refais passer de gauche à droite, c'est-à-dire que je défais ce que j'avais fait, ainsi 1, 2, 1 ne sont autre chose que les retenues qui ont passé d'une colonne à l'autre, allant de droite à gauche, lesquels 1, 2, 1, je refais passer de gauche à droite en faisant la preuve. On peut encore faire la preuve de l'addition en commençant l'opération par la gauche, mais il faut s'en tenir à celle-ci qui est la preuve d'usage.

Tous les élèves. — L'addition par la gauche; nous voulons tout savoir.

Henri. — Théodore est trop bon enfant et trop complaisant pour nous refuser cela.

Théodore. — Allons, puisque vous le voulez, faisons une addition par la gauche.

Exemple:

9,875	9,875
6,342	6,342
7,563	7,563
22	23,780
16	
17	
10	
Somme. 23,780	

Pour faire cette addition il faut comme je vous l'ai dit commencer par la gauche et poser ce que l'on trouve sans aucune retenue; ainsi en commençant par la gauche, je dis : 9 et 6 font 15, 15 et 7 font 22 que je pose comme vous voyez dans l'exemple. Passant à la seconde colonne, je dis : 8 et 3 font 11, 11 et 5 font 16; que je pose en me retirant d'un chiffre vers la droite. Ainsi je pose 1 sous le dernier 2 et j'avance 6 d'un rang vers la droite. Passant à la troisième colonne, je dis: 7 et 4 font 11, 11 et 6 font 17, en reculant d'un rang toujours vers la droite, je pose 1, sous le 6 et j'avance 7 vers la droite. Passant à la dernière colonne, je dis 5 et 2 font 7, 7 et 3 font 10, je pose 1 sous le 7, et j'avance le zéro vers la droite. Maintenant j'additionne tous ces nombres tels qu'ils se trouvent placés; zéro c'est zéro, que je pose, 7 et 1 font 8 que je pose, 6 et 1 font 7 que je pose, 2 et 1 font 3, je pose 3; 2 c'est 2, et j'ai pour total 23,780, même nombre obtenu qu'en commençant par la droite. L'avantage que pourrait présenter cette manière d'opérer c'est qu'il n'y a jamais de retenue dans la première opération et que la seconde en présente très-peu, il serait donc très-difficile de se tromper en opérant de cette manière.

ALFRED. — Ce genre d'opérer me plaît assez et je m'en servirai souvent, car la preuve et l'opération se font pour ainsi dire ensemble, et puis il faut moins de temps pour faire la preuve et l'opération, au moins dans bien des cas.

NAPOLÉON. — Maintenant que tout est dit ou

à peu près sur l'addition, est-ce que l'ami Théodore ne nous régalera pas d'une opération récréative?

Théodore. — Vous êtes de trop bons enfants pour vous refuser cela, voyons quel est celui de vous qui veut poser un nombre quelconque.

- Alphonse. — Moi.

Théodore. — Posez celui que vous voudrez.

Alphonse. — Je pose le nombre 94,567.

Théodore. — C'est très-bien, je vais vous poser d'avance le total d'une addition que vous ferez en ajoutant encore trois rangs de chiffres au nombre que vous avez donné, qui est 94,567, le total sera 394,564.

Alphonse. — C'est curieux à voir; vous dites que j'ajoute encore trois rangs de chiffres à 94,567, qu'importent les chiffres, le total sera 394,564; eh bien! essayons, je pose mes nombres.

$$94,567$$
$$36,789$$
$$94,267$$
$$78,949$$

Théodore. — C'est bien! mais il faut aussi que j'ajoute trois rangs, et après vous additionnerez et vous trouverez le total que je vous ai posé.

Alphonse. — Je vais reposer ce que j'ai déjà posé, et vous ajouterez ce que vous voudrez, puis je ferai l'addition.

$$94,567$$
$$36,789$$
$$94,267$$
$$78,949$$
$$63,210$$
$$05,732$$
$$21,050$$

$$\overline{394,564}$$

THÉODORE. — Faites maintenant.

ALPHONSE. — C'est bien cela ; le même nombre est trouvé.

Mais vous nous direz comment vous faites pour trouver ce total d'avance.

THÉODORE. — Volontiers, mais à condition que nous en resterons là pour les additions récréatives.

NAPOLÉON. — Oui, nous en resterons là pour l'addition seulement; mais pour les autres opérations nous ne vous tenons pas quitte.

THÉODORE. — Pour trouver d'avance le total de cette addition, il faut d'après le nombre donné retrancher 3 du dernier chiffre et porter le nombre 3 retranché du dernier chiffre devant le premier; ainsi dans le nombre 94,567, j'ai retranché 3 du chiffre 7, il n'est plus resté que 94,564. J'ai porté le 3 retranché devant le 9 qui est le premier chiffre du nombre donné, et j'ai eu pour total de l'addition, avant qu'elle soit faite, 394,564.

Pour arriver à ce total, il faut, après que l'on

a posé les trois rangs exigés, compléter à 9 les trois premiers rangs qu'Alphonse a posés; par exemple, au nombre qui est. . . 94,567 il faut ajouter trois rangs qui sont. . . . .

$$\begin{array}{r} 94,567 \\ 36,789 \\ 94,267 \\ 78,949 \\ 63,210 \\ 05,732 \\ 21,050 \\ \hline 394,564 \end{array}$$

Le premier chiffre du premier rang ajouté au nombre donné, étant 3, je dis : 3 pour aller à 9 c'est 6, que je pose; passant au 6, je dis : 6 et 3 font 9, je pose 3; passant au 7, je dis : 7 pour aller à 9 c'est 2 que je pose; passant au 8, je dis : 8 et 1 font 9, je pose 1; passant au dernier chiffre qui est 9, je dis : 9 pour aller à 9 c'est zéro; voilà le premier rang complété à 9. Je passe au second rang, le premier chiffre étant un 9, je pose zéro, je passe au second chiffre 4, et je dis : 4 pour aller à 9 c'est 5, je pose 5; passant au troisième chiffre qui est 2, je pose 7, passant au quatrième chiffre qui est 6, pour aller à 9 c'est 3 que je pose; passant au dernier qui est 7, pour aller à 9 c'est 2 que je pose. Le second rang étant complété à 9, je passe au troisième, le premier chiffre étant 7 je pose 2, ce qui fait 9, le deuxième étant 8, je pose 1, le troisième étant 9 je pose zéro, le quatrième étant 4, je pose 5, le dernier étant 9 je pose zéro. En additionnant les 7 rangs, on trouve pour total 394,564, qui est bien le nombre posé d'avance. Ainsi pour faire cette opération il ne s'agit toujours que de compléter à 9 tous les chiffres que la personne a posés ; si la personne a posé 4 posez 5 ; 7 posez 2 ; 6 posez 3, jusqu'à ce que vous ayez épuisé les trois rangs de chiffres posés par la personne qui vous donne à deviner.

Napoléon. — J'ai compris sans bien comprendre. Ce que je comprends, c'est qu'au nombre donné il faut extraire du dernier chiffre 3 que l'on porte en avant du premier chiffre du nombre donné. Je suppose que le nombre donné soit 8,434 : j'ôte 3 du dernier chiffre qui est 4, il reste 1, et le nombre 3 extrait de 4 je le porte devant le premier chiffre qui est 8, et j'ai pour total 38,431 ; maintenant, si l'on ajoute au premier nombre 8,434, trois autres rangs de chiffres à volonté, c'est-à-dire sans choix, la personne qui a posé le total avant l'opération, posera trois autres rangs de chiffres, ayant soin que les trois rangs de chiffres qu'elle pose forment toujours un nombre de neuf avec les trois premiers.

Théodore. — C'est bien cela, et vous avez compris ; il ne s'agit que de vous essayer entre vous et de vous faire des questions.

Mais puisque nous y sommes, je veux vous donner encore une opération dans ce genre qui vous amusera mieux et qui vous étonnera, parce que l'on peut écrire soi-même et d'avance la somme qu'il plaira de choisir. Je suppose quatre rangs de points, par exemple :

$$. \quad . \quad . \quad . \quad .$$
$$. \quad . \quad . \quad . \quad .$$
$$. \quad . \quad . \quad . \quad .$$
$$. \quad . \quad . \quad . \quad .$$

Total. . . .   1 9 9 , 9 9 8

Maintenant, écrivez les nombres que vous voudrez sur les deux premiers rangs de points, les chiffres qui vous viendront à l'idée; par exemple, les suivants :

$$37,210$$
$$29,607$$
$$. \quad . \quad . \quad . \quad .$$
$$. \quad . \quad . \quad . \quad .$$

Total. . . .   199,998

Aussitôt après, on peut écrire promptement au-dessous deux rangs de chiffres, de manière que la somme de ces quatre nombres se trouve précisément le rang de chiffres qui a été écrit le premier au-dessous des points, comme dans cet exemple :

$$37,210$$
$$29,607$$
$$62,789$$
$$70,392$$

Total. . . .   199,998

Pour apprendre à faire ce petit tour, il suffit d'observer que le nombre écrit d'avance n'est autre chose que la somme de deux rangs de chiffres composés de 9, comme on peut le voir dans l'exemple que voici, où l'on trouvera le même total que dans le précédent :

$$99,999$$
$$99,999$$

Total. . . . 199,998

Par conséquent, tout l'art consiste à supposer que celui à qui on propose le tour écrira deux rangs de 9 ; s'il les écrit réellement, on n'a plus rien à faire et l'addition est faite ; mais s'il écrit d'autres chiffres, on en écrit de nouveaux qui suppléent à ce qui manque aux premiers chiffres pour valoir 9. Par exemple, si le premier chiffre est 3 dans le premier rang et 2 dans le second, on commencera le troisième rang par 6 et le quatrième par 7 ; par ce moyen, les quatre rangs de chiffres équivaudront à deux rangs de 9, et le total écrit d'avance sera toujours juste.

Voici un autre problème dans le même sens : un maître d'arithmétique pour égayer ses élèves leur fait voir une addition, qu'il leur dit être le total de six rangs de quatre chiffres chacun, et que, de ces six rangs, ils en poseront trois à volonté.

OPÉRATION.

Le maître multiplie secrètement 9,999 par 3, ce qui fait 29,997 qu'il fait voir à ses élèves.

Les élèves forment les trois rangs suivants de quatre chiffres chacun :

67

7,285 ⎫
5,829 ⎬ Rangs des élèves.
3,456 ⎭

2,714 ⎫
4,170 ⎬ Rangs du maître.
6,543 ⎭

———

29,997

Le maître ajoute les trois derniers rangs qui ne sont que des compléments de 9.

ALPHONSE. — Je commence à comprendre au moins cette dernière opération. Pour trouver le total d'avance, il faut multiplier 9,999 par 3, ce qui donne 29,997; ce total sera toujours le même quels que soient les chiffres que les élèves puissent placer dans les trois rangs qu'ils ont posés. Ces trois derniers rangs par le maître ne sont placés que pour compléter les trois premiers à 9. Ainsi le premier rang que pose le maître, n'est que pour compléter à 9 le premier rang des élèves; le second rang du maître complète à 9 le second rang de l'élève; le troisième rang du maître complète à 9, le troisième rang du disciple. C'est comme si l'élève avait placé trois rangs de 9.

Vᵉ ENTRETIEN.

De la Soustraction.

THÉODORE. — Maintenant passons à la soustraction.

Quand on n'a qu'un nombre à soustraire d'un autre, il suffit d'écrire le plus petit au-dessous du plus grand.

$$6,528$$
$$519$$

$$6,009$$

Dans les rangs des mille du nombre à soustraire, il n'y a point d'unité, j'ai donc $6 - (\text{moins}) 0 = 6$, et $5 - 5 = 0$: en conséquence j'écris 60 ; mais quoique $2 - 1 = 1$, je n'écris pas 1, car, ne pouvant soustraire 9 de 8, j'ai besoin de réserver une dizaine ; j'écris donc 0. Enfin $18 - 9 = 9$, et la soustraction est faite ; le reste est 6,009. Je vérifierai cette soustraction, si je m'assure que $519 + 6,009 = 6,528$. Cette soustraction est de gauche à droite et est l'inverse des soustractions ordinaires qui commencent toujours par la droite ; quoiqu'il soit plus naturel de commencer la soustraction par la gauche, il paraît qu'on est en général dans l'usage de la commencer par la droite. Alors il arrive qu'au lieu de réserver des unités, on a quelquefois besoin d'en emprunter. Par exemple :

$$38$$
$$19$$

$$19$$

9 ne pouvant se soustraire de 8, j'emprunte une dizaine du chiffre précédent, que j'ajoute à 8 et j'ai $18 - 9 = 9$ que j'écris. De 3 je retranche l'unité empruntée, ce qui me donnera $2 - 1 = 1$. Je puis aussi ne rien retrancher de ce 3, et ajouter

l'unité empruntée au chiffre 1 du nombre à soustraire, et j'aurai le même reste, puisque $3 - 2 = 1$.
Chacun peut choisir entre ces deux manières
d'opérer celle qui lui paraîtra la plus commode.

Des dixièmes on soustrait des dixièmes, de la
même manière que des entiers on soustrait des
entiers; et on conçoit que les parties décimales
ne changent rien à cette opération.

ALPHONSE. — Pour faire la soustraction, en
commençant par la droite, il faut toujours ajouter
une unité aux chiffres de dessous, c'est-à-dire du
nombre à soustraire, chaque fois qu'il y aurait un
emprunt à faire, si l'on commençait par la droite.

THÉODORE. — C'est positivement cela; mais
revenons à la soustraction telle que l'usage veut
qu'on la fasse. Pour faire la soustraction il faut
toujours poser le nombre le plus fort dessus et le
plus petit dessous, ayant toujours bien soin de
placer les unités de chaque ordre les unes sous les
autres.

Donnons quelques exemples :

$$42{,}156$$
$$37{,}897$$
$$\overline{04{,}259}$$

On voit dans cet exemple que pour soustraire de
42,156, le nombre 37,897, on est obligé de faire des
emprunts, vu qu'une partie des chiffres à soustraire est plus forte qu'une partie des chiffres dont
on doit soustraire. On dirait donc d'après l'usage:
qui de 6 paie 7, cela ne se peut; j'emprunte 1 sur
le chiffre voisin qui est 5; mais cette unité valant

dix unités simples, je les joins au 6, ce qui me donne 16. Ainsi qui de 16 paie 7, reste 9; le 5 sur lequel j'ai emprunté 1, ne vaut plus que 4, je suis donc forcé maintenant de dire : qui de 4 paie 9, cela ne se peut; alors je suis encore obligé d'emprunter 1 sur le chiffre voisin; 1 qui vaudra 10, qui ajouté au 4, donne 14; alors la soustraction devient possible et je dis: qui de 14 paie 9 reste 5. Passant au troisième chiffre qui n'est plus que 0, vu que j'ai emprunté à 1, je dis: qui de 0 paie 8, cela ne se peut, j'emprunte 1 sur le 2, que je porte au 0, ce qui me donne 10; je soustrais 8 de 10, il me reste 2 que je pose. Passant à la quatrième colonne le 2 ne valant plus que 1 je dis: qui de 1 paie 7, cela ne se peut; j'emprunte le 1 sur le 4; 1 qui vaut 10, qui ajouté à 1 me donne 11 et je dis: qui de 11 paie 7, reste 4 que je pose. Passant à la dernière colonne comme le 4 ne vaut plus que 3, attendu que j'ai emprunté 1 dessus, je dirai donc: qui de 3 paie 3, reste 0; et j'aurai pour reste 04,259.

J'aurais pu la faire comme il suit: $4 - 4 = 0$, $11 - 7 = 4$, $10 - 8 = 2$, $14 - 9 = 5$, $16 - 7 = 9$. En ajoutant ensemble tous les chiffres qui complètent le nombre de dessus, j'aurai le même résultat. Effectivement, 4 pour aller à 4 c'est 0, 7 pour aller à 11 c'est 4, 8 pour aller à 10 c'est 2, 14 pour aller à 9 c'est 5, 7 pour aller à 16 c'est 9, ainsi 04,259 est bien le même nombre.

HENRI. — Il me semble que ces opérations sont un peu longues et peu claires pour nous;

vous devez avoir une manière plus courte et plus simple.

Théodore. — Il est vrai qu'il y a une manière plus simple, plus claire et plus facile, elle marche aussi vite que la parole. C'est la soustraction qu'on pourrait appeler complémentaire, vu qu'il ne s'agit que de compléter le nombre de dessus avec celui du dessous.

Exemple:

$$\begin{array}{r} 7,846 \\ 3,989 \\ \hline 3,857 \end{array}$$

Pour faire une soustraction par complément il ne s'agit, lorsque le chiffre du dessus est plus faible que celui du dessous, que d'ajouter 10 (en pensée seulement) au chiffre de dessus. Ainsi dans l'exemple ci-dessus, je vois que 6 est plus faible que 9, j'ajoute de suite 10 à 6 et j'ai 16. Je dis: 9 pour aller à 16 c'est 7, que je pose, ayant soin de retenir 1, que je porte au chiffre 8 de dessous, ce qui me fait 9, et je dis: 9 pour aller à 14, c'est 5, vu que j'ai ajouté 10 à 4, et retiens 1 que j'ajoute au 9, ce qui me donne 10, et 8 font 18. Maintenant je dis: 9 pour aller à 18 c'est 9, que je pose et retiens 1, que je porte au chiffre 3 de dessous, et je dis: 3 et 1 font 4, 4 pour aller à 7 c'est 3, que je pose, et j'ai pour reste 3,857, nombre que j'aurais trouvé en la faisant par emprunt.

Alphonse. — J'y suis maintenant et je vais vous prouver que j'ai compris celle-ci; il ne s'agit pour faire cette opération que d'ajouter 10 (en pensée) au chiffre de dessus, chaque fois que le chiffre de dessous est plus grand que celui de dessus, puis retenir 1 que l'on porte au chiffre suivant de dessous et de continuer la même marche jusqu'à la fin de l'opération, et chaque fois que le chiffre de dessus est plus fort que celui de dessous, il n'y a rien à ajouter, il n'y a qu'à compléter.

Théodore. — C'est bien cela.

Alphonse. — Oui ; mais laissez-moi vous le prouver par des exemples :

$$
\begin{array}{r}
7,542 \\
5,984 \\
\hline
1,558
\end{array}
$$

Je dis: pour faire cette opération , 4 pour aller à 12 c'est 8, 9 pour aller à 14 c'est 5, 10 pour aller à 15 c'est 5 , 6 pour aller à 7 c'est 1 ; est-ce cela ?

Théodore. — C'est fort bien, Alphonse, c'est bien cela.

Mais si nous avions une soustraction à faire où il n'y aurait qu'à compléter sans ajouter 10 en pensée au chiffre de dessus ?

Alphonse. — Rien de si facile.

Exemple :

$$
\begin{array}{r}
9,647 \\
6,536 \\
\hline
3,111
\end{array}
$$

Je dirai : 6 et 1 font 7, 3 et 1 font 4, 5 et 1 font 6, 6 et 3 font 9.

Théodore. — Tout cela va fort bien ! Mais s'il se trouvait des zéros au nombre de dessous ?

Alphonse. — Encore plus facile : je descendrai le chiffre de dessus dans la colonne du restant.

Exemple :

$$
\begin{array}{r}
7{,}982 \\
5{,}400 \\
\hline
2{,}582
\end{array}
$$

J'ai dit : 0 pour aller à 2 c'est 2, 0 pour aller à 8 c'est 8, 4 pour aller à 9 c'est 5, 5 pour aller à 7 c'est 2. Vous voyez que j'ai compris.

Théodore. — Je pense que tous ces Messieurs ont compris comme Alphonse.

Tous les élèves ensemble. — Nous avons tous parfaitement compris ; vous pouvez nous en donner à faire.

Théodore. — Non, Messieurs, cela devient inutile. Je ne multiplierai pas davantage les exemples, parce que chacun peut s'en donner.

Je crois, au reste, qu'il ne serait pas inutile de s'accoutumer à faire les soustractions, en commençant indifféremment par la droite ou par la gauche, par emprunt ou par complément ; ce serait un moyen propre à les vérifier et à apprendre à les faire en courant.

On commence, je crois, à comprendre comment l'analogie nous conduit de proche en proche ; on le comprendra mieux encore dans la suite, et on sera bien convaincu qu'il n'y a point de saut dans l'esprit humain. Il est vrai qu'il y a eu des hommes de génie qui ont voulu paraître avoir franchi de grands intervalles, bien assurés qu'ils nous étonneraient d'autant plus que nous serions moins capables de les suivre. C'est un petit charlatanisme qu'il leur faut pardonner, quand d'ailleurs ils nous éclairent. Cependant ils sont cause que d'autres font des sauts périlleux qui ne leur réussissent pas.

LÉONIDAS. — Est-ce fini? est-ce qu'il n'y a plus d'opérations récréatives ?

THÉODORE. — Non, Messieurs, je pense qu'il y en a assez comme cela ; d'ailleurs, le temps est trop précieux pour le passer à des choses inutiles. Nous allons nous entretenir maintenant de la multiplication. Je ne dis pas que, dans le cours de cette opération, je ne vous donnerai pas à faire des opérations récréatives ; au contraire, je vous en promets, sachant fort bien que ces opérations donnent de l'émulation , entretiennent l'esprit et délassent de la fatigue et des peines qu'on éprouve dans les opérations sérieuses.

VIe ENTRETIEN.

De la Multiplication des quantités arithmétiques.

THÉODORE. — On fait une addition lorsqu'on dit : $6 + 6 = 12$, $12 + 6 = 18$, $18 + 6 = 24$, $24 + 6 = 30$, $30 + 6 = 36$; et lorsqu'on dit $6 \times 6 = 36$, on fait une multiplication. (Le dernier signe $\times$ veut dire multiplier par, ou multipliant par.) Je vous dis cela, parce que nous aurons souvent besoin de ce signe; comme vous connaissez déjà la signification des autres, je n'en parle plus. Inscrivez donc ce signe sur vos cahiers, afin de pouvoir vous en servir au besoin.

Il est évident que la seconde opération n'est que le souvenir de ce que nous avons appris en faisant la première. La multiplication doit donc toute sa promptitude à la mémoire, et ce n'est que la mémoire qui fait de l'addition une multiplication. Il vous est donc facile de reconnaître que la multiplication n'est autre chose qu'une addition abrégée.

Si vous ne savez pas les produits d'un chiffre par un chiffre, il ne vous sera pas possible de faire une multiplication, et vous n'arriverez qu'après plusieurs opérations au même résultat qu'une seule vous eût donné tout-à-coup.

L'essentiel est par conséquent de connaître tous les produits d'un chiffre par un chiffre, et c'est aussi tout ce qu'il faut savoir; car quels que soient les nombres à multiplier, on n'opère jamais que par une suite de multiplications partielles, dans chacune desquelles la mémoire donne le produit d'un chiffre par un chiffre; et lorsqu'on a écrit tous les produits partiels, il ne faut plus faire qu'une addition pour en trouver la somme que nous nommons produit ou total. Ces observations suffisent pour faire comprendre comment la multiplication doit se faire; nous la commencerons par la droite comme l'addition, parce que les produits d'un nombre inférieur donneront souvent des unités pour un ordre supérieur.

Donnons des exemples avec des définitions pour mieux nous faire comprendre.

Multiplicande. 316

Multiplicateur. 205

Produits partiels. $\Big\{$ 1,580   Produit par 5.
63,200   Produit par 2.

Produit total. . . . 64,780

Je multiplie successivement par 5 tous les chif-fres du multiplicande : $6 \times 5 = 30$, j'écris 0 au rang des unités simples et je réserve 3 pour le rang supérieur ; $1 \times 5 = 5$ dizaines, et $5 + 3 = 8$ que j'écris au rang des dizaines ; enfin, $3 \times 5 = 15$ centaines ; ainsi les produits par 5 mis à leur place font 1,580.

Il ne reste plus qu'à multiplier par 2, puisque 0 ne peut pas être un facteur ; mais 2 qui est ici 200, ne peut produire que des centaines. Donc, afin de mettre ses produits dans les rangs où ils doivent être, je remplis par des zéros celui des unités et celui des dizaines ; ensuite, $6 \times 2 = 12$, j'écris 2 au troisième rang et je réserve 1 pour le quatrième ; $1 \times 2 = 2$, $2 + 1$ que j'ai retenu $= 3$ que j'écris ; enfin, $3 \times 2 = 6$, produit qui appar-tient au cinquième rang ; j'additionne le produit par 2 avec le produit par 5, c'est-à-dire 63,200 avec 1,580, et j'ai pour somme ou produit total 64,780.

Lorsque les premiers rangs des facteurs sont remplis par des zéros, on peut les supprimer pour simplifier l'opération. Par exemple, on multi-pliera 31,600 par 3,050, comme nous venons de multiplier 316 par 205 ; mais parce qu'alors le multiplicande 316 est cent fois plus petit que 31,600, et que le multiplicateur 305 l'est dix fois plus que 3,050, il est évident que le produit 64,780 sera 10 × 100, ou mille fois trop petit. Il faudra donc ajouter trois zéros à ce nombre, et le vrai produit sera 64,700,000.

Autre exemple:

$$
\begin{array}{lr}
\text{Multiplicande.} \dots & 5,32 \\
\text{Multiplicateur.} \dots & 2,40 \\
\hline
& 21,280 \\
& 106,400 \\
\hline
& 127,680 \\
\text{Produit.} \dots\dots & 12,768
\end{array}
$$

Voilà deux facteurs qui contiennent chacun des parties décimales. Néanmoins, faites la multiplication comme s'il n'y avait point de virgule, et considérez qu'alors le multiplicande et le multiplicateur étant chacun cent fois trop grand, le produit total le sera de $100 \times 100 = 10,000$; mais si ce produit est dix mille fois trop grand, il ne le sera que mille lorsqu'ayant supprimé le zéro qui est au premier rang vous aurez écrit 12,768; et celui-là sera exactement le produit que vous cherchez, si vous mettez une virgule entre le troisième et quatrième rang, puisqu'alors vous divisez par mille : le produit que donne la multiplication précédente est donc 12,768.

LÉONIDAS. — Il me semble que j'ai conçu la règle de la multiplication des décimales. L'on fait le produit des deux nombres comme si c'étaient des nombres entiers, c'est-à-dire sans tenir compte de la virgule, puis l'on sépare, à la droite de ce produit, autant de chiffres décimaux qu'il y en avait dans les deux facteurs.

Soit à multiplier :

$$
\begin{array}{r}
\text{Multiplicande.} \quad 7,5 \\
4,8 \\
\hline
600 \\
300 \\
\hline
36,00
\end{array}
$$

Il y avait un chiffre décimal au multiplicande et un au multiplicateur, ce qui fait deux ; à la droite du produit j'ai séparé deux chiffres, et ce produit est devenu 36.

Théodore. — C'est bien ; mais si l'on avait pour facteurs :

$$
\begin{array}{r}
4,25 \\
6,7 \\
\hline
2975 \\
2550 \\
\hline
28,475
\end{array}
$$

Deux décimales au multiplicande et une au multiplicateur font 3 décimales ; en conséquence, à la droite du produit 28475 j'ai séparé trois chiffres, ce qui le réduit à 28,475.

Alphonse. — Vous me permettrez bien, mon cher Théodore, de vous faire une question qui est celle-ci. Je suppose que l'on n'eût pas d'entier, pourrait-on faire la multiplication sans s'inquiéter du produit ?

Théodore. — Certainement ; il faut seulement

avoir soin, lorsqu'il n'y a pas d'entier, de les remplacer par des zéros, et séparer ces zéros par une virgule; cela fait, vous multipliez comme à l'ordinaire, ayant soin au produit de retrancher sur la droite autant de chiffres qu'il y en a, soit au multiplicande, soit au multiplicateur.

Exemple :

$$
\begin{array}{r}
0,25 \\
0,45 \\
\hline
125 \\
100 \\
\hline
0,1125
\end{array}
$$

La suppression de la virgule laisse pour facteurs 25 et 45 dont le produit est 1125. Comme $\frac{1}{100}$ multiplié par $\frac{1}{10}$ donne $\frac{1}{1000}$, comme $\frac{1}{1000}$ multiplié par $\frac{1}{10}$ donne $\frac{1}{10000}$, nous savons que le produit doit se composer de dix-millièmes, que 1125 est un nombre de dix-millièmes; alors, pour que la séparation soit praticable, on ajoute un zéro à la gauche de 1125, et il vient 1125 dix-millièmes, ou 11 centièmes et 25 dix-millièmes, ou un décime, un centime, 2 millièmes et 5 dix-millièmes. Toutes ces dénominations ne changent pas la valeur.

Si, par exemple, l'un des facteurs manquait de décimales, il n'y aurait aucune exception à la règle. La suppression de la virgule dans le facteur décimal rendrait le produit ou 10, ou 100, ou 1,000, ou 10,000 fois plus grand, en raison de ce qu'il y aurait un, deux, trois, quatre chiffres décimaux; ce produit devrait donc toujours être réduit à sa dixième, à sa centième, millième ou dix-millième partie; enfin, en raison du nombre de chiffres décimaux qu'il y avait, soit au multiplicande soit au multiplicateur, c'est-à-dire dans les deux facteurs.

LÉONIDAS. — Mais si l'un des facteurs n'avait point de décimale, cela changerait-il la manière d'opérer?

THÉODORE. — Non. Je vous ai déjà dit que si l'un des facteurs manquait de décimales, il n'y aurait aucune exception.

Donnons un exemple :

$$86,45$$
$$5$$
$$\overline{432,25}$$

Comme je n'ai que deux chiffres décimaux au multiplicande et point au multiplicateur, je ne retranche au produit que deux chiffres et j'ai 432 entiers et 25 centièmes.

Enfin, il en est de même pour toutes les opérations, et quand j'ai dit qu'il fallait retrancher autant de chiffres décimaux qu'il y en avait, soit au multiplicande, soit au multiplicateur, je pense que cela doit suffire une fois pour toutes; et surtout vous qui, dès les premières leçons, avez appris comment on multiplie un nombre par 10, par 100, par 1000, par 10,000, etc., vous avez appris de même, dans ces premières leçons, à diviser par 10, par 100, par 1000, par 10,000, etc.; vous devez savoir que lorsqu'il y a deux chiffres décimaux au multiplicande et deux au multiplicateur, vous avez rendu votre nombre dix mille fois plus grand qu'il ne doit être, il faudrait donc le diviser par 10,000 pour lui rendre sa véritable valeur. Comme vous savez que pour diviser par dix mille il ne s'agit que de retrancher quatre chiffres vers la droite; donc, par le moyen de la virgule que vous placez après le quatrième chiffre de la droite, vous avez divisé par 10,000, et vous obtenez sur la gauche, après la virgule, le produit que vous cherchiez.

ALPHONSE. — On dirait que l'ami Théodore se fâche.

THÉODORE. — Non, je ne me fâche pas; mais comme je sais que vous faites des cahiers et que vos premières leçons doivent faire concevoir toutes les autres, j'ai été étonné de la dernière question que Léonidas m'a faite; car j'ai cru qu'une simple opération raisonnée suffisait pour faire concevoir tout le mécanisme des autres, et je vous le déclare encore. Je ne généraliserai pas trop de peur de cesser d'être simple et clair.

LÉONIDAS. — Si j'ai fait cette question, je l'ai faite non pas par inconséquence, mais parce que je croyais que cela pouvait amener une autre manière de placer ses chiffres en faisant la multiplication; mais je vois et je sais maintenant que c'est toujours la même manière d'opérer; ainsi je ne suis plus embarrassé, et vous pouvez maintenant, Théodore, me faire toutes les questions que vous jugerez à propos; je vous réponds d'avance que j'y répondrai avec connaissance de cause.

NAPOLÉON. — Il y a long-temps que nous

n'avons eu de leçons récréatives, et je pense qu'il en est temps, tous nos cahiers sont à jour et nous pouvons tous répondre à vos questions ; allons, mon cher Théodore, quand ce ne serait que pour faire passer cette petite boutade de tout-à-l'heure.

Théodore. — Allons, puisqu'il faut vous contenter, je suis prêt; mais ne croyez pas que j'aie éprouvé un instant d'humeur; car avec vous, mes amis, et surtout des amis comme vous, on ne se fâche jamais, et puis, d'ailleurs, pour instruire les autres il faut être bon, patient et même toujours gai. C'est le seul moyen d'inspirer de la confiance et d'amener les progrès.

Problème. — Il y a un panier et cent cailloux rangés en ligne droite, et à des espaces égaux de 2 mètres. On propose de les ramasser et les rapporter dans le panier un à un, en allant d'abord chercher le premier, ensuite le second, et ainsi de suite jusqu'au dernier; combien de mètres doit faire celui qui entreprendra cet ouvrage?

Maintenant, Messieurs, voilà de quoi vous amuser, tâchez de me dire combien il aurait fait de mètres pour ramasser tous les cailloux.

Alphonse. — Il est bien clair que pour le premier caillou il faut faire 4 mètres, 2 pour aller et 2 pour revenir; que pour le second il faut faire 8 mètres, 4 pour aller et 4 pour revenir; et ainsi de suite, en augmentant de deux, jusqu'au centième, qui exigera 400 mètres de chemin, 200 pour aller et 200 pour revenir.

Théodore. — Fort bien; il est d'ailleurs facile d'apercevoir que ces nombres forment une progression arithmétique, dont le nombre des termes est 200, le premier 2, et le centième 200, ainsi la somme totale sera le produit de 202, par 100 ou 20,200 mètres ce qui fait plus de quatre lieues moyennes de France ou cinq petites lieues.

LÉONIDAS. — Il n'est pas étonnant que ceux qui n'ont pas de connaissances mathématiques ne se persuadent pas qu'une pareille entreprise exige tant de chemin.

THÉODORE. — Il est de fait qu'une personne qui parierait de faire quatre lieues, pendant qu'une autre ramasserait les cent cailloux, gagnerait; car la personne qui ferait les quatre lieues, aurait sur celle qui ramasserait les cailloux l'avantage de n'avoir pas à se baisser cent fois de suite et se relever autant de fois, ce qui doit extrêmement ralentir son opération. Aussi, d'après le calcul, les quatre lieues seraient faites, que la personne qui ramasserait les cailloux n'en serait encore qu'au quatre-vingt cinquième.

THÉODORE. — Maintenant, Messieurs, reprenons l'arithmétique où nous l'avions laissée.

HENRI. — Nous en sommes restés à la multiplication.

THÉODORE. — Positivement, continuons.

Lorsque le multiplicande contient des zéros, comme la multiplication d'un zéro par quelque nombre que ce soit ne peut donner qu'un zéro au produit, on se contente de mettre des zéros au produit au même rang et au même nombre que ces zéros sont placés au multiplicande. Toutefois, si ces zéros, au lieu de se trouver à la fin du multiplicande, s'y trouvaient être intercallés, et qu'il y eût des dizaines retenues sur le produit du chiffre à droite du zéro, on mettrait le chiffre de ces dizaines à la place ou au rang de ces zéros.

Exemple:

700 — 704 — 7,006 — 70,806
   8   8   8   8

5,600 — 5,632 — 56,048 — 566,448

Pour multiplier un nombre composé, par un nombre composé, on multiplie le multiplicande tout entier par chaque chiffre du multiplicateur; on place les produits partiels les uns sous les autres, mais de façon que les unités de chacun se trouvent dans le rang du chiffre du multiplicateur; enfin on prend la somme de ces produits partiels, qui est le produit cherché.

Exemple:

Multiplicande.   432
Multiplicateur.   34

Premier produit partiel.   1728
Second produit partiel...   1296

Produit total.   14688

On commence par multiplier les chiffres 432 du multiplicande, par 4, premier chiffre du multiplicateur, et l'on écrit le produit 1728.

On multiplie ensuite les mêmes chiffres 432 du multiplicande par 3, second chiffre ou dizaine du multiplicateur, mais en ayant soin d'en placer les unités sous les dizaines ou sous le second chiffre du multiplicateur, et l'on écrit 1296.

En général, et quel que soit d'ailleurs le nombre des chiffres du multiplicateur, les unités de chaque produit partiel se placent au-dessous et vis-à-vis du chiffre multiplicateur qui représente tantôt des unités, tantôt des dizaines, tantôt des centaines, etc.

Exemples:

$$
\begin{array}{r}
4564 \\
345 \\
\hline
22820 \\
18256 \\
13692 \\
\hline
1574580
\end{array}
\qquad
\begin{array}{r}
8754 \\
5336 \\
\hline
52524 \\
26262 \\
26262 \\
43770 \\
\hline
46711344
\end{array}
$$

Si parmi les chiffres du multiplicateur, il se trouvait quelques zéros, comme la multiplication par ces zéros ne donnerait que des zéros produits partiels, on se contente de multiplier par les chiffres positifs, en observant de mettre toujours les unités de chaque produit partiel dans le rang et au-dessous du chiffre multiplicateur.

Exemples:

$$
\begin{array}{r}
524 \\
405 \\
\hline
2620 \\
2096 \\
\hline
212220
\end{array}
\qquad
\begin{array}{r}
7482 \\
3007 \\
\hline
52374 \\
22446 \\
\hline
22498374
\end{array}
$$

Si un des facteurs ou même tous les deux sont

terminés par des zéros consécutifs, il suffit de multiplier les chiffres positifs de l'un par les chiffres positifs de l'autre, et d'écrire à la suite du produit les zéros qu'on a négligés soit à la fin du multiplicande, soit à la fin du multiplicateur, soit à la fin de l'un et de l'autre.

Exemples :

| 740 | 647 | 830 | 45000 |
35	350	350	3500
370	3235	415	225
222	1941	249	135
25900	226450	290500	157500000

Nous avons déjà donné la raison de cette règle au commencement de cet article. En effet, en ôtant un ou plusieurs zéros du multiplicande ou du multiplicateur, nous avons rendu ce multiplicande ou ce multiplicateur, dix fois, cent fois, mille fois, etc., plus petit, et par conséquent le produit obtenu par les seuls chiffres positifs se trouve être dix fois, cent fois, mille fois, etc, plus petit aussi ; et nous ne faisons que rétablir ce produit comme il doit être effectivement, en le multipliant par 10, par 100, par 1000, etc., ou ce qui est la même chose, en y ajoutant à la fin autant de zéros qu'il sera nécessaire ou qu'on en aura négligés dans les facteurs, c'est-à-dire dans le multiplicande et dans le multiplicateur.

ALPHONSE. — Voilà la multiplication définie d'une manière à ne rien laisser à désirer, nous avons parfaitement compris tout cela ; d'ailleurs

les premières leçons que nous en avions déjà
reçues, et les définitions que vous nous en aviez
déjà données, étaient si claires et si précises que
cela ne peut jamais s'oublier; car vous devez
penser que nous n'oublierons jamais que pour
multiplier un nombre par 10, par 100, par 1,000,
etc., il ne s'agit toujours que d'ajouter un, deux,
trois, zéros, etc. Nous ne pouvons non plus
oublier que lorsqu'il y a, soit au multiplicande,
soit au multiplicateur, des chiffres décimaux, on
doit sans s'y arrêter multiplier comme si c'était des
entiers; mais comme un chiffre décimal auquel on
n'a pas égard, rend le produit 10 fois plus grand
qu'il ne doit l'être, 2 le rendent 100 fois, 3 1,000
fois, etc.; mais en retranchant ces trois chiffres décimaux au produit, on divise le produit par 1,000,
et par ce moyen on rend le produit ce qu'il devait
être, et enfin il ne s'agit toujours que de retrancher autant de chiffres décimaux qu'il y en a
soit au multiplicande soit au multiplicateur.

Théodore. — C'est fort bien, Alphonse; je
pense que ces Messieurs se rappellent comme vous
les premières notions que j'ai données.

Tous les élèves ensemble. — Oui, prêts à vous
le prouver.

Napoléon. — Si Théodore veut bien me le
permettre, je vais lui prouver que rien ne m'est
échappé, et que je peux lui rendre raison sur
toute espèce de multiplication.

Théodore. — Volontiers. Chacun ici a le droit
de prouver qu'il a conçu et qu'il sait opérer.

Napoléon. — Comme vous ne voulez plus que

l'on parle de l'ancien système, c'est-à-dire des anciens poids et des anciennes mesures, je vais vous parler des nouvelles, puisque c'est surtout sur ce système que vous nous faites raisonner. Déjà je me rappelle que le mot *myria* signifie 10,000, *kilo* 1,000, *hecto* 100, *déca* 10. Peu m'importe maintenant que vous me donniez des questions en myriagrammes ou en myriamètres, j'ai une donnée, je ne suis plus embarrassé.

Théodore. — Voilà qui est bien, Napoléon; eh bien! essayons.

Par exemple, je voudrais savoir comment vous trouveriez le produit exact de 44 mètres 254 millimètres, à 4 fr. 253 millièmes.

Napoléon. — Rien de plus facile, mon cher Théodore.

Exemple:

$$44^{\text{m}}\ 254 \text{ millimètres.}$$
$$\text{à}\quad 4^{\text{f}}\ 253 \text{ millièmes.}$$

132	762
2212	70
8850	8
177016	

188212	262

Je trouve que le produit réel est de 188 francs 21 centimes 22 dix-millièmes et 62 millionièmes.

Théodore. — C'est bien; mais il me faut le pourquoi et le comment?

Napoléon. — Cela n'est pas difficile. Ne nous avez-vous pas dit et même prouvé que pour multiplier un nombre par 10, par 100, par 1,000, par 10,000, par 100,000, par 1,000,000, il ne s'agissait que d'ajouter un, deux, trois, quatre, cinq, six zéros, et que les chiffres décimaux, marchant de dix en dix, faisaient le même effet? Donc, ayant trois chiffres décimaux au multiplicande et trois au multiplicateur, ce qui fait six, j'ai donc rendu le produit un million de fois plus grand qu'il ne doit être. Ne nous avez-vous pas appris que pour diviser par un million, il fallait reculer la virgule de six chiffres en allant de droite à gauche? c'est ce que j'ai fait, et j'ai trouvé, après ce retranchement, le produit exact et positif dans 188,51-22-62. Vous nous avez dit aussi que l'on pouvait négliger tous les chiffres décimaux après les centimes, à moins que les millièmes ne présentent un 5; on pourrait alors forcer d'un centime.

Théodore. — Très-bien, Napoléon. A vous autres, Messieurs, à répondre à mes questions, quoique je sois persuadé que vos cahiers sont au courant jusqu'à ce jour; mais c'est égal, cela nous servira de répétition et de récréation.

Alphonse. — Allons, mon cher Théodore, nous vous attendons de pied ferme.

Théodore. — Je le pense bien; mais quoi qu'il en soit, un vieux proverbe dit que c'est au pied du mur que l'on connaît le maçon.

Exemple:

3 mèt. 746 millimèt.
Par 7 — 215 millimèt.

A vous, Alphonse, à répondre; de combien,

en multipliant 3 mètres 746 millimètres par 7 mèt. 215 millimètres, rendra-t-on le produit plus grand?

Alphonse. — Un million de fois.

Théodore. — Comment cela?

Alphonse. — Parce qu'il y a six chiffres décimaux.

Théodore. — C'est fort bien! mais comment voyez-vous cela?

Alphonse. — Toujours d'après nos premières leçons. Je n'ai qu'à compter en commençant par le 7 et continuer jusqu'aux cinq millièmes du multiplicateur, et dire: dixième, centième, millième, dix-millième, cent-millième et millionième; le 7 représente les dixièmes, le 4 les centièmes, le 6 les millièmes, le 2 du multiplicateur les dix-millièmes, le 1 les cent-millièmes, et le 5 les millionièmes.

Théodore. — Toujours de mieux en mieux. A vous, Léonidas, à répondre.

Exemple:

32 kilogr. 546 gr.
à 2 francs   25 cent.

Combien y a-t-il de chiffres à retrancher pour avoir le produit exact de cette multiplication?

Léonidas. — Il y en a cinq.

Théodore. — Pourquoi?

Léonidas. — Parce qu'il y a cinq chiffres décimaux, trois au multiplicande et deux au multiplicateur.

Théodore. — Mais de combien ces cinq chiffres décimaux rendent-ils le produit plus grand?

Léonidas. — De cent mille.

Théodore. — Mais pour lui rendre sa véritable valeur, que doit-on faire?

Léonidas. — On doit retrancher cinq chiffres au produit, en marchant de droite à gauche.

Théodore. — Mais en retranchant cinq chiffres de droite à gauche, quelle opération fait-on?

Léonidas. — On divise par cent mille.

Théodore. — C'est juste. Je vois, à n'en pas douter, que vous pouvez répondre à toutes mes questions.

Alfred. — Nous pouvons mieux faire que cela, nous pouvons opérer.

Théodore. — Je n'en doute pas; mais vous conviendrez avec moi que c'est à mes premières leçons raisonnées que vous devez la rapidité avec laquelle vous marchez dans l'arithmétique.

Henri. — Je ne le cache pas, vos premières leçons m'ont quelquefois ennuyé, et je ne pouvais pas deviner où elles nous conduiraient; mais aujourd'hui, c'est différent, je les trouve toujours trop courtes.

Théodore. — Je le pense; mais maintenant que nous allons entrer dans la division, vous les trouverez encore bien plus judicieuses.

Eugène. — Il nous tarde de vous entendre.

Théodore. — Vous allez m'entendre, mais toujours plus par raisonnement que par des chiffres, et nous reviendrons souvent à nos premières leçons d'où tout dérive.

VIIe ENTRETIEN.

De la Division.

THÉODORE. — La division est l'inverse de la multiplication. La manière d'opérer dans l'une sera donc l'inverse de la manière d'opérer dans l'autre, et la division commencera par où la multiplication finit, c'est-à-dire par la gauche.

Le produit d'un chiffre par un chiffre, étant pris pour dividende, ne peut avoir qu'un chiffre au quotient ; et pour faire la division, il faut connaître tous les quotients d'un seul chiffre, comme pour faire la multiplication, il faut connaître tous les produits d'un chiffre par un chiffre ; il faut savoir que $\frac{30}{5} = 6$, que $\frac{81}{9} = 9$, que $\frac{56}{8} = 7$, etc. Nous ne substituerons la division à la soustraction qu'autant que la mémoire nous donnera tous ces quotients ; et c'est par l'addition des quotients partiels, trouvés l'un après l'autre, que nous trouverons le quotient total. La division s'achèvera donc, comme la multiplication, par une suite d'opérations partielles.

La division défait ce que la multiplication a fait : elle décompose un produit en ses facteurs ; et pour savoir décomposer un produit, il suffit d'avoir observé comment il se compose. Observons donc.

$$
\begin{array}{r}
249 \\
3 \\
\hline
747
\end{array}
$$

La multiplication de 9 par 3 produit des unités de dizaine, et celle de 4 par 3 produit des unités de centaine. Il faudra donc que la division fasse évanouir les unités de centaine qui ont passé du second rang au troisième, et les unités de dizaine qui ont passé du premier au second.

Exemple :

$$
\begin{array}{r|l}
747 & 3 \quad \text{Diviseur.} \\
\hline
14 & 249 \quad \text{Quotient.} \\
27 & \\
00 & \\
\end{array}
$$

7, premier chiffre du dividende, en commençant par la gauche, est le produit de 3 par un autre facteur que je cherche, et la division me donne, pour ce facteur, 2 que j'écris. C'est là le premier quotient partiel, $2 \times 3 = 6$; je soustrais 6 de 7, et cette première division partielle a défait la dernière multiplication partielle.

Il me reste 1 que j'écris dans le rang des centaines, au-dessous de 7, à côté j'abaisse 4 ; et pour défaire la seconde multiplication partielle, j'ai à diviser 14 par 3 : or, $\frac{14}{3} = 4 + \frac{2}{3}$; j'ai donc 4 pour second quotient partiel. Alors, ayant multiplié 4 par 3, je soustrais 12, et le produit de la seconde multiplication partielle est défait.

Il me reste, au rang des dizaines, 2 que j'écris au dessous de 4, à côté j'abaisse 7, et j'ai pour troisième et dernier dividende, 27, premier produit partiel de la multiplication.

Enfin, la division de 27 par 3 me donne 9 pour dernier quotient, et le produit de 9 par 3, soustrait de 27, est $27 - 27 = 0$. La division est donc sans reste, et j'ai achevé de défaire ce que la multiplication avait fait.

Exemple :

$$189,492 \;\big|\; 375$$
$$1,992 \quad 505 \; \tfrac{117}{375}$$
$$117$$

Les trois premiers chiffres du dividende ne sauraient être le produit de 375 par un autre facteur, puisque 375 n'est pas contenu dans 189. Le dernier produit partiel de la multiplication sera donc dans 1894, et par conséquent ce nombre est ici le premier dividende partiel ; sur quoi vous remarquerez qu'un dividende partiel peut avoir un chiffre de plus que le diviseur, mais vous concevez qu'il ne peut pas en avoir un de moins. $\tfrac{1894}{375}$ étant la première division à faire, 375 doit être contenu dans 1,894 un certain nombre de fois ; mais parce que nous ne jugeons pas de ce nombre, en comparant les expressions 375 et 1,894, nous pourrions les décomposer : la première en $300 + 75$, et la seconde en $1,800 + 94$; alors nous verrions facilement que 300 est exactement six fois dans 1,800, et 75 n'est pas six fois dans 94. Donc, 375 n'est pas six fois dans 1,894.

Je suppose qu'il y est cinq fois ; et voyant que, dans cette supposition, $300 \times 5 = 1,500$, et que 1,500 ayant été soustrait de 1,894, il reste 394, il ne me faudra pas une grande habitude du calcul pour juger que je dois trouver cinq fois 75 dans

394, et vraisemblablement je l'y trouverai avec un reste. J'écris donc 5 au quotient.

Au lieu de la décomposition que nous venons de faire, on peut considérer que 3 est six fois dans 18, et multiplier ensuite 375 par 6; le produit, plus grand que le dividende, ferait connaître que 6 n'est pas le chiffre qu'on cherche. 5 ayant été trouvé, je multiplie 375 par ce nombre, j'écris le produit 1,875 au-dessous de 1,894, d'où je le soustrais; il me reste 19, à côté de ce nombre j'abaisse le chiffre 9 du dividende, et parce que 375 n'est pas contenu dans 199, j'en conclus qu'il y avait dans le second facteur de la multiplication, un chiffre qui n'a rien produit. En conséquence, j'écris 0 au quotient, et j'abaisse 2 à côté de 199. $\frac{1992}{375}$ est donc la dernière division à faire.

Or, $\frac{19}{3} = 6$; mais il ne me resterait que 192, où je vois que 75 ne peut pas se trouver six fois. Je prends 5, comme j'ai déjà fait; par ce chiffre je multiplie 375, je soustrais le produit, et il reste 117, quantité dont la division par 375 ne peut être qu'indiquée; le quotient est 505 $\frac{117}{375}$.

J'ai fait de longs discours afin de faire mieux apercevoir la raison de chaque opération partielle, et je crois que, dans les commencements, on fera bien de raisonner aussi longuement que moi à mesure qu'on s'exercera, les discours s'abrègeront naturellement, et chacun imaginera les moyens qui peuvent expédier le calcul.

On ne trouve pas toujours du premier coup le chiffre qui doit être au quotient, et vous voyez que, dans l'exemple précédent, nous avons été obligés de substituer 5 à 6. Ce n'est souvent que par de semblables substitutions qu'on arrive en tâtonnant au vrai quotient; mais on tâtonnera moins lorsque l'on sera plus exercé.

N'oubliez pas surtout que lorsque le nombre qui résulte d'un chiffre abaissé à côté d'un reste, ne contient pas le diviseur, c'est une preuve qu'il y avait dans le facteur inconnu de la multiplication un chiffre qui n'a rien produit, et que par conséquent vous devez écrire 0 au quotient.

Souvenez-vous encore que le dividende est toujours le produit d'une multiplication qui a eu pour facteur le diviseur et le quotient, et vous reconnaîtrez que vous saurez diviser, si vous observez comment vous multipliez; car il n'est pas bien difficile d'apprendre à défaire ce qu'on a fait. Instruisez-vous d'après votre observation, et vous serez mieux instruits que si je vous fatiguais d'exemples.

Afin de vous conduire dans cette recherche, remarquez qu'il y a trois opérations dans la division.

1° On divise le dividende par le diviseur, c'est-à-dire par le facteur connu, pour avoir un quotient, c'est-à-dire pour trouver le second facteur inconnu;

2° On multiplie le diviseur par le quotient pour avoir le produit de la multiplication;

3° On soustrait ce produit pour défaire ce que la multiplication a fait.

Faut-il remarquer que les parties décimales ne changent rien à la manière de faire la division?

qu'on ait, par exemple, 48 à diviser par 25,35,
on écrira $\frac{48}{2535} = \frac{4800}{2535}$.

Or, il est évident que ces deux fractions ont
le même quotient, et que par conséquent qui divise l'un divise l'autre.

C'est dans la division que les fractions décimales sont d'un grand usage. Par exemple, la division de 189,492 par 375 nous a donné pour reste
$\frac{117}{375}$, et ce reste est considérable. Cependant, s'il
était possible de le réduire à moins de $\frac{1}{1000}$, de
$\frac{1}{10000}$, de $\frac{1}{100000}$ on le réduirait enfin à si peu de
chose, qu'il pourrait être négligé. Or, c'est à
quoi on réussira par le moyen des fractions décimales.

Exemple :

```
189492 | 375
  1992   505-312
  1170
   450
   750
   000
```

On voit dans l'exemple ci-dessus que des 117
entiers restant, en ajoutant un 0, j'en ai fait
1,170 dixièmes, dans lequel nombre j'ai trouvé
que 375 était contenu trois fois; j'ai donc posé 3
au quotient, ayant soin de séparer les entiers des
dixièmes par un trait. Après avoir fait la multiplication et la soustraction comme à l'ordinaire,
il m'est resté 45 dixièmes auxquels j'ai ajouté un
0 pour en faire des centièmes, ce qui m'a donné
450 centièmes; j'ai trouvé que 375 était contenu
une fois dans 450; j'ai posé 1 au quotient qui est

un centième, puisqu'il provient des 450 centièmes. Après avoir fait la multiplication et la soustraction, il me reste 75 centièmes auxquels j'a-
joute un 0 pour en faire des millièmes; ce qui
me donne pour dividende 750 millièmes que je
divise par 375, il y est deux fois juste, c'est-à-dire
sans resté.

J'ai donc pour quotient 505 entiers et 312 millièmes; mais si je compare de suite 312 à 1000,
je vois à l'instant que la fraction 312 millièmes
égale un tiers à peu de chose près, et je puis
m'en rendre compte sans être obligé de faire d'autres opérations, comme il arrive souvent dans
l'ancien système.

Effectivement, si ce sont des francs que l'on divise, je dirai de suite : il revient à chaque partageant 505 francs et 31 centimes, en supposant
que je néglige les deux millièmes; mais si l'on
exigeait ces deux millièmes, je pourrais encore
m'en rendre compte, et je dirais aux intéressés :
il vous revient pour votre part 505 francs et 312
millièmes. Si c'étaient des mètres, il reviendrait à
chacun 505 mètres et 312 millimètre ou 503 mètres et un tiers à peu de chose près. Si c'étaient
des litres, la même chose, 505 litres et un tiers de
litre à peu de chose près. Enfin ce seraient des kilogrammes, le quotient serait 505 kilogrammes et
312 grammes ou un tiers encore à peu près du kilogramme. Voilà l'avantage des décimales; non-
seulement elles marchent de dix en dix, ce qui
abrége toutes les opérations, mais encore elles
répondent (et de suite) à toutes les questions,

99

comme vous devez vous en être aperçu dans mes premières leçons.

ALPHONSE. — Toutes vos premières leçons sont gravées dans nos mémoires, et nous concevons parfaitement cette dernière définition ; mais la première que vous nous avez faite sur la division d'après l'ancien système, nous l'avons écrite sur nos cahiers sans la concevoir, quoique, selon vous, votre définition fût simple, claire et précise.

THÉODORE. — Cela est très-possible; mais comme vous l'avez écrite, repassez-la, réfléchissez et vous trouverez. D'ailleurs, nous ne nous occuperons plus de l'ancien système, la loi s'y oppose, et je vous rendrais peut-être un mauvais service sous le rapport de la perte de temps que cela exigerait. Mais cependant, comme il pourrait arriver de ces cas non prévus qui deviendraient très-embarrassants pour vous, je vais vous donner la clef pour convertir toutes espèces de fractions quelconques en fractions décimales ; par ce moyen vous aurez tout acquis et ne rencontrerez plus d'obstacles sur votre route.

Prenons pour exemple les 117/375, restant de la division que nous venons de démontrer. Pour réduire une fraction quelconque en décimales, il ne s'agit toujours que d'ajouter un zéro au numérateur, et diviser le numérateur augmenté d'un zéro par le dénominateur; ce qui vient au quotient sont des décimales.

Exemple :

$$1170 \mid \underline{375}$$
$$450 \quad 0,312$$
$$750$$
$$000$$

J'ai donc trouvé, en ajoutant un zéro au numérateur et divisant par 375, 0,312 millièmes, nombre qui équivaut à 117/375.

Dans une division de fractions, on entend par numérateur le nombre qui est à gauche, et le nombre de droite est le dénominateur, parce qu'il indique combien il en faut pour avoir l'entier. Ainsi, ici 375 indique qu'il en faut 375 pour avoir l'entier, 117 étant plus petit, ne peut donc amener que des fractions de 375, lesquelles, réduites en décimales par le procédé que nous venons d'employer, donnent 0,312 millièmes.

Léonidas. — Nous comprenons parfaitement cela, il n'y a pas d'exception d'après ce que vous venez de nous dire. Je suppose que j'aie 3/4 ; j'opère comme vous venez de le dire, j'ajoute un zéro à 3 et je divise par 4.

Exemple :

$$30 \mid \underline{4}$$
$$20 \quad 75$$
$$00$$

Je trouve que 3/4 donne 75 centièmes.

Théodore. — C'est parfaitement cela.

Alphonse. — A moi, s'il vous plaît. Je veux prendre une fraction impair qui est 7/9 ; en ajoutant un zéro à 7, j'ai 70 à diviser par 9.

Théodore. — Fort bien! Ainsi vous voyez et vous avez compris qu'il n'y a toujours qu'un zéro à ajouter au nombre de la gauche, et que pour peu que l'on sache faire la division, on peut faire toutes les conversions.

Victor. — Si vous voulez, Théodore, je vais faire une de ces conversions pour vous prouver que ce n'est plus qu'un jeu pour nous.

Théodore. — Non, mes amis, cela suffit, et je suis persuadé que tout le monde m'a compris, c'est pourquoi il est inutile de perdre notre temps qui est toujours précieux quand il s'agit d'instruction; car ce ne serait toujours que répéter; et à quoi servent ces répétitions? il vaut mieux raisonner.

Alphonse. — Va pour le raisonnement; nous sommes prêts à faire silence et à vous écouter.

Théodore. — C'est à mesure que nous avancerons que ma méthode se développera, et je serai obligé d'en traiter à bien des reprises.

Pour contracter la routine du calcul, non-seulement il faudrait s'exercer sur beaucoup d'exemples, mais il faudrait encore s'exercer continuellement, autrement on oublierait bientôt tout ce qu'on croirait avoir appris.

Ce n'est donc point par la routine qu'on s'instruit, c'est par sa propre réflexion; et il est essentiel de contracter l'habitude de se rendre raison de ce qu'on fait. Cette habitude s'acquiert plus facilement qu'on ne pense, et une fois acquise, elle ne se perd plus.

Ne lisez pas cet ouvrage ou, pour mieux dire,

vos cahiers pour prendre des leçons de moi; je n'en donne qu'à moi qui commence comme vous; donnez-vous en à vous-mêmes. Ce que vous ne savez pas, apprenez-le de ce que vous savez, et que vos découvertes soient pour vous comme des réminiscences.

Vous l'avez vu, quand on sait la numération, que la nature enseigne à tous, on sait l'addition; quand on sait l'addition, on sait la soustraction; enfin, quand on sait ces deux opérations, on sait la multiplication et la division. Il en sera de même de toutes les méthodes dont nous nous proposons la recherche. Nous savons déjà en quelque sorte ce que nous n'avons pas appris encore, et par conséquent il n'est pas bien difficile de s'instruire.

Considérez comment nous avons été du connu à l'inconnu ; comment l'analogie nous ayant donné une première expression, nous en donne une seconde, une troisième, etc.; comment nous ayant conduits par une suite d'expressions identiques, elle a simplifié la langue des calculs, elle l'a enrichie. Alors vous comprendrez comment nous pouvons achever cette langue que la nature a commencée. Il semble que dès ce moment on voit en perspective les progrès qu'elle doit faire.

Mais, comme je l'ai dit et le dirai encore, il faut saisir cette analogie; ce qu'on a appris d'elle en me lisant, il le faut rapprendre d'elle sans me lire; alors vous vous serez instruits sans moi. Songez que si, dans ces commencements, j'ai quelque avantage sur vous, c'est que je n'ai pour maître que la nature et l'analogie : apprenez à vous passer de tout autre.

Ne vous plaignez pas que je donne trop peu d'exemples, c'est à vous à vous en donner : proposez-vous des questions : cherchez dans ce que vous savez, la raison de ce que vous ne savez pas. Pour apprendre, par exemple, à diviser, multipliez et observez les procédés de la multiplication. Voyez, en un mot, comment vous vous êtes instruits, et vous apprendrez comment vous pouvez vous instruire encore.

A quoi se réduisent tous les procédés de l'analyse? à des compositions et à des décompositions; on fait pour défaire, et on défait pour refaire, voilà tout l'artifice : il est simple, car si vous savez faire, vous savez défaire; et si vous savez défaire, vous savez faire.

Un exemple suffit donc pour donner la raison de chaque opération de quelque espèce qu'elle soit; si vous avez besoin de plusieurs exemples, ce n'est pas pour apprendre à opérer: c'est seulement pour opérer avec plus de facilité et de promptitude. Avec quelque lenteur que vous procédiez, vous savez faire, si vous savez ce que vous faites : exercez-vous donc sans maître.

Revenons, maintenant, à la division.

La division, quatrième règle de l'arithmétique, est une opération par laquelle, on cherche combien de fois un nombre est contenu dans un autre plus grand. Nous dirons, par analogie, que la division est une opération par laquelle, au moyen de deux nombres connus, on cherche un troisième nombre inconnu.

Le nombre que l'on divise s'appelle dividende; celui par lequel on divise s'appelle diviseur; et le résultat, ou le nombre qui fait connaître combien de fois le diviseur est contenu , s'appelle quotient.

La division sert : 1° à partager une somme quelconque entre plusieurs personnes , afin qu'elles en aient chacune une portion égale: et 2° à découvrir le prix d'une seule chose, lorsqu'on connaît celui de plusieurs.

Pour diviser un nombre par un autre, on écrit sur une même ligne, le diviseur à droite du dividende, en les séparant l'un de l'autre, par une accolade ou un trait; et le quotient s'écrit sous le diviseur, à mesure qu'on le trouve.

Ensuite, on prend à la gauche du dividende, autant de chiffres qu'il en faut pour contenir le diviseur, puis on cherche combien de fois cette quantité de chiffres, qu'on appelle dividende partiel, contient le diviseur, ce qui donne un chiffre au quotient; on multiplie ensuite le diviseur par le quotient partiel, qu'on vient de trouver; ayant écrit le produit de cette multiplication sous le dividende partiel, on soustrait l'une de l'autre; ce qui donne un reste, à la droite duquel on abaisse le chiffre suivant du dividende total, pour former un nouveau dividende partiel sur lequel on opère comme sur le précédent ; on écrit encore le nouveau quotient partiel à la droite de celui qu'on vient de trouver, et on continue à opérer de la même manière jusqu'à ce que le dividende total soit épuisé ; alors la division est finie.

Il faut observer :

1° Que lorsque le diviseur n'est que d'un seul chiffre, et que le premier chiffre à gauche de chaque dividende partiel peut le contenir, il ne faut prendre que ce seul chiffre pour dividende partiel ;

2° Que lorsque le diviseur est composé de plusieurs chiffres et que le premier à gauche de chaque dividende partiel est plus grand que le premier à gauche du diviseur, il suffit de prendre pour dividende partiel une quantité de chiffres égale à celle du diviseur ;

3° Que si, au contraire, le premier à gauche de chaque dividende partiel est plus petit que le premier du diviseur, il faut prendre pour premier dividende partiel un chiffre de plus qu'il y en a au diviseur ; ensuite chercher combien de fois les deux premiers chiffres à gauche du dividende peuvent contenir le premier à gauche du diviseur ;

4° Que le reste de chaque division partielle doit être plus petit que le diviseur ;

5° Qu'on ne peut jamais écrire plus de 9 au quotient pour chaque division partielle ;

6° Que si, après avoir abaissé un chiffre du dividende à côté du reste, le nouveau dividende partiel ne peut contenir le diviseur, on écrit 0 (zéro) au quotient, à droite de celui qu'on y a écrit le dernier ; puis on descend de suite un

autre chiffre à côté de ce même dividende partiel;

7° Que si le dividende ne contient point de
décimales, et si on veut avoir le quotient de la
division à moins d'un dixième, d'un centième,
d'un millième et d'un dix-millième d'unité près,
il faut ajouter un zéro à la droite du dividende
pour avoir des dixièmes, deux zéros pour avoir
des centièmes, trois zéros pour avoir des millie-
mes, enfin quatre zéros pour avoir des dix-millièmes. Ces zéros doivent être séparés des entiers
par un point ou une virgule, et l'opération étant
finie, on sépare de même par un point ou une
virgule, dans le quotient, à partir de la droite,
autant de chiffres qu'on a ajouté de zéros au dividende;

8° Que si le dividende et le diviseur ont un
nombre égal de décimales, on supprime le point
dans l'un et dans l'autre; puis on ajoute à la
droite du dividende autant de zéros qu'on veut
avoir de décimales au quotient. Par exemple, si
on voulait diviser 864 francs 43 centimes par 27
francs 58 centimes, on écrirait 864,43 par
27,58, et on séparerait deux chiffres dans le quotient, parce qu'il y aurait deux zéros au dividende;

9° Que s'il y a plus de décimales dans l'un des
deux nombres proposés que dans l'autre, on les
égalise en ajoutant des zéros à celui qui a le moins
de décimales, et l'on supprime la virgule de part
et d'autre; ensuite on ajoute, encore à la droite
du dividende, autant de zéros qu'on veut avoir

de décimales au quotient. Par exemple, 58,2 à diviser par 8,75, on opérera de même que si on avait 5,820,00 à diviser par 875. S'il s'agit de diviser 204,43 par 8,7, on opérera de même que si on avait 20,443,00 à partager par 870, et on séparera toujours dans le quotient autant de chiffres à droite qu'on aura mis de zéros au quotient;

10° Si le dividende n'a point de décimales et si le diviseur seul en a, on ajoute autant de zéros à la droite du dividende que le diviseur a de décimales; puis supprimant le point décimal dans l'un et l'autre, on opérera comme il est indiqué à la remarque 9me. Par exemple, s'il s'agissait de diviser 218 par 56,23, on opérerait comme si on avait 21,800 à diviser par 5,623.

Je pense en avoir dit assez pour que vous m'ayez un peu compris.

Adolphe. — Je pense vous avoir compris; car au résumé, chaque fois qu'on ajoute des zéros soit dans la multiplication soit dans la division, il faut toujours en retrancher autant soit au produit de la multiplication, soit au quotient, quand on fait une division.

Théodore. — Voyons, donnez-m'en un exemple.

Adolphe. — C'est facile. Supposons qu'on voulût partager 4 francs entre vingt personnes, j'opère comme il suit:

Exemple:

$$\begin{array}{r|l} 40 & 20 \\ \hline & 0,20 \text{ cent.} \end{array}$$

N'ayant que 4 francs à partager entre vingt personnes, il ne pouvait pas leur revenir de francs, j'ai été obligé de convertir les 4 francs en décimes (car en ajoutant un zéro à 4 francs j'ai 40 décimes), qui, partagés entre vingt personnes, donnent pour chacune deux décimes ou vingt centimes; et pour faire connaître que c'est vingt centimes, comme il n'y a pas de francs, j'ai rempli la place qu'ils occupent par un zéro que j'ai, après cela, retranché par une virgule, afin de reculer les décimales vers la droite et de leur faire occuper la place qui leur convient.

THÉODORE. — C'est très-bien! A vous, Alphonse; dites-moi combien $\frac{2}{3}$ de mètre donneraient?

ALPHONSE. — Cela n'est pas difficile. Vous nous avez dit dans nos premières leçons que 100 représentait tous les entiers de quelque nature qu'ils soient; si 100 représente tous les entiers, le tiers étant 33 centièmes et 33 dix-millièmes, nul doute que $\frac{2}{3}$ de mètre seront 66 centimètres et 66 dix-millimètres. Si je fais l'opération méthodiquement, je pose la fraction $\frac{2}{3}$ comme il suit, et j'obtiens le même résultat:

$$
\begin{array}{r|l}
20 & 3 \\
\hline
20 & 0,66\text{-}66 \\
20 & \\
20 & \\
\end{array}
$$

Il ne s'agit donc que d'ajouter un zéro au numérateur et diviser par le dénominateur, le dividende augmenté d'un zéro.

Théodore. — Fort bien, Alphonse, vous me prouvez que mes premières leçons fructifieront jusqu'à la fin. Mais je voudrais que vous fassiez cette opération en nous l'expliquant d'un bout à l'autre.

Alphonse. — Volontiers.

$$2 \text{ — numérateur.}$$
$$3 \text{ — dénominateur.}$$

$$20 \mid 3$$
$$0,66,66$$

EXPLICATION.

En 2 combien de fois 3? point; je pose un zéro au quotient, j'en ajoute un au dividende. En 20 combien de fois 3? 6 fois que je mets au quotient; je multiplie le 6 par 3 du diviseur, total 18. Je soustrais 18 de 20, il reste 2, à côté desquels je mets un zéro. En 20 combien de fois 3? 6 fois, je les mets au quotient; je multiplie 6 comme précédemment, je soustrais le produit 18 de 20, il me reste 2, j'ajoute un zéro à 2, ce qui me donne 20, et enfin je pousse jusqu'à des dix-millièmes pour que le reste soit imperceptible, et j'ai pour quotient 66 centimètres et 66 milli-mètres.

Théodore. — C'est on ne peut mieux. Mais si c'était $\frac{2}{3}$ de francs, je voudrais qu'Adolphe me dise quel serait le quotient.

Adolphe. — Le quotient serait 66 centimes et 66 dix-millièmes.

Théodore. — Très-bien. Mais si la fraction

était des litres, je demande à Léonidas ce que serait la fraction.

Léonidas. — La fraction ou pour mieux dire le quotient serait 0,66 centilitres et 66 dix-milli-litres.

Théodore. — C'est bien cela ; mais si la fraction sortait d'un kilogramme, je demande à Henri ce qu'elle serait.

Henri. — Le quotient serait 66 décagrammes et 66 décigrammes.

Théodore. — C'est très-bien ! Mais pourquoi ne m'avez-vous pas dit, comme Alphonse et Léonidas, 66 centigrammes et 66 dix-milligram-mes ?

Henri. — La raison en est simple ; c'est qu'a-près les kilogrammes viennent les hectogrammes, et après les hectogrammes viennent les déca-grammes, puis après les décagrammes les gram-mes, après les grammes les décigrammes, et cela parce que c'est le gramme qui est l'unité fonda-mentale et non pas le kilogramme.

Théodore. — Voilà qui est bien conçu. Nous n'irons pas plus loin. Vous remarquerez seule-ment, en passant, combien le système décimal présente d'avantages sur l'ancien.

Passons à une autre question.

On propose de partager 86,243 francs 65 cen-times entre 312 personnes ; quelle sera la part de chacun ?

Je voudrais qu'Alphonse me fît cette opération en la raisonnant, c'est-à-dire en nous expliquant comment on doit s'y prendre pour la faire.

ALPHONSE. — Volontiers.

OPÉRATION.

Dividende total.   86243-65 | 312
                 2384   276-42
              2003
               131 6
                06 85
                 0 61 Reste qui ne

peut être divisé par 312.

Mon diviseur étant composé de trois chiffres,
et voyant que les trois premiers chiffres à gauche
du dividende total contiennent le diviseur, je
prends pour premier dividende partiel 862, et je
dis : en 8 combien y a-t-il de fois 3 ? je trouve 2
fois que j'écris au quotient, sous le diviseur; ensuite je multiplie le diviseur 312 par 2, quotient
partiel, en disant : 2 fois 2 font 4, 4 pour aller à
12 c'est 8 et retiens 1; passant aux dizaines, je
dis : 2 fois 1 font 2 et 1 de retenu font 3, 3 pour
aller à 6 c'est 3; passant aux centaines, je dis : 2
fois 3 font 6, pour aller à 8 c'est 2, et j'ai pour
reste 238; j'abaisse le 4 à côté de 238 et j'ai pour
second dividende partiel 2,384, et je dis : dans
2,384 combien de fois 312 ? 7 fois, et je dis : en
23 combien de fois 3 ? je trouve 7 fois que je pose
au quotient; ensuite je multiplie le diviseur 312
par le nombre 7, en disant : 7 fois 2 font 14, pour
aller à 14 c'est zéro et retiens 1, et je dis : 7 fois 1
c'est 7 et 1 de retenu c'est 8, pour aller à 8 c'est

zéro; 7 fois 3 font 21, pour aller à 23 c'est 2, et j'ai pour reste 200; j'abaisse le 3 à côté de 200 et j'ai pour troisième dividende partiel 2,003. Je divise de nouveau et je dis : en 20 combien de fois 3 ? je trouve 6 fois que je pose au quotient ; je multiplie de nouveau le diviseur 312 par le chiffre 6 du quotient en disant : 6 fois 2 font 12, 12 pour aller à 13 c'est 1 que je pose sous le 3 du dividende et je dis : 6 fois 1 c'est 6 et 1 de retenu c'est 7, 7 pour aller à 10 c'est 3 que je pose sous le second zéro du dividende, et je dis : 6 fois 3 font 18, 18 et 1 de retenu font 19 ; 19 pour aller à 20 c'est 1 que je pose au dividende et j'ai pour reste 131; j'abaisse le 6, et j'ai pour quatrième dividende partiel 1,316 ; maintenant je cherche combien de fois 312 est contenu dans 1,316, je trouve quatre fois, je pose 4 au quotient, puis je multiplie 312 par 4 en disant : 4 fois 2 font 8, 8 pour aller à 16 c'est 8; je pose 8 sous le 6 du dividende et retiens 1; puis passant aux dizaines, je dis : 4 fois 1 c'est 4 et 1 de retenu c'est 5, 5 pour aller à 11 c'est 6 que je pose sous le chiffre 1 du dividende, et passant aux centaines, je dis : 4 fois 3 font 12 et 1 de retenu font 13, 13 pour aller à 13 c'est 0 (zéro), et j'ai pour reste 68; j'abaisse mon 5 à côté de 68 et j'ai pour cinquième dividende partiel 685 qu'il faut diviser par 312; voyant tout d'un coup que dans 6 il y a 2 fois 3, je pose 2 au quotient, et en multipliant 312 par 2, après avoir fait la soustraction de ce produit, j'ai pour reste 61 centimes qui ne peuvent être divisés par 312.

Théodore. — Vous avez abrégé en faisant la soustraction par complément , vous avez bien fait, vous avez abrégé l'opération des trois quarts; je voudrais que l'ami Léonidas en fasse une à son tour.

Léonidas. — Je veux bien ; j'attendais avec impatience que vous me fassiez une pareille proposition. Je vais faire une division en me servant de la soustraction par complément, comme Alphonse a fait.

Théodore. — Je ne demande pas mieux, puisque cela abrége, et puis, d'ailleurs, vous en connaissez déjà le mérite; vous avez commencé par là , ainsi vous ferez bien de ne jamais les faire autrement.

QUESTION.

On a déboursé 875 francs 25 centimes pour 38 mètres 62 centimètres de drap; on demande à combien revient le mètre ?

Ayant deux décimales au dividende et deux au diviseur, il faut poser la règle ainsi qu'il est expliqué dans la neuvième observation.

Léonidas. — Je pose la question 875 francs 25 centimes pour 38 mètres 62 centimètres de drap.

Dividende.	8752500	3862 diviseur.
	10285	22-66 quotient.
	25610	
	24380	
	1208	

D'après l'opération ci-dessus, le drap reviendrait à 22 francs et 66 centimes, mais ce n'est pas tout-à-fait ce que vous demandez, vous demandez l'explication de la manière dont j'ai opéré, la voici : je n'ai pas eu égard à la virgule qui séparait les francs d'avec les centimes, je n'ai pas non plus eu égard à la virgule qui séparait les mètres d'avec les centimètres, je n'ai fait qu'un seul nombre du dividende 875 fr. 25 c., et j'ai ajouté de plus deux zéros; j'en ai fait de même du diviseur, 38 mètres 62 centimètres; de manière que le dividende est maintenant 8752500, et le diviseur 3862; pour faire l'opération, j'ai séparé les quatre premiers chiffres de la gauche par une virgule, j'ai dit : dans 8 combien de fois 3, 2 fois, j'ai posé 2 au quotient, j'ai multiplié 3862, par 2, en disant: 2 fois 2 font 4, 4 pour aller à 12, c'est 8, je pose 8 et retiens 1; passant au 6 du diviseur, j'ai dit: 2 fois 6 font 12, et 1 de retenu font 13, 13 pour aller à 15, c'est 2, que j'ai posé et j'ai retenu 1, passant au 8, j'ai dit: 2 fois 8 font 16, et 1 font 17, 17 pour aller à 17, c'est 0 et retiens 1; passant au chiffre 3 du diviseur, j'ai dit: 2 fois 3 font 6, et 1 de retenu font 7, 7 pour aller à 8, c'est 1 que j'ai posé sous le 8, dernier chiffre du dividende, et j'ai pour reste de la soustraction 1028, J'abaisse le 5 ce qui me donne pour nouveau dividende 10285; je cherche combien de fois 3 est contenu dans 10, il n'y est que 2 fois, par rapport aux retenues; j'écris 2 au quotient, je multiplie 3862 par 2, et je dis: 2 fois 2 font 4, 4 pour aller à 5, c'est 1, 2 fois 6 font 12, 12 pour aller à 18, c'est 6, je pose 6 et retiens 1; 2 fois 8 font 16 et 1 de retenu font 17, 17 pour aller à 22, c'est 5 et retiens 2; 2 fois 3 font 6 et 2 de retenu font 8, pour aller à 10, c'est 2, et j'ai pour restant 2438. J'abaisse le 0 et j'ai pour le nouveau dividende 24380; je cherche combien de fois 3862 est contenu dans 24380, je trouve qu'il y est 6 fois; je pose 6 et je multiplie par 6 le diviseur 3862; je dis: 6 fois 2 font 12, 12 pour aller à 20, c'est 8, que je pose et retiens 2; 6 fois 6 font 36, et 2 de retenu font 38, 38 pour aller à 41, c'est 3, que je pose et retiens 4; je passe au 8 du diviseur, et je dis: 6 fois 8 font 48, 48 et 4 font 52, 52 pour aller à 56, c'est 4, que je pose et retiens 5; passant au dernier chiffre du diviseur, je dis : 6 fois 3 font 18, 18 et 5 font 23, 23 pour aller à 24 c'est 1 que je pose, il me reste 1208, J'abaisse le dernier 0, et j'ai pour dernier dividende 12080 ; je cherche combien de fois 3862 est contenu dans 12080, je trouve qu'il y est 6 fois, je pose 6 au quotient et je multiplie 3862 par 6; je soustrais tous les montants de chaque multiplication du nombre 12080, et j'ai pour quotient 22 fr. 66 c., et pour reste 12,08, ou 12 centimes 08 dix-millièmes qu'on ne peut diviser par 3862.

THÉODORE. — Très-bien, j'ai conçu qu'en opérant de cette manière, c'est plus expéditif, mais beaucoup de personnes ne concevront pas de suite cette manière de faire la soustraction: il faudrait que cela soit démontré et expliqué de manière à ce que tout le monde puisse non seulement la concevoir et opérer, mais encore reconnaître qu'elle abrége de beaucoup l'opération; qui de vous veut entreprendre cette corvée?

Napoléon. — Moi, mais avant que de commencer, il faut que je sache si j'ai bien compris ce que vous demandez; j'ai compris qu'il fallait faire la même division deux fois, la première par la soustraction ordinaire, et la seconde par la soustraction par complément, pour en faire mieux connaître la différence et la manière d'opérer.

Théodore. — C'est positivement, cela vous pouvez commencer.

Napoléon. — Pour mieux prouver l'abréviation je vais diviser un nombre de 8 chiffres par 3 chiffres.

<pre>
13487605 | 938   13487605 | 938
   4107   14379   938   14379
   3556   ─────────
   7420   4107
   8545   3752
    103   ─────────
                             03556
                             2814
                            ─────────
                              7420
                              6566
                             ─────────
                               8545
                               8442
                             ─────────
                               0103
</pre>

Il est facile d'apercevoir la différence qui existe entre les deux manières d'opérer; il me reste maintenant à expliquer comment on fait les deux opérations. Pour expliquer et démontrer plus clairement comment on s'y prend pour faire une soustraction par complément, je vais faire une simple soustraction comme vous nous l'avez montré dans nos premières leçons.

Exemple :

$$9254$$
$$5789$$
$$\overline{3465}$$

Pour faire une soustraction par complément on ne doit jamais emprunter sur le chiffre voisin, quand le chiffre à soustraire est plus grand que celui duquel on doit soustraire; voici ce qu'il faut faire chaque fois que le chiffre (je dirais bien à soustraire, mais j'aime mieux l'appeler de dessous pour être plus vite compris), chaque fois, dis-je, que le chiffre de dessous est plus fort que celui de dessus : on ajoute au chiffre de dessus une dizaine en pensée seulement, par ce moyen le chiffre voisin conserve toujours sa valeur; ainsi dans l'exemple ci-dessus on voit que 9 est plus fort de 5, si nous ajoutons 10 à 4, nous aurons 14; au lieu de dire qui de 14 paie 9, reste 5, dites 9 pour aller à 14, c'est 5, que vous posez comme vous le voyez ci-dessus et vous retenez 1 que vous portez au chiffre 8 de dessous, et vous dites: 1 et 8 font 9; comme 9 est encore plus fort que 5, ajoutez 10 à 5, et vous aurez 15; dites maintenant 9 pour aller à 15, c'est 6 que vous posez, et retenez 1, que vous ajoutez au chiffre 7, ce qui fait 8; 8 étant plus fort que 2, vous ajoutez 10 à 2, ce qui fait 12; 8 pour aller à 12, c'est 4, que vous posez, et retenez 1 que vous ajoutez au chiffre 5 ce qui fait 6; dites maintenant 6 pour aller à 9, c'est 3, que vous posez et vous avez pour différence, ou reste, ou excès, 3465.

THÉODORE. — C'est fort bien; mais comment se fait-il que n'empruntant pas sur le chiffre voisin l'opération puisse se faire juste ?

NAPOLÉON. — La raison en est simple; si le chiffre de dessus ne devient pas plus petit d'une unité, c'est parce que nous augmentons le chiffre de dessous d'une unité, ce qui revient au même; comme si nous avions fait perdre une unité à l'un, nous n'aurions pas augmenté l'autre.

Maintenant je vais vous faire une division en vous expliquant comment je fais la soustraction par complément, on pourrait même dire en passant, car cette opération va aussi vite que la parole.

$$\begin{array}{r|l} 963 & 3 \\ \hline 06 & 321 \\ 03 & \\ 0 & \end{array}$$

Je prends d'abord 9 qui est le premier chiffre du dividende et je dis : en 9 combien de fois 3 ? 3 fois que j'écris au diviseur; je multiplie ensuite le diviseur 3 par le quotient partiel 3, et je dis 3 fois 3 font 9, 9 pour aller à 9 c'est zéro; j'abaisse le 6 et je dis : en 6 combien de fois 3 ? 2 fois; je multiplie le diviseur par le quotient qui est 2, et je dis, 2 fois 3 font 6, 6 pour aller à 6 c'est zéro; j'abaisse le 3 et je dis : en 3 combien de fois 3 ? une fois que je pose au quotient; je multiplie 3 par 1, une fois 3 pour aller à 3 c'est 0.

On voit par ce moyen que je n'ai fait que compléter. La même, d'après la soustraction ordinaire.

$$
\begin{array}{r|l}
963 & 3 \\
9 & \quad 321 \\
\hline
06 & \\
6 & \\
\hline
03 & \\
3 & \\
\hline
0 &
\end{array}
$$

Par la soustraction ordinaire, j'ai dit : 3 fois 3 font 9 que j'ai posé sous le 9 du dividende ; puis j'ai dit : qui de 9 paie 9 reste 0 ; j'ai abaissé le 6 et j'ai dit : 2 fois 3 font 6 que j'ai posé sous le 6 du dividende, et j'ai soustrait 6 de 6 il m'est resté 0 ; j'ai abaissé le 3 et j'ai dit : en 3 combien de fois 3 ? une fois ; j'ai multiplié 3 par 1, une fois 3 c'est 3, qui de 3 ôte 3 reste 0. J'ai donc employé, par cette manière d'opérer, beaucoup plus de paroles et beaucoup plus de chiffres. Ici il y a huit chiffres contre cinq ; dans la grande division que je viens de faire avant celle-ci, il y y a quarante chiffres contre dix-neuf, plus de moitié.

Il est donc facile de reconnaître que la soustraction par complément abrége de moitié et même de trois quarts, dans certains cas, la division.

Théodore. — Fort bien, Napoléon. Maintenant je vais vous faire connaître les nouveaux poids et mesures.

VIIIᵉ ENTRETIEN.

Nouveaux poids et mesures.

Théodore. — Nous n'avons que six sortes de mesures :

Le franc.

Le litre.

Le gramme.

Le mètre.

L'are.

Le stère.

DU LITRE.

Un décalitre vaut 10 litres.

Un hectolitre 100

Un kilolitre 1,000

Un myrialitre 10,000

Il faut 10 décilitres pour un litre.

Il faut 100 centilitres pour un litre, comme il faut 100 centimes pour un franc.

Pour réduire les litres en décalitres, on ajoute un zéro ; pour les réduire en centilitres, on met deux zéros ; pour réduire les décilitres en litres, on retranche un zéro ; pour réduire les centilitres en litres, on en retranche deux.

Je commence ici comme j'ai commencé l'arithmétique, c'est-à-dire par vous donner toutes les
notions et les éléments qui vous conduiront à
faire toutes les opérations possibles d'après les
nouveaux poids et mesures.

Je vais donc commencer par vous donner des
règles extrêmement simples pour réduire tous ces
poids et toutes ces mesures.

Je vais commencer par la réduction des hectolitres en litres.

Règle extrêmement simple et facile pour réduire les hectolitres en litres.

Soit le nombre 10 hectolitres pour en faire des
litres, il suffit d'ajouter deux zéros, vous aurez
1,000 litres. Dans 1,000 combien de fois 100?
Il y est 10 fois; rappelez-vous qu'un hectolitre
vaut 100 litres.

C'est toujours une règle générale d'ajouter deux
zéros, pour réduire les hectolitres en litres, comme
on ajoute deux zéros pour réduire les francs en
centimes. Pour réduire les hectolitres en décalitres, on n'ajoute qu'un zéro, comme pour réduire
les francs en décimes, on ne met qu'un zéro.

Puisque, pour réduire l'hectolitre en litre, on
ajoute deux zéros, pour réduire les litres en hectolitres, on en supprime deux; il en est de même
pour réduire des centimes en francs on retranche
deux zéros.

*Règle extrémement simple pour réduire
la pinte en litres.*

Une pinte vaut 931 millilitres.

Si l'on veut réduire 10 pintes en litres, il faut multiplier 10 par 931.

Exemple :

$$931$$
$$10$$
$$\overline{9310}$$

La réponse est 9 litres 310 millilitres.

Alphonse, je vous demande, s'il n'y aurait pas un moyen plus simple et qui abrégerait la multiplication.

ALPHONSE.—Oui, il y aurait un moyen bien plus simple, d'après ce que vous nous avez dit dans vos premières leçons, quand vous nous avez dit que pour multiplier un nombre quelconque par 10, il ne s'agissait toujours que d'ajouter un zéro; ainsi dans l'opération que vous venez de faire il ne s'agissait que d'ajouter un zéro, si j'ajoute un zéro à 931, j'aurai de suite 9310; en retranchant trois chiffres décimaux, que j'ai au multiplicande (puisque se sont des millilitres), j'ai pour produit 9 litres et 310 millilitres.

THÉODORE. — Mais, dites-moi, Alphonse pourquoi retranchez-vous trois chiffres ?

ALPHONSE. — Vous ne nous prendrez jamais en défaut, ne nous avez-vous pas dit, dans nos premières leçons, que pour diviser un nombre quel-

conque par mille, il fallait retrancher trois chiffres;
or, comme se sont des millilitres que je multiplie,
je rends donc mon produit mille fois plus grand
qu'il ne le doit être; je dois donc diviser le produit
par mille, pour lui rendre sa véritable valeur, et
c'est positivement ce que je fais en retranchant
trois chiffres. Ainsi, 9310 millilitres ne sont autre
chose que 9 litres et 310 millilitres.

THÉODORE. —Fort bien, Alphonse, je vais continuer pour éprouver ces Messieurs à leur tour.

Pour réduire 20 pintes en litres, il faut multiplier 20 par la valeur d'un litre.

Faites-moi cette opération, Léonidas.

LÉONIDAS. — Volontiers; il ne faut que vous
écouter avec un peu d'attention, pour faire tous
les calculs possibles. Vous venez de nous dire
tout-à-l'heure, qu'une pinte valait 931 millilitres,
il n'est pas bien difficile de vous dire combien 20
pintes feront de litres, je n'ai qu'à multiplier 931
par 20, et retrancher trois chiffres.

Exemple :

$$
\begin{array}{r}
931 \\
20 \\
\hline
18620
\end{array}
$$

J'ai multiplié par 2 seulement et j'ai descendu
le 0; comme ce sont des millièmes que je multiplie, je retranche trois chiffres au produit et j'ai
pour 20 pintes réduites en litres, 18 litres et 620
millilitres.

Je pense, mon cher Théodore, que vous voyez
que j'ai compris.

Théodore. — Mais si dans 18,620 l'on retranchait le 0 et le 2, que vous resterait-il?

Léonidas. — Il me resterait 18 litres et 6 décilitres.

Théodore. — Mais si l'on ne retranchait que le zéro?

Léonidas. — Il me resterait 18 litres et 62 centilitres.

Théodore. — Et si c'était des francs?

Léonidas. — En faisant le retranchement que vous venez de me faire faire, j'aurais, en retranchant les deux derniers chiffres, 18 francs et 6 décimes, et en ne retranchant que le 0, j'aurais 18 francs 62 centimes, et si je les laisse exister tous les trois, j'aurais 18 francs et 620 millièmes.

Théodore. — On ne peut mieux; continuons. Rappelez-vous bien maintenant que pour réduire les pintes en litres il faut multiplier les pintes par la valeur d'une pinte comparée au litre, laquelle est de 931 millilitres.

Moyen extrêmement facile pour réduire le litre en pinte.

Un litre vaut une pinte 74 centièmes.

Quelle est la valeur de dix litres? il faut multiplier 10 par la valeur d'une pinte.

Alphonse. — A moi, s'il vous plaît.

Henri, Eugène, Victor, Alfred, Napoléon, Hippolyte. — Moi, moi.

Théodore. — Votre zèle me fait plaisir; mais

Hippolyte est un de ceux que j'ai le moins questionnés, il est juste que ce soit son tour. Allons, Hippolyte, faites-moi cette opération.

Vous rappelez-vous de la question que je viens de faire?

HIPPOLYTE. — Vous avez dit qu'un litre valait une pinte et 74 centièmes; vous avez demandé quelle est la valeur de dix litres; vous nous avez dit qu'il fallait multiplier 10 par la valeur d'une pinte.

THÉODORE. — C'est bien cela; opérez maintenant.

HIPPOLYTE. — Je vais opérer d'après vos premières leçons, qui sont que lorsque l'on a un nombre quelconque à multiplier par 10, il ne s'agit toujours que d'ajouter un zéro et retrancher autant de chiffres décimaux qu'il y en a, soit au multiplicande, soit au multiplicateur. Or, comme ici il y en a trois, après avoir ajouté un zéro, je retranche trois chiffres et l'opération est faite.

Exemple :
$$10,740$$
J'ai donc 10 pintes et 740 millièmes. La chose est simple à concevoir; car en supposant que la pinte eût égalé le litre, j'aurais eu dix litres pour dix pintes; mais comme il y a 74 centièmes en plus, en ajoutant un zéro à 74 centièmes j'obtiens la valeur de la fraction qui est 740 millièmes de pinte ou 74 centièmes.

THÉODORE. — A vous, Victor; réduisez vingt litres en pintes.

VICTOR. — D'après ce que vous venez de dire

il ne s'agit que de multiplier 1,074 par 20, au lieu de le multiplier par 10, je le multiplierai par 2 et je placerai le zéro au produit.

Exemple :

$$1{,}074$$
$$20$$
$$21{,}480$$

J'ai donc pour 20 litres, 21 pintes et 480 mil-lièmes de pinte qui se réduisent à 4 dixièmes en retranchant les deux derniers chiffres.

THÉODORE. — C'est bien, Victor ; ainsi, règle générale, rappelez-vous bien que pour réduire les litres en pintes, il faut multiplier les litres par la valeur d'une pinte, soit 1,074. Maintenant passons aux poids.

NOUVEAUX POIDS.

Le gramme est l'unité.

Décagramme, dix grammes.

Hectogramme, cent grammes.

Kilogramme, mille grammes.

Myriagramme, dix mille grammes.

Un décigramme est la dixième partie d'un gramme.

Un centigramme est la centième partie d'un gramme.

Pour réduire les grammes en décagrammes, on retranche un zéro.

Pour réduire les grammes en hectogrammes, on retranche deux zéros.

Pour réduire les grammes en kilogrammes , on retranche trois zéros.

Au contraire, pour réduire les kilogrammes en hectogrammes, on ajoute un zéro ; pour les réduire en décagrammes , on ajoute deux zéros, et pour réduire les kilogrammes en grammes , on ajoute trois zéros.

Rappelez-vous qu'un kilogramme vaut 1,000 grammes.

Manière extrêmement facile pour réduire les livres en kilogrammes.

Rappelez-vous qu'une livre vaut 4,895 dix-milligrammes. Si vous voulez réduire 10 livres en kilogrammes, il faut multiplier les deux nombres l'un par l'autre et retrancher quatre chiffres ; vous aurez 4 kilogrammes 8950 dix-milligrammes, ou bien ajouter de suite un zéro à 4895 et retrancher quatre chiffres, vous aurez 4,8950 qui est le même nombre; et puis d'ailleurs vous vous rappelez que chaque fois qu'une multiplication se présente par 10 , il ne s'agit que d'ajouter un zéro au multiplicande.

Les 8950 dix-milligrammes se réduisent à 89 centigrammes en retranchant deux chiffres. Rappelez-vous bien, quand il y a quatre décimales, de retrancher les deux derniers chiffres, parce qu'ils sont de trop peu de valeur ; rappelez-vous aussi que le premier chiffre après la virgule représente des décigramme, le second chiffre après la virgule, des centigrammes.

Exemple :

On demande à réduire 20 livres en kilogrammes : il faut multiplier 20 par 4,895 dix-milligrammes ; retranchez quatre chiffres, vous aurez 9 kilogrammes et 79 centigrammes.

Règle :

$$4895$$
$$20$$
$$\overline{97\,900}$$

Rappelez-vous bien que pour réduire les livres en kilogrammes, il faut multiplier les livres par la valeur d'un kilogramme et retrancher quatre chiffres ; les chiffres avant la virgule sont des kilogrammes, et ceux après sont des décigrammes et des centigrammes.

Moyen extrêmement facile pour réduire
les kilogrammes en livres.

Puisqu'un kilogramme vaut deux livres quatre centièmes (poids de marc de Paris), il faut multiplier le nombre de kilogrammes que vous voulez, par la valeur d'un kilogramme. Si vous voulez réduire dix kilogrammes en livres, multipliez 10 par la valeur d'un kilogramme en pintes, soit 2-04, et retranchez trois chiffres : vous aurez 20 livres 40 centièmes (20,40).

Règle :

$$20\,4$$
$$1\,0$$
$$\overline{20,40}$$

Rappelez-vous bien que pour réduire des kilogrammes en livres, il faut multiplier les kilogrammes que vous voulez par la valeur d une livre en kilogramme (2,40).

MESURES DE LONGUEUR.

Le mètre est l'unité des mesures de longueur; il vaut 0,84 centièmes de l'aune.

Décamètre vaut dix mètres.

Hectomètre, cent mètres.

Kilomètre, mille mètres.

Myriamètre, dix mille mètres.

Décimètre, c'est la dixième partie du mètre.

Centimètre, la centième partie du mètre.

Millimètre, la millième partie du mètre.

Pour réduire des mètres en décimètres, on ajoute un zéro; pour les réduire en centimètres, on en met deux. Au contraire, pour réduire les décimètres en mètres, on retranche un chiffre, et pour réduire des centimètre en mètres, on en retranche deux.

Moyen facile pour réduire l'aune en mètre.

Il suffit de multiplier les aunes par la valeur d'une aune en mètre.

Si on veut réduire dix aunes en mètres, il faut multiplier 1,188 par 10, ce qui donnera 11 mètres 880 millimètres.

9

Règle :

$$1188$$
$$10$$
$$\overline{11880}$$

On aurait pu tout d'un coup faire cette multi-plication en ajoutant un 0 et en retranchant trois chiffres, ci 11,880.

Rappelez-vous bien que pour réduire les au-nes en mètres, il suffit de multiplier les aunes par la valeur d'une aune en mètres et retrancher quatre chiffres (1,188).

Les chiffres avant la virgule sont des mètres ; le premier après la virgule vaut des décimètres, le second des centimètres, le troisième des milli-mètres.

Moyen facile pour réduire les mètres en aunes.

Pour réduire les mètres en aunes, il faut mul-tiplier la valeur d'un mètre par le nombre d'au-nes que vous avez à réduire. On veut réduire dix mètres en aunes ;

$$\text{Le mètre vaut.} \quad . \; . \quad 084$$
$$\text{Multipliés par.} \quad . \; . \quad \underline{10}$$
$$840$$

C'est-à-dire 8 mètres 40 centimètres.

On aurait pu de suite ajouter un 0 à 84 et re-trancher deux chiffres, on aurait eu 8,40

DU TOISÉ.

Moyen de réduire la toise en mètres.

La toise vaut 1 mètre 949 millimètres. Pour

réduire dix toises en mètres, il faut les multiplier par 1,949.

Un pied vaut 0,32 centimètres. Pour réduire les pieds en mètres, il faut multiplier le nombre de pieds par la valeur d'un pied qui est 0,32 centimètres.

Exemple:

Si on veut réduire 5 pieds en mètres, il faut multiplier 5 par 0,32. La réponse est 1 mètre 60 centimètres.

Règle:

$$0,32 \times 5 = 1,60$$

Tout zéro à la gauche d'un nombre n'a aucune valeur. On pourrait donc dire: 1 mètre et 6 décimètres.

MESURES POUR LES DISTANCES.

Le myriamètre vaut deux lieues un quart, on s'en sert pour les grandes distances. Le kilomètre vaut un quart de lieue, c'est la dixième partie d'un myriamètre.

Pour réduire des lieues en kilomètres, il faut multiplier le nombre de lieues par la valeur d'une lieue en kilomètres.

Une lieue vaut 3 kilomètres 898 millimètres. Si vous voulez réduire dix lieues en kilomètres, multipliez 10 par 3 kilomètres 898 millimètres. La réponse sera 38 kilomètres et 980 millimètres.

132

Règle:

$$3,898$$
$$10$$
$$\overline{38,980}$$

MESURE DE SUPERFICIE.

L'are est l'unité principale.

L'are vaut un décamètre carré; il vaut un peu moins de deux perches.

Un décare vaut dix ares.

Un hectare vaut cent ares.

Un kilare vaut mille ares.

Le myriare vaut dix mille ares.

Le myriare vaut un kilomètre carré; c'est environ 196 arpents.

Le kilare n'est presque jamais usité; il ne présente point un carré parfait.

L'hectare vaut environ un arpent quatre-vingt-quinze perches. On s'en sert toujours pour le mesurage des terres; sa fraction est l'are.

L'hectare n'est suivi d'une fraction que lorsqu'on est obligé d'opérer avec précision; on s'en sert toujours pour représenter les perches.

Le centiare est un mètre carré; il représente la toise carrée.

Le mètre carré se divise en cent décimètres carrés.

Le décimètre carré se divise en cent centimètres carrés.

MESURE DES SOLIDES.

Le stère est l'unité de mesure ; il équivaut au mètre cube, et il excède d'environ un huitième le quart de la corde d'ordonnance. Quatre stères font une corde quatre centistères.

ALPHONSE. — J'espère, mon cher Théodore, qu'il est temps de nous parler d'opérations récréatives.

THÉODORE. — Volontiers. Mais a-t-on compris tout ce que j'ai dit ?

LÉONIDAS. — Cela n'est pas difficile à comprendre et à faire, ce n'est que de simples multiplications, et vous nous en avez donné la marche ; d'ailleurs, nous avons tous écrit sur nos cahiers ce que vous nous avez dit, et nous opérions en même temps ; ainsi, il est inutile de revenir là-dessus. Un peu de récréation, maintenant, et vous serez un bon enfant.

THÉODORE. — Puisqu'il en est ainsi, que tout le monde m'a compris, que la leçon est sue et copiée, je dois répondre à vos sollicitations et vous donner maintenant quelque chose de récréatif.

Multiplier 11 livres 11 sous 11 deniers.

Par 11 livres 11 sous 11 deniers.

J'ai vu proposer ce problème par un arithméticien très-fort en arithmétique. C'était l'épreuve à laquelle il mettait la capacité d'un jeune homme qu'on lui annonçait comme possédant bien l'arithmétique : il avait raison, quoique peut-être il n'en sentît pas la difficulté; car ce problème, indépendamment de l'embarras qui résulte de la multiplication de quantités de diverses espèces, et de leur réduction, est propre à éprouver l'intelligence d'un arithméticien.

On aurait pu en effet peut-être embarrasser, par une question fort simple, celui qui proposait cette opération; c'eût été en demandant quelle était la nature de produit de livres, sous et deniers, multipliés par des livres, sous et deniers. Nous savons que le produit d'une toise multipliée par une toise, est représenté par une toise carrée, parce qu'on est convenu en géométrie d'appeler toise carrée, la surface carrée ayant une toise de hauteur, sur une toise de base; et 6 toises par 4, donnent 24 toises carrées, parce que la surface rectangle ayant 6 toises sur 4, contient 24 toises carrées, comme le produit de 4 par 6 contient 24 unités; mais qui dira ce que c'est que le produit d'un sou par un sou, d'un sou par une livre, etc.?

La question considérée sous cet aspect est donc absurde; ce que ne sent pas le vulgaire des arithméticiens.

On peut néanmoins la considérer sous divers points de vue qui la rendent susceptible de solution: le premier est de faire attention que la livre contient 20 sous, ou 240 deniers; en sorte qu'on peut réduire le problème à celui-ci en nombres abstraits: multiplier 11, plus $\frac{11}{20}$ plus $\frac{11}{240}$ par 11, plus $\frac{11}{20}$ plus $\frac{11}{240}$ alors le produit sera 134, plus $\frac{3}{20}$ plus $\frac{3}{240}$ plus $\frac{49}{57000}$.

La seconde manière d'envisager la question est

celle-ci: tout produit est le quatrième terme d'une proportion dont le premier terme est l'unité, et dont les deux quantités à multiplier, sont les deuxièmes et troisièmes termes; ainsi, il n'est question que de fixer le genre d'unité qui doit être le premier terme de la proposition.

On peut dire, par exemple, si une livre employée dans telle entreprise a produit 11 livres, 11 sous, 11 deniers, combien produiront 11 livres, 11 sous, 11 deniers. Alors le produit sera le même que ci-dessus, savoir 134 livres, 9 sous, 3 deniers et $\frac{49}{240}$. Je pense, Messieurs, que voilà de quoi vous amuser un instant.

Alphonse. — Eh bien! voilà une jolie récréation que vous nous donnez-là, mais c'est égal; l'amour propre s'en mêle, et je me charge de résoudre ce problème, non pas par l'ancien système, mais par le nouveau.

Théodore. — C'est ce que je désire, car l'ancien système est aboli par la loi du 4 juillet 1837.

Alphonse. — 11-11-11 à multiplier par 11-11-11

Je laisse subsister les 11 livres comme étant des entiers, et je convertis les 11 sous, 11 deniers en décimes, centimes, millièmes et dix-millièmes, et je n'ai plus qu'une simple multiplication à faire sans m'inquiéter des fractions, et je retranche au produit autant de chiffres décimaux qu'il y en a, soit au multiplicande, soit au multiplicateur.

Théodore. — C'est très-bien, mais il faut opérer.

Alphonse. — Cela n'est pas difficile. J'ai pour 11 sous, 55 centimes; pour 11 deniers, 4 centimes et 58 dix-millièmes; en réunissant les 4 centimes provenant des 11 deniers, à 55 centimes provenant des 11 sous, j'ai 59 centimes et 58 dix-millièmes. La multiplication se présente donc ainsi: 11 livres, 59 centimes et 58 dix-millièmes, par 11, 59, 58, et il résultera le même produit, c'est-à-dire 134 livres, 46 centimes et 25 dix-millièmes; produit qui répond parfaitement à 134 livres, 9 sous, 3 deniers.

THÉODORE. — C'est bien cela, Alphonse; mais ces Messieurs ont-ils compris comme vous? c'est ce que je désirerais savoir.

LÉONIDAS. — Vous devez savoir que vous nous avez dit que pour convertir une fraction quelconque en centièmes, il ne s'agissait que d'ajouter un zéro au numérateur et diviser le numérateur par le dénominateur. Eh bien ! si je considère 11 sous comme $\frac{11}{20}$; en ajoutant un 0 à 11, j'aurai 110 à diviser par 20.

$$\text{Exemple:} \qquad \begin{array}{r|l} 110 & 20 \\ \hline 100 & 55 \end{array}$$

Ne nous avez-vous pas dit aussi que pour convertir des sous en centimes il fallait en prendre la moitié. Ainsi, je pourrais convertir les onze sous en centimes en en prenant la moitié; la moitié de 11 est 5 pour 10, il reste 1 qui vaut 10, la moitié de 10 est 5.

$$\text{Exemple:} \qquad \begin{array}{c} 11 \\ 55 \end{array}$$

J'ai donc obtenu, comme par la division, 55 centimes. Ainsi, mon cher Théodore, quand on sait cela on sait tout, et l'on peut répondre à toutes les questions qui ont rapport à l'ancien système ; vous devez donc être persuadé que nous avons compris l'opération des 11 livres, 11 sous 11 deniers ; car pour réduire les deniers il ne s'agit que de savoir que 6 deniers valent 02,50 ou 2 centimes 1/2 ou 50 dix-millièmes.

Théodore. — C'est très-bien, Messieurs ; vous me prouvez que vous vous rappelez fort bien des leçons et que vous vous en occupez ; continuez, et nous irons toujours en avant sans nous en apercevoir.

Nous allons maintenant passer aux règles de trois.

IXᵉ ENTRETIEN.

Règle de trois.

Théodore. — On nomme ainsi une règle composée de trois nombres connus qui servent à en trouver un quatrième inconnu.

Ces quatre nombres sont proportionnels entre eux. On les écrit ainsi :

$$2:4::8:16$$

c'est-à-dire 2 est à 4 comme 8 est à 16.

Ces quatre termes sont tellement disposés, que si le premier terme est le tiers ou le quart du second, le troisième est le tiers ou le quart du quatrième.

Le premier et le troisième termes doivent être

de même espèce; le second et le quatrième doivent être aussi de même espèce.

Si le premier est des mètres, le troisième doit être des mètres; si le second est des francs, le quatrième doit être des francs.

Exemple:

Si un homme gagne en huit jours 32 fr., combien en gagne-t-il en quarante?

Ici on cherche un quatrième terme, on le pose ainsi:

$$8 : 32 :: 40 : x$$

Dans toute règle de trois on multiplie le troisième terme par le second, ou le second par le troisième indifféremment, et l'on divise le produit de cette multiplication par le premier terme.

OPÉRATION.

$$8 : 32 :: 40 : x \qquad 8 \cdot 32 :: 40 : x$$

40		32	
1280	8	80	
48	160	120	
0		1280	8
		48	160
		0	

Le quotient 160 est le quatrième terme cherché; par conséquent, celui qui gagne 32 francs en huit jours, en gagne 160 en quarante jours. D'après ces principes, on doit inventer soi-même des règles de trois aussi faciles pour s'exercer.

La preuve de la règle de trois se fait en prenant le quatrième terme pour le second et le premier pour le troisième; le quotient donnera le second terme.

Exemple:

$$40 : 160 :: 8 : x = 32.$$

On multiplie le troisième terme par le second, puis on divise le produit par le premier.

$$160$$
$$8$$
$$\overline{}$$
$$1280 \mid 40$$
$$080 \quad 32$$
$$00$$

Deuxième exemple.

Si 12 mètres d'étoffe coûtent 72 francs, combien en aura-t-on pour 144 francs?

$$72 : 12 \text{ mètres} :: x = 24 \text{ mètres}.$$

$$72 : 12 :: 144 : x$$

$$144 \qquad\qquad 12$$
$$\overline{} \qquad\qquad \overline{}$$
$$48 \qquad\qquad 288$$
$$48 \qquad\qquad 144$$
$$12$$
$$\overline{} \qquad\qquad \overline{}$$
$$1728 \mid 72 \qquad 1728 \mid 72$$
$$288 \quad 24 \text{ mètres.} \qquad 228 \quad 24 \text{ mètres.}$$
$$00 \qquad\qquad 00$$

J'aurais dû poser la règle ainsi:

$$72 : 12 : 144 : x$$

Mais cela ne fait rien à la chose, lorsque nous savons qu'il faut multiplier le troisième terme par le second et diviser le produit par le premier.

Il faut en faire beaucoup de soi-même et en suivant les mêmes principes; ce qui n'est pas difficile, une fois qu'on en a la marche et le raisonnement.

Si dans l'exemple ci-dessus il y avait des mètres et des décimètres, on les réduirait en décimètres; le quotient serait des décimètres; on réduit des décimètres en mètres en retranchant un chiffre à droite.

S'il y avait des centimètres avec les mètres, on réduirait le tout en centimètres, le quotient serait des centimètres; on réduit des centimètres en mètres, en retranchant deux chiffres à droite.

Il y a deux sortes de règles de trois qui sont la directe et l'indirecte.

Elle est directe quand le plus donne le plus, et quand le moins donne le moins; par exemple, plus on achète plus on doit payer.

La règle de trois est indirecte quand le plus donne le moins, et quand le moins donne le plus, parce que plus une chose est chère, moins on en a pour 5 francs; et moins elle est chère, plus on en a pour 5 francs.

S'il y avait des francs et des centimes, on opérerait comme si tout était des centimes, mais on séparerait au quotient deux chiffres à droite pour séparer les centimes d'avec les francs.

Rappelez-vous la division par francs et centimes.

S'il y avait, dans la proportion à multiplier, ensemble des mètres et des décimètres, des francs et parties de francs, on opérerait comme s'il n'y avait point de décimales; mais au quotient, on en séparerait autant qu'il y en a au dividende, en sus de celles qui sont au diviseur.

S'il y a autant de décimales au dividende qu'au diviseur, on n'en séparera point ; on ne sépare de décimales au quotient que le surplus de celles qui sont au diviseur ; remarquez bien cela. Par exemple, s'il y a deux décimales au diviseur et quatre au dividende, il suffit d'en séparer deux au quotient.

RÈGLE DE TROIS INDIRECTE.

C'est celle qui va du plus au moins et du moins au plus.

Exemple :

Si vingt ouvriers ont fait un certain ouvrage en douze jours, combien faudra-t-il de jours à vingt-cinq ouvriers pour en faire autant.

Réponse, 9 jours 14 heures.

Il est naturel que plus il y a d'ouvriers, moins il faudra de jours pour faire le même ouvrage.

On la pose ainsi :
$$25 : 20 :: 12 : x = 9\,\text{j. } 14\,\text{h.}$$

$$
\begin{array}{c}
20 \\
12 \\
\hline
40 \\
20 \\
\hline
240 \quad | \quad 25
\end{array}
$$

Reste. 15 j.   9 jours 14 heures,
qui multipliés par 24

$$
\begin{array}{c}
60 \\
30 \\
\hline
360 \text{ heures divisées par } | \ 25
\end{array}
$$

110   donnent   14 h.
Reste   10 heures.

Autre exemple :

Un vaisseau a des vivres pour nourrir 436 hommes pendant 365 jours; mais le nombre d'hommes du vaisseau se trouve de 1,325, combien subsisteront-ils avec les vivres de 436 hommes?

Réponse 120 jours et 2 heures.

Rappelez-vous de multiplier le troisième terme par le second, puis de diviser le produit par le premier.

$$1,325 \text{ hommes} : 436 \text{ h.} :: 365 : x.$$

Autre exemple :

Si on a fait un manteau avec 4 mètres de drap de 0 mètre 67 centimètres de large, combien en faut-il d'un drap de 0 mètre 83 centimètres de large pour faire un manteau aussi grand que le premier?

Réponse, 4 mètres 03 centimètres.

Il faut chercher la réponse par les mêmes principes que ci-dessus; il est naturel que plus le drap est large, moins il en faut pour faire le manteau. On pourrait encore envisager la différence qu'il y a entre 67 et 83, elle est de 16 centimètres sur 4 mètres; cela donne 64 centimètres à déduire de 67, reste 3 centimètres. Ainsi, avec 4 mètres et 3 centimètres d'un drap qui aurait 83 centimètres de large, on ferait autant d'ouvrage qu'avec 4 m. 67 centimètres d'un drap de 67 centimètres de large.

RÈGLE DE TROIS COMPOSÉE.

On appelle ainsi une proportion qui contient plus de trois nombres connus.

On la réduit à une règle de trois simple.

Exemple :

25 hommes, en 12 jours, ont creusé 435 myriamètres de canal, combien 36 hommes en 15 jours, en creuseront-ils à proportion ?

Réponse : 783 myriamètres.

Pour faire cette opération, on multiplie 25 par 12, qui font 300, et 15 par 36, qui font 540.

On pose ainsi :

$$300 : 540 : : 435 : x = 783 \text{ myriamètres.}$$

$$
\begin{array}{r}
435 \\
\hline
2700 \\
1620 \\
2160 \\
\hline
\end{array}
$$

$$
\begin{array}{r|l}
234900 & 300 \\
2490 & 783 \\
0900 & \\
000 & \\
\end{array}
$$

Ainsi, règle générale : il ne s'agit toujours que de multiplier les deux derniers termes l'un par l'autre et de diviser le produit par le premier terme.

On aurait encore pu poser ainsi :

$$25 \times 12 : 36 \times 15 : : 435 : x = 783.$$

RÈGLE DU CENT.

Elle s'opère comme la règle de trois directe.

Exemples :

Combien coûteront 340 kilogrammes de sucre à raison de 154 francs le 100.

$$100 \text{ k.} : 340 \text{ k.} :: 154 \text{ fr.} : x = 358,36.$$

A 1 fr. 65 centimes la chose, combien le 100 ?
Réponse. 165 francs.

$$100 : 165 :: 1 : x = 1,65.$$

La chose est simple à concevoir, si je multiplie 165 par 1, j'aurai 165, qui divisé par 100 donne 1,65 puisqu'il ne s'agit toujours (comme je vous l'ai dit tant de fois) pour diviser par 100 que de retrancher deux chiffres vers la droite.

A 1 franc 60 centimes la chose, combien 36 choses?

Réponse. 57 fr. 60 c.

Je pense que vous avez tous compris ces opérations, car pour peu que vous réfléchissiez, vous retrouvez dans ces opérations tout ce que je vous ai dit dans mes premières leçons.

ADOLPHE. — C'est si vrai que toutes ces opérations, nous les faisions de mémoire; car quand vous nous dites: combien 100 choses à 1 fr. 65 c. la chose, n'est-ce pas comme si vous nous disiez qu'une marchandise qui a coûté 165 francs le quintal, combien la livre? Nous vous répondrions 1 franc 65 centimes, puisque vous nous avez dit: qu'autant de francs le quintal, autant de centimes pour la livre. Ici on a 100 choses pour 165 francs donc une chose coûtera la centième partie de 165 fr.: or la centième partie de 165fr., n'est autre chose que 1 franc 65 centimes.

Quant à l'autre question, 36 choses à 1,60, en multipliant 36, par 1 franc 60 centimes, et retranchant deux chiffres vers la droite, j'obtiens le produit qui est 57 francs 60 centimes.

Quant aux règles de trois, je puis aussi vous les définir d'après ce que vous nous avez dit.

THÉODORE. — Je n'en doute pas, mais comme je veux questionner tout le monde, je demande à Léonidas qu'il m'explique une règle de trois.

LÉONIDAS. — Tout cela est déjà écrit sur nos cahiers, il ne sera pas difficile de vous définir une règle de trois de quelque espèce qu'elle soit. Pour faire une règle de trois simple, il faut multiplier les deux derniers termes l'un par l'autre et diviser le produit de cette multiplication par le premier terme.

Exemple: $43 : 85 :: 56 : x =$

Je multiplie 56 par 85, et je divise le produit par 43, le quotient est le nombre inconnu que l'on cherchait.

Quand une règle de trois est composée, elle est aussi facile, puisque je puis la réduire à une simple règle de trois. Je multiplie les deux premiers termes l'un par l'autre pour n'en faire qu'un; je multiplie ensuite les deux derniers pour n'en faire qu'un.

Exemple:

35 boulangers en 15 jours ont cuit 7542 pains,

on demande combien 55 boulangers en cuiraient en 22 jours.

Je multiplie 35 par 15 et j'ai pour premier terme 525. Je multiplie de même 55 par 22, et j'ai pour troisième terme 1210, et je pose ainsi l'opération :

$$525 : 7542 :: 1210 : x$$

Je multiplie 7542 par 1210, et je divise le produit de cette multiplication par 525, et le quotient me donne la quantité de pain que cuiraient 55 boulangers en 22 jours.

Théodore. — C'est très-bien ; Alphonse, à vous.

Alphonse. — Volontiers, mais je ne vous parlerai pas de règle de trois. Je vous parlerai de la règle de cent, *que vous avez dit que l'on faisait par règle de trois.* Je sens qu'on peut la faire de cette manière, mais je la trouve plus simple et plus expéditive par la simple multiplication. Je reprends votre premier exemple 340 k. de sucre, à raison de 154 francs le 100, je multiplie 340 par 154 fr. et je retranche deux chiffres, l'opération est faite.

Exemple :

```
            340 kil.
            154
          ───────────
           1360
           1700
            340
          ───────────
            523,60
```

Je trouve de suite 523 fr. et 60 centimes pour la valeur de 340 k. à 154 francs le 100 ; tandis que par une règle de trois, j'aurais eu une multiplication et une division à faire ; c'est aussi comme une règle d'intérêt, il ne s'agit toujours que de retrancher toutes les décimales qui sont au produit; et s'il y avait deux décimales, soit au multiplicande, soit au multiplicateur, il faudrait retrancher quatre chiffres, deux pour le mot cent et deux pour les décimales. Je dis pour le mot cent, parce que chaque fois qu'il est question du mot cent, il faut toujours retrancher deux chiffres. Ce raisonnement, comme vous voyez, est encore le fruit de vos premières leçons.

THÉODORE. — Vous avez raison, Alphonse; mes premières leçons vous conduiront jusqu'à la fin de l'arithmétique et porteront leur fruit dans toutes les opérations. Maintenant passons aux règles de commission.

RÈGLE DE COMMISSION.

Elle se fait par la règle de trois simple.

Un négociant a vendu pour 458 fr. de sucre, pour le compte d'un autre; il a 1/3 pour 0/0 de commission, que lui revient-il ?

Réponse. 1 franc 50 centimes.

Le 1/3 vaut $\frac{33}{100}$. Rappelez-vous des premières leçons.

$$100 : 0,33 :: 458 : x.$$

$$\begin{array}{r} 33 \\ \hline 1374 \\ 1374 \\ \hline 1,5114 \end{array}$$

Il faut, comme vous voyez, multiplier les deux derniers termes l'un par l'autre, et diviser le produit par le premier. Comme le premier est 100, au lieu de faire la division, j'ai retranché quatre chiffres, et la division est faite par ce moyen. Ce qui donne 1 fr. 51 cent.

Pour connaître l'intérêt d'une somme à 6 pour 0/0, on suit la même règle.

NAPOLÉON. — Je trouve bien plus simple, comme l'a dit Alphonse, de faire une simple multiplication.

Exemple :

$$\begin{array}{r} 458 \text{ fr.} \\ 6 \text{ p. } \% \\ \hline 27,48 \end{array}$$

Ainsi par cette simple multiplication, j'ai obtenu de suite ce que je n'aurais obtenu que par une multiplication et une division par la règle de trois.

$$100 : 6 :: 458 : x$$

L'opération ainsi posée, il faut multiplier 458 par 6, et diviser par 100, le produit est le même, 27 francs 48 centimes.

THÉODORE. — La preuve de toutes les règles de trois se fait inversement, le troisième terme se met pour le premier.

Passons maintenant à des règles de voiture.

RÈGLE DE VOITURE.

Elle se fait comme la règle de trois simple.

Un marchand a fait venir 2,764 kilogrammes de

sucre; il paie 8 fr. 50 c. du 0/0 pesant: combien doit-il au voiturier?

Réponse : 324 francs 94 centimes.

$$100 \text{ k.}: 2{,}764 :: 8 \text{ fr. } 50 \text{ c.}: x$$

8 fr. 50 c. se multiplient comme s'il n'y avait point de centimes; mais au produit de la multiplication on sépare deux décimales.

(Rappelez-vous la multiplication décimale).

S'il y avait des décigrammes, ce serait un chiffre de plus à séparer; s'il y avait des centigrammes, il y en aurait deux.

RÈGLE DE COMPAGNIE A DIVERS TEMPS.

Elle sert à partager le profit ou la perte résultant d'une association.

Elle se fait par la règle de trois simple, on en fait autant qu'il y a d'associés : ainsi, s'il y en a trois, on en fait trois.

Le premier terme contient la somme de tous : le deuxième le gain, le troisième chaque mise particulière, le quatrième la part de chacun.

Trois personnes ont mis un fonds pour un commerce; elles ont gagné 800 fr. : quelle est la part de chacune, à proportion du temps qu'elle a laissé son argent dans l'association, et à proportion de la quantité?

La première a mis   3,400 fr. pour 4 mois.
La deuxième a mis   2,000 fr. pour 6 mois.
La troisième a mis   0,951 fr. pour 8 mois.

Il faut multiplier chaque somme par le temps

qu'elle est restée dans l'association, et du total en faire le troisième terme de la règle de trois.

Exemple :

La première a mis 3,400 fr., pour 4 mois, il faut multiplier 3,400 fr. par 4 : total 13,600 fr.; et en faire autant des autres mises ; c'est-à-dire multiplier 2,000 fr. par 6 mois, et 951 francs par 8 mois.

On les pose ainsi :

$$33,200 : 800 :: 13,600 : x = 327 \text{ f. } 71 \text{ c. } 1^{re} \text{ part.}$$
$$33,200 : 800 :: 12,000 : x = 289 \quad 16 \quad 2^e \text{ part.}$$
$$33,200 : 800 :: 7,600 : x = 183 \quad 13 \quad 3^e \text{ part.}$$
$$\overline{800 \quad 00}$$

Le premier terme est la mise de tous.

La preuve se fait en additionnant les réponses de chaque question ; elle doit être 800, si l'opération est bien faite. Pour vous exercer, faites-en de votre imagination.

AUTRE RÈGLE DE COMPAGNIE A DIVERS TEMPS.

Trois négociants ont fait un fonds de 90,000 francs.

Le premier   30,000 francs pour   7 mois.
Le deuxième 30,000 francs pour 11 mois.
Le troisième 30,000 francs pour 15 mois.

90,000 fr.   33 mois.

Bénéfice 20,000 fr.

Dans ce cas la mise n'est rien, c'est le temps ; il faut dire: si 33 mois ont gagné 20,000 fr., combien gagneraient 7 mois, combien gagneraient 11, et combien gagneraient 15 ; multiplier les 2 derniers termes, l'un par l'autre et diviser par le premier.

On les pose ainsi :

$33 : 20{,}000 :: 7 : x = 4{,}242\text{-}42$ pour 7 mois.
$33 : 20{,}000 :: 11 : x = 6{,}666\text{-}66$ pour 11 mois.
$33 : 20{,}000 :: 15 : x = 9{,}090\text{-}92$ pour 15 mois.

$$\overline{}$$

20,000-00

ALPHONSE. — Mais il doit y avoir d'autre règle de compagnie.

THÉODORE. — Certainement, c'est ce que je vais vous faire connaître.

Trois négociants ont mis en société 87,000 fr. et ont fait un bénéfice de 40,000 fr. lesquels doivent se partager entre les associés en raison de la mise que chacun d'eux a faite.

Le premier.	40,000
Le second.	30,000
Le troisième.	17,000
	87,000

Bénéfice : 40,000 fr.

Il faudrait faire trois règles de trois simples, dont le premier terme serait le total des mises qui est 87,000 fr., le deuxième terme serait le nombre qui représente le bénéfice, et le troisième terme la mise de chacun.

On les pose ainsi :

$87{,}000 : 40{,}000 :: 40{,}000 : x = 18{,}390\text{-}80$
$87{,}000 : 40{,}000 :: 30{,}000 : x = 13{,}793\text{-}11$
$87{,}000 : 40{,}000 :: 17{,}000 : x = 7{,}816\text{-}09$

$$\overline{}$$

40,000-00

On pourrait faire cette opération sans faire de règle de trois, ainsi que toutes celles qui se présentent avec un nombre de zéros, telle que celle ci-dessus; il faut retrancher tous les zéros du capital et diviser le bénéfice par le capital.

Exemple : 87,000; si je retranche tous les zéros il me reste 87, par lequel nombre je divise 40,000 montant du bénéfice, et le quotient qui vient de cette division, est commun à toutes les mises, desquelles on retranche autant de zéros qu'on en a retranché au capital; ainsi ici nous en avons retranché trois, il faut de même retrancher trois zéros à toutes les mises dans l'opération ci-dessus. Après avoir retranché trois zéros à chaque mise, il restera 40, 30 et 17; c'est par chacun de ces nombres restant après le retranchement des zéros, qu'il faut multiplier le quotient provenant de la division, 40,000 par 87. Nous allons en donner un exemple pour que l'opération se conçoive mieux.

87000	Bénéfice : 40000	87	
40000			
30000	520	459-77	
17000	850		
	670		
87	610		
	01		

Le quotient 459 fr. 77 c. est commun à toutes les mises, il ne s'agit que de le multiplier par le nombre restant de chaque mise, après le retranchement des zéros qui en a été fait. Ainsi en multipliant par 40, 459 fr. 77 c., on aura la part du bénéfice pour 40,000 fr.; en multipliant 459,77 par 30, on aura la part du bénéfice de 30,000 fr.; et enfin en multipliant 459,77 par 17, on a le bénéfice que donnent 17,000 francs.

Exemples :

Part du premier.	18,390-80
Part du second.	13,793-10
Part du troisième.	7,816-09
	39,999-99

$$45977$$
$$40$$
$$1839080$$

$$45977$$
$$30$$
$$1379310$$

$$45977$$
$$17$$
$$321839$$
$$45977$$
$$781609$$

J'obtiens le même résultat à 1 centime près; car si j'ajoute 1 centime, j'aurai 40,000 qui est la somme que présente le bénéfice. Cette manière d'opérer abrége au moins des trois-quarts l'opération, vous évitez toutes les divisions.

Je pense en avoir dit assez sur la règle de compagnie ou de société, comme on voudra l'appeler; car c'est toujours la même chose et toujours des règles de trois; ainsi n'en parlons plus, et qui plus est, quiconque en fait une, après l'avoir raisonnée, en fait cent, en fait mille, etc.

RÈGLE D'ESCOMPTE.

On appelle ainsi la remise que fait un marchand sur un achat.

Un marchand vend pour 3456 francs, d'une marchandise, avec escompte de 6 pour 100, que faut-il faire pour connaître l'escompte de 3456 francs à 6 pour 100? Il faut multiplier la somme totale par la somme de l'escompte, et séparer au produit deux chiffres sur la droite.

Je pense que vous n'êtes pas embarrassés pour faire ces opérations.

LÉONIDAS. — Comment voulez-vous que nous soyons embarrassés? nous nous rappelons bien que chaque fois qu'il s'agit du mot cent, il faut toujours retrancher deux chiffres vers la droite du produit.

Exemple :

$$\begin{array}{r} 3456 \\ 6 \\ \hline 207,36 \end{array}$$

J'aurai pour escompte de 3456 fr. à 6 pour 0/0 207 fr. 36 c. Enfin un billet à escompter, ou une remise, c'est toujours la même chose; ainsi vous voyez que rien ne nous embarrasse, mais ce qui vous embarrasse, vous, mon cher Théodore, ce sont ces opérations récréatives que vous nous avez tant promises et que vous ne tenez guère.

Alphonse. — Mon cher Théodore, Léonidas a raison, vous savez bien nous dire: rappelez-vous qu'un hectolitre vaut 100 litres, il nous est bien permis de vous dire: rappelez-vous des opérations récréatives que vous nous avez promises.

Alfred. — Cela est vrai, et quand on promet quelque chose, il faut tenir, mon cher Théodore.

Théodore. — Eh bien! Messieurs, comme vous m'avez satisfait, je dois aussi vous satisfaire et nous parlerons maintenant d'opérations récréatives. Mais cependant j'aurais désiré que nous raisonnions encore un instant sur les opérations et principalement sur la manière d'établir des tables de soi-même pour se rendre tous les calculs faciles.

Henri. — Théodore a le talent de nous faire toujours voyager en nous rendant la route agréable; voyons maintenant le chemin qu'il va nous faire prendre pour arriver à l'établissement des tables qui rendent tous les calculs faciles.

Alphonse. — Théodore a le talent de nous faire faire ce qu'il veut, va donc pour l'établissement des tables propres à tous les calculs.

Pour convertir les sous et deniers de la livre
dix-millièmes

SOUS.	DENIERS.					
	0	1	2	3	4	5
0	»,»»»»	0,0042	0,0083	0,0125	0,0167	0,0208
1	0,0500	0,0542	0,0583	0,0625	0,0667	0,0708
2	0,1000	0,1042	0,1083	0,1125	0,1167	0,1208
3	0,1500	0,1542	0,1583	0,1625	0,1667	0,1708
4	0,2000	0,2042	0,2083	0,2125	0,2167	0,2208
5	0,2500	0,2542	0,2583	0,2625	0,2667	0,2708
6	0,3000	0,3042	0,3083	0,3125	0,3167	0,3208
7	0,3500	0,3542	0,3583	0,3625	0,3667	0,3708
8	0,4000	0,4042	0,4083	0,4125	0,4167	0,4208
9	0,4500	0,4542	0,4583	0,4625	0,4667	0,4708
10	0,5000	0,5042	0,5083	0,5125	0,5167	0,5208
11	0,5500	0,5542	0,5583	0,5625	0,5667	0,5708
12	0,6000	0,6042	0,6083	0,6125	0,6167	0,6208
13	0,6500	0,6542	0,6583	0,6625	0,6667	0,6708
14	0,7000	0,7042	0,7083	0,7125	0,7167	0,7208
15	0,7500	0,7542	0,7583	0,7625	0,7667	0,7708
16	0,8000	0,8042	0,8083	0,8125	0,8167	0,8208
17	0,8500	0,8542	0,8583	0,8625	0,8667	0,8708
18	0,9000	0,9042	0,9083	0,9125	0,9167	0,9208
19	0,9500	0,9542	0,9583	0,9625	0,9667	0,9708

BLE

numéraire en décimes, centimes, millièmes et de la livre.

DENIERS.						SOUS.
6	7	8	9	10	11	
0,0250	0,0292	0,0333	0,0375	0,0417	0,0458	0
0,0750	0,0792	0,0833	0,0875	0,0917	0,0958	1
0,1250	0,1292	0,1333	0,1375	0,1417	0,1458	2
0,1750	0,1792	0,1833	0,1875	0,1917	0,1958	3
0,2250	0,2292	0,2333	0,2375	0,2417	0,2458	4
0,2750	0,2792	0,2833	0,2875	0,2917	0,2958	5
0,3250	0,3292	0,3333	0,3375	0,3417	0,3458	6
0,3750	0,3792	0,3833	0,3875	0,3917	0,3958	7
0,4250	0,4292	0,4333	0,4375	0,4417	0,4458	8
0,4750	0,4792	0,4833	0,4875	0,4917	0,4958	9
0,5250	0,5292	0,5333	0,5375	0,5417	0,5458	10
0,5750	0,5792	0,5833	0,5875	0,5917	0,5958	11
0,6250	0,6292	0,6333	0,6375	0,6417	0,6458	12
0,6750	0,6792	0,6833	0,6875	0,6917	0,6958	13
0,7250	0,7292	0,7333	0,7375	0,7417	0,7458	14
0,7750	0,7792	0,7833	0,7875	0,7917	0,7958	15
0,8250	0,8292	0,8333	0,8375	0,8417	0,8458	16
0,8750	0,8792	0,8833	0,8875	0,8917	0,8958	17
0,9250	0,9292	0,9333	0,9375	0,9417	0,9458	18
0,9750	0,9792	0,9833	0,9875	0,9917	0,9958	19

Alphonse. — Il faudrait, mon cher Théodore, nous donner l'explication de cette table.

Théodore. — Cela est juste, je vais vous la donner.

On propose de convertir 454 livres, 17 sous, 8 deniers en une autre somme de même valeur, composée de francs, décimes, centimes, millièmes, etc.

La valeur de la livre étant la même de part et d'autre, il ne s'agit que d'avoir le nombre de décimes et de centimes qui est égal à 17 sous 8 deniers. Pour y parvenir, rien n'est si facile, cherchez le nombre 8 des deniers, dans la partie supérieure de la table, et descendez le long de la bande verticale qui commence par ce nombre, jusqu'à ce que vous soyez arrivé vis-à-vis du nombre 17 placé dans la colonne des sous. Le nombre sur lequel vous serez tombé, et qui est 0,8833, donnera la valeur des 17 sous 8 deniers, en parties décimales de la livre; ainsi le résultat total de la réduction est 454 livres 8833, ou 88 centimes et 33 dix-millièmes. Il en est de même pour tous les autres nombres : supposons 14 sous, 11 deniers. Prenez la colonne des 11 deniers, et descendez jusqu'en face de 14 sous et vous trouverez pour 14 sous 11 deniers, 7458 ou 74 centimes et 58 dix-millièmes.

Alphonse. — Je comprends maintenant la table et la trouve très-facile pour convertir de suite un nombre de sous et de deniers, en décimes, et centimes, etc. Je suppose que je veuille savoir, combien 7 sous 9 deniers font de décimes et de centimes, je me porte à la colonne 9 des deniers, et je descends perpendiculairement dans la colonne des deniers jusqu'à ce que je sois vis-à-vis le nombre 7 qui est dans la colonne des sous, et à ce que je trouve en face du nombre 7 dans la colonne des deniers me donne en décimes et centimes la valeur des 7 sous et des 9 deniers.

Léonidas. — J'ai parfaitement compris le mécanisme de cette table. Je suppose 19 sous, 11 deniers à convertir en décimes et centimes, je me porte de suite à la colonne des deniers et m'arrête au nombre 11; puis, je descends verticalement, c'est-à-dire de haut en bas, jusqu'en face de 19 sous et je trouve dans la colonne des deniers 99 centimes et 58 dix-millièmes, qui sont bien la valeur de 19 sous, 11 deniers convertis en décimes, centimes, etc.

Napoléon. — Il me semble que l'on trouverait aussi bien la conversion des sous et deniers en décimes, centimes, etc., en descendant de haut en bas dans la colonne des sous, jusqu'au nombre des sous que l'on a à convertir, et filant horizontalement jusque dans la colonne des deniers qui étaient joints aux sous pour être convertis, on trouve la conversion cherchée.

Supposons le même nombre à convertir que celui dont Léonidas vient de nous parler, qui est 19 sous et 11 deniers.

Pour trouver cette conversion, il ne s'agit que de descendre de haut en bas, dans la colonne des sous, jusqu'à ce que l'on rencontre le nombre 19, et suivre horizontalement jusqu'à ce que l'on se trouve dans la colonne des 11 deniers. Il en est de même pour toutes les conversions à faire. S'il y a 3 deniers, 6 deniers, 9 deniers, et enfin quel que soit le nombre de deniers joints aux sous, marchez toujours horizontalement jusqu'à ce que vous rencontriez la colonne des deniers à convertir, si c'est 3 deniers, arrêtez-vous à la colonne des 3 deniers; si c'est 6, arrêtez-vous à celle de 6, et ainsi de suite, et vous trouverez la conversion toute faite.

THÉODORE. — Voilà qui est très-bien, cette table est conçue. Nous allons passer à une autre qui n'est pas moins utile.

TABLE pour réduire toutes les fractions de toute espèce d'entiers en décimales.

entier.	3/4	1/2	1/4	1/8	1/16	1/32	1/64	1/128
100	0,75	0,50	0,25	0,1250	0,0625	0,03125	0,01562	0,00781

Toutes les fractions de l'ancien système sont représentées ici en décimales. Pour se servir de ces réductions avec succès et facilité, il suffit d'avoir un peu de mémoire, car qui ne se rappelleroit pas que 3/4 se représentent par 75, qu'une 1/2 se représente par 50, ainsi de suite; il ne s'agit que d'avoir examiné cette table une ou deux fois pour s'en rappeler. D'ailleurs, il a déjà été parlé de ces conversions au commencement de cet ouvrage et si elles ont été réunies dans ce tableau, c'est pour donner plus de facilité à les retenir.

TABLE pour la livre et ses fractions en fractions décimales, poussées jusqu'à un cent-vingt-huitième.

Livre.	3/4	1/2	1/4	1/8	1/16	1/32	1/64	1/128
1	1-75	1-50	1-25	1,1250	1,0625	1,03125	1,01562	1,00781

On voit dans ce petit tableau comment on peut représenter une livre accompagnée de fractions jusqu'à un cent-vingt-huitième. Ces mêmes fractions de la livre peuvent aussi servir de conversion pour les fractions de l'aune.

Aune.	FRACTIONS DE L'AUNE.							
	3/4	1/2	1/4	1/8	1/16	1/32	1/64	1/128
1	1-75	1-50	1-25	1-1250	1,0625	1,03125	1,01562	1,00781

On voit dans le tableau des aunes, que les fractions sont représentées par les mêmes fractions de la livre, poids, ou numéraire ; il en est de même pour tous les entiers quelconques. Cent sera toujours l'unité, et les fractions de cent représenteront en valeur les fractions de l'ancien système, soit livres, aunes, toises, etc.

Il ne s'agit, lorsqu'on fait une multiplication, que de retrancher autant de chiffres décimaux qu'il y en a, soit au multiplicande, soit au multiplicateur ; cela a déjà été répété plusieurs fois, mais les répétitions dans ce cas ne nuisent jamais.

TABLE

Pour servir à établir le prix du mètre d'une étoffe quelconque d'après le prix de l'aune.

PRIX DE L'AUNE.	PRIX DU MÈTRE.	PRIX DE L'AUNE.	PRIX DU MÈTRE.
deniers.	livres.	livres.	livres.
1	0,00035	1	0,8417
2	0,00070	2	1,6834
3	0,00105	3	2,5251
4	0,00140	4	3,3668
5	0,00175	5	4,2086
6	0,00210	6	5,0503
7	0,00245	7	5,8920
8	0,00281	8	6,7337
9	0,00316	9	7,5754
10	0,00351	10	8,4171
11	0,00386	20	16,8342
sous.		30	25,2514
1	0,00421	40	33,6685
2	0,00842	50	42,0856
3	0,01263	60	50,5027
4	0,01683	70	58,9198
5	0,02104	80	67,3370
6	0,02525	90	75,7541
7	0,02946	100	84,1712
8	0,03367	200	168,3424
9	0,03788	300	252,5136
10	0,04209	400	336,6848
11	0,04629	500	420,8560
12	0,05050	600	505,0272
13	0,05471	700	589,1984
14	0,05892	800	670,3696
15	0,06313	900	757,5408
16	0,06734	1000	841,7120
17	0,07155	2000	1683,4240
18	0,07575	3000	2525,1361
19	0,07976	4000	3366,8481

TABLE

Pour servir à établir le prix du kilogramme d'après le prix de la livre poids de marc.

PRIX DE LA LIVRE (poids de marc)	PRIX du KILOGRAMME.	PRIX DE LA LIVRE (poids de marc).	PRIX du KILOGRAMME.
deniers.	livre de compte.	livre de compte.	livre de compte.
1	0,0085	1	2,0444
2	0,0170	2	4,0888
3	0,0256	3	6,1331
4	0,0341	4	8,1775
5	0,0426	5	10,2219
6	0,0511	6	12,2663
7	0,0596	7	14,3107
8	0,0681	8	16,3550
9	0,0767	9	18,3994
10	0,0852	10	20,4438
11	0,0937	20	40,8876
sous.		30	61,3314
1	0,1022	40	81,7752
2	0,2044	50	102,2190
3	0,3067	60	122,6628
4	0,4089	70	143,1066
5	0,5111	80	163,5503
6	0,6133	90	183,9941
7	0,7155	100	204,4379
8	0,8178	200	408,8759
9	0,9200	300	613,3138
10	1,0222	400	817,7517
11	1,1224	500	1022,1897
12	1,2266	600	2226,6276
13	1,3288	700	1431,0655
14	1,4311	800	1635,5035
15	1,5333	900	1839,9414
16	1,6355	1000	2044,3793
17	1,7377	2000	4088,7587
18	1,8399	3000	6133,1380
19	1,9422	4000	8177,5174

REMARQUE.

Les résultats contenus dans les tables précédentes, font partie d'autres résultats plus étendus, dont on a supprimé ensuite un certain nombre de décimales, en ajoutant une unité à la dernière des décimales conservées. Il s'ensuit que tel nombre qui répond au double, au triple, au quadruple, etc., d'un autre nombre compris dans la même table, est souvent plus fort d'une unité qu'il ne le serait, si on l'eût cherché en multipliant immédiatement le premier par 2, 3, 4, etc.; mais d'après ce qui vient d'être dit, on voit que cette différence ne fait qu'ajouter à l'exactitude du nombre qu'elle affecte.

Nous joignons ici les valeurs de la plupart des bases qui ont servi à calculer les tables, ou les rapports entre les principales unités de l'ancien système et celles du nouveau, et réciproquement, avec dix décimales ou davantage.

Ces valeurs qui dérivent toutes de celle du quart du méridien, en supposant cette dernière rigoureuse, pourront être utiles à ceux qui voudraient avoir certains multiples ou certaines sous-divisions d'une espèce particulière d'unité, ou entreprendre en général des calculs avec une précision plus grande que celle qui est donnée par les tables.

Nous allons récapituler toutes ces tables et les pousser aussi loin qu'elles peuvent aller; mais, comme nous l'avons déjà dit, lorsque l'on ne voudra pas arriver à une précision si grande, on pourra supprimer toutes les décimales, excepté les deux premières après la virgule, en ajoutant 1 à la dernière des deux décimales restant après la suppression de toutes les autres.

Le quart du méridien terrestre étant de..	5,132,430 toises.
ou.	30,794,580 pieds.

	pieds.
Le mètre vaut en pieds..	3,079458.

	mètre.
Le pied vaut en mètres.	0,32473246915?52864.

	pieds carrés.
Le mètre carré vaut en pieds carrés.	9,483061573764 , exactement.

	mètres carrés.
Le pied carré vaut en mètres carrés.. .	0,105451176523689.

	pieds cubes.
Le mètre cube vaut en pieds cubes.	29,2026898278201?39912 , exacte.

	mètres cubes.
Le pied cube vaut en mètres cubes.. .	0,034243420?92786175.

	pintes.
Le litre vaut en pintes de Paris.. . .	1,051296833801525.

	litres.
La pinte de Paris vaut en litre.. . . .	0,9512061368852.

	livres.
Le kilogr. vaut en livres poids de marc.	2,0443793402777, etc.

	kilogrammes.
La livre poids de marc vaut en kilogr.	0,4891460113582082.

	aunes.
Le mètre vaut en aune de Paris. . . .	0,8417120253.

	mètres.
L'aune de Paris vaut en mètres. . .	1,188054785879.

Dans le passage des anciennes mesures aux nouvelles, il y aura de continuelles réductions à faire des unes aux autres, pour que la proportion se soutienne entre le prix et la quantité des objets de commerce. Ainsi il faudra que le marchand qui débite des étoffes puisse connaître combien

de mètres équivalent à un nombre d'aunes déterminé; combien à raison de tel prix pour une
aune ou pour un certain nombre d'aunes de telle
étoffe, il doit vendre chaque mètre, ou un nombre
égal de mètres de la même étoffe, etc. Celui qui
vend au poids aura besoin de connaître de
même le rapport entre une livre ou un nombre
donné de livres poids de marc, et le kilogramme
ou un égal nombre de kilogrammes, ainsi que le
rapport entre les prix des quantités de marchandises qui correspondent à l'un et à l'autre. L'artiste
qui mesurait ses ouvrages au pied ou à la toise,
l'arpenteur qui calculait les grandeurs des terrains,
seront pareillement intéressés, le premier à savoir
ce qui correspond, dans le nouveau système, à telle
longueur, telle surface, telle solidité, évaluée
d'après l'ancien toisé; le second à trouver combien
il faut de mètres carrés pour tant de perches
carrées, et par une suite nécessaire, combien il
faut d'ares, de déciares, de centiares pour tel
nombre donné d'arpents, etc.

Les tables établies sont destinées à faciliter les
réductions dont il s'agit, en n'exigeant qu'une
simple addition pour en obtenir le résultat, ou
même en les offrant immédiatement, lorsque les
nombres que l'on compare sont peu considérables.

MESURES POUR LES SURFACES.

L'are est un carré qui a 1 décamètre ou 10
mètres sur chaque côté, il remplace toutes les
anciennes mesures agraires : l'arpent, la boisselée

la quarterée, la mancandée, la seterée, la bicherée, l'éminée, etc.

L'hectare est un carré qui a 100 mètres de chaque côté, ou 10,000 mètres carrés. ($100 \times 100 = 10,000$.)

Le centiare est un carré qui a un décimètre sur chaque côté, il est le centième de l'are et le dix-millième de l'hectare.

MESURES POUR LES BOIS DE CHAUFFAGE.

Le stère est l'unité de ces mesures, il n'a point de multiple; on compte par dizaine, centaine de stère.

Le décistère, est le dixième du stère; il sert à mesurer les bois destinés à chauffer les corps-de-gardes.

Le stère n'a pas d'autre subdivision.

TABLE pour réduire les arpents de Paris ainsi que la perche de 18 et 22 pieds à 100 perches carrées pour l'arpent, en mètres carrés.

Perches carrées de 18 pieds.	Mètres carrés.	Arpent de 100 perches.	Mètres carrés.
1	34-1662	1	3,416-6181
10	341-6618	10	34,166-1812
90	3,074-9563	90	307,495-6307
Perches carrées de 22 pieds.	Mètres carrés.	Arpent à 100 perches.	Mètres carrés.
1	51-0384	1	5,103-8369
10	510-3837	10	51,038-3694
90	4,593-4532	90	459,345-3249

Manière de nombrer toutes sortes de poids et mesures.

32 ᴸ 45, lisez : 32 litres 45 centilitres.
32 ᴳ 456, lisez : 32 grammes 456 milligrammes.
32 ᴹ 465, lisez : 32 mètres 465 millimètres.
32 ᴬ 35, lisez : 32 ares 35 centiares.
34 ˢᵗ 65, lisez : 34 stères 65 centistères.

Xᵉ ENTRETIEN,

Où l'on parle de Maître Pierre.

THÉODORE. — Je vous ai promis des opérations récréatives, mais avant de vous les donner, je voudrais savoir de vous si vous avez lu Maître Pierre ou le Savant de Village ; c'est un ouvrage qui traite de toutes les sciences et qui a rendu et rend tous les jours de grands services dans les écoles et même à la société entière.

ALPHONSE. — J'ai lu Maître Pierre et je m'en suis amusé et instruit en même temps ; j'ai appris comment on pouvait, avec du charbon de bois, rendre claire et potable une mauvaise eau bourbeuse. J'ai appris comment on faisait un baromètre et bien d'autres choses utiles.

HIPPOLYTE. — J'ai aussi lu Maître Pierre et j'ai encore à la maison un de ces petits livres faits par M. Brard, intitulé *Art de bâtir*. Mon père y a souvent puisé de bonnes choses.

Théodore. — Je le crois facilement ; car ce ne sont que des personnes d'esprit et de génie qui ont travaillé à cet ouvrage, et ils ont su traiter avec tant de simplicité les sciences et les arts, que tous ceux qui liront Maître Pierre s'en trouveront bien et acquerront des connaissances en bien peu de temps. Je pense, Messieurs, que vous qui avez bonne mémoire, vous devez avoir retenu beaucoup de choses ; je vous prie de nous les raconter.

Léonidas. — J'ai plusieurs petits volumes de Maître Pierre, entre autres celui dont vient de nous parler Hippolyte ; je le sais presque par cœur.

Théodore. — Tant mieux, vous allez nous en dire quelque chose.

Léonidas. — Je vous dirai que Maître Pierre range les solidités des bois de charpente en nombres ronds et proportionnels comme il suit :

On suppose tous ces bois de même équarrissage, c'est-à-dire qu'ils ont tous la même longueur et la même épaisseur.

Exemple :

1. Orme. . . . . . . 1077 kilogr.
2. Charme. 1034
3. Hêtre.. 1032
4. Chêne. 1026
5. Châtaignier. . . . 957
6. Marronnier d'Inde. . 931

7. Sapin. 918
8. Noyer. 900
9. Saule. 850
10. Platane d'Orient. . . 975
11. Tilleul. . , . · . 750
12. Peuplier d'Italie. . . 585

On voit dans cet exemple que le bois d'orme est celui qui peut soutenir sans se rompre le plus de poids, comme on voit aussi que le peuplier d'Italie est celui qui en supporterait le moins.

Hippolyte. — Maître Pierre ne s'est pas contenté de nous donner la force du bois; il nous donne encore le poids, c'est-à-dire la pesanteur spécifique d'un mètre cube de différents bois secs.

Exemple :

1. Chêne commun. . . 905 kilogr.
2. Frêne commun. . . . 787
3. Mûrier blanc. 754
4. Hêtre commun. . . . 720
5. Orme commun. . . . 700
6. Châtaignier. 685
7. Marronnier d'Inde. . 657
8. Noyer commun. . . . 656
7. Mélèze commun. . . 656
10. Aulne ou Verne. . . 654
11. Pin sauvage. 620
12. Sapin argenté. . . . 486
13. Saule commun. . . . 448
14. Peuplier d'Italie. . . 397
15. Liège. 240

Cela veut dire qu'une poutre de chacun de ces

bois qui aurait un mètre cube, pèserait 905 kilogrammes, etc.

Quand on parle d'un pied, d'un mètre ou d'une toise cube, on entend un solide, un tas ou une boîte, une pierre ou une poutre, qui sont carrés comme un dé à jouer, et qui ont un pied, un mètre ou une toise en tous sens.

C'est ainsi que Maître Pierre l'explique, et je vous le donne tel que je l'ai lu et tel que je l'ai retenu.

Théodore. — C'est fort bien! toutes ces cho-ses sont bonnes à savoir et sont d'une plus grande utilité que vous ne pourriez le penser; du reste elles s'adaptent fort bien au calcul.

Le pied cube d'eau distillée pesant 70 livres, et le décimètre cube ou le litre pesant 1,000 gram-mes ou un kilogramme, il en résulte que la so-live, mesure du charpentier, égalant trois pieds cubes, il faut multiplier le poids de la solive de ce bois par 210 livres, pour obtenir le poids de la solive d'un bois quelconque.

Exemple:

On demande le poids de la solive, mesure de chêne commun. 0,905 grammes, poids du déci-mètre cube, multipliés par 210 livres, poids de trois pieds cubes d'eau, égalent 190 livres.

Pour avoir la surface d'un mur, on multiplie sa longueur par sa hauteur, et cela suffit quand on fait travailler à la toise carrée ou au mètre carré; mais quand on paie au mètre ou à la toise cube, il faut encore multiplier ce premier pro-duit par l'épaisseur de la maçonnerie.

Exemple :

Un mur de 9 pieds de haut sur 55 de long renferme 495 pieds carrés; s'il a 2 pieds d'épaisseur, il faut multiplier cette surface par 2, et l'on aura 990 pieds cubes.

La toise carrée renferme quatre mètres carrés; car la toise vaut 36 pieds et le mètre n'en vaut que 9. La toise cube égale 8 mètres cubes; donc, si l'on veut savoir combien 495 pieds carrés font de toises ou de mètres carrés, il faut diviser par 36 pour avoir les toises, et par 9 pour avoir les mètres. Pour savoir combien 990 pieds cubes contiennent de toises ou de mètres cubes, il faut diviser par 27 pour avoir les mètres, et par 216 pour avoir les toises.

Le crépissage, les plafonds, la peinture à l'huile ou à la détrempe, les badigeons, les couvertures en tuiles ou en ardoises, se paient à la toise ou au mètre carré; par conséquent, il faut multiplier les hauteurs par les largeurs, pour savoir combien on doit à chacun des ouvriers avec lesquels on est convenu de tant la toise ou le mètre carré.

Les fondations ou les fossés se paient ordinairement à tant la toise ou le mètre courant, et dans ce cas il suffit de mesurer la longueur sans avoir égard ni à la profondeur ni à la largeur; mais quand il s'agit de niveler, de déblayer ou d'aplanir une place quelconque dont le terrain est inégal, on a recours à une opération un peu plus difficile que pour le cubage ordinaire.

Si les terrassiers n'ont pas pris l'ouvrage en

bloc et à prix fait, mais bien à tant la toise ou le mètre cube, ils ont soin, en déblayant, de réserver ce qu'ils appellent des témoins, c'est-à-dire des espèces de colonnes ou de cônes de terre, dont le sommet et la hauteur indiquent l'ancien niveau, et par conséquent l'épaisseur de la terre qui a été enlevée aux différentes places.

Maintenant, quand il s'agit de faire le compte des ouvriers, on multiplie la longueur de la place par sa largeur, et quand on a ce premier produit, qui n'est que la surface, on trouve l'épaisseur moyenne du terrain enlevé en additionnant la hauteur de tous les témoins et en divisant ce total par le nombre des témoins réservés; le produit de cette division sert à multiplier la surface et donne le cube de la terre enlevée.

Exemple:

On a nivelé un terrain qui a 25 mètres de long et 14 de large; 25 multiplié par 14 donne 350 mètres carrés.

Les terrassiers ont laissé 8 témoins dont la hauteur est savoir:

Le premier. . . .	0 mèt.	50 cent.
Le second. . . .	9	25
Le troisième. . .	9	75
Le quatrième. . .	1	10
Le cinquième. . .	1	40
Le sixième. . . .	2	10
Le septième. . . .	2	» »
Le huitième. . . .	2	50
	10 mèt.	60 cent.

divisés par 8 (nombre des témoins), donnent pour

hauteur moyenne 1 mètre 32 centimètres; et c'est par ce nombre de 1 mètre 32 centimètres qu'il faut multiplier la surface 350, ce qui donne pour produit 462 mètres cubes qui, à raison, je le suppose, de 1 franc 25 centimes, feraient un total de 577 fr. 50 c.

Tout ce que je viens de vous exposer est pris dans Maître Pierre. Jugez de la simplicité et de l'utilité de ces données, et vous saurez apprécier le mérite de cet ouvrage qui n'a été fait que dans les intérêts du peuple et pour son instruction.

HIPPOLYTE. — Mon père, comme je vous l'ai déjà dit, a su apprécier l'ouvrage de M. Brard, puisqu'il s'en sert toujours et me le fait repasser souvent, et je puis vous assurer que je le sais par cœur. Pour vous en donner une preuve, je vous dirai que M. Brard ne s'est pas arrêté à ce que vous venez de nous dire ; il a donné les moyens de bâtir une maison aussi solide et aussi économiquement que possible ; il a donné aussi la pesanteur moyenne de la pierre à bâtir, calcaire, de grès ou de granit; le poids du pied cube de fer forgé de gros échantillon, et tel que l'on s'en sert pour les tirants, les étriers et autres grosses ferrures ; le poids de la toise carrée de la couverture de tuile, de celle d'ardoise, de celle de zinc; les circonstances qui font fumer les cheminées, et les moyens à employer pour y remédier; le poids d'un stère des différents bois de chauffage et les quantités relatives de chaleur qu'ils produisent; les cendres contenues dans diverses espèces de combustibles sur 1,000 kilogrammes.

Théodore. — C'est fort bien; votre mémoire ne vous est pas infidèle; mais je voudrais que vous m'expliquiez tout ce que vous venez de nous dire.

Hippolyte. — Volontiers. Je vais commencer par la pesanteur moyenne de la pierre. Le poids de la pierre, soit calcaire, de grès ou de granit, est d'environ 90 kilogrammes par pied cube, en la supposant d'une seule pièce et sans aucun vide; mais comme le mur le mieux soigné, le plus parfaitement garni, contient cependant encore beaucoup de vides et de mortier, on croit que l'on peut porter le poids d'un mur à raison de 75 kilogrammes ou de 150 livres le pied cube; avec cette première donnée, il est aisé de connaître le poids total de la cage d'une maison. Lorsqu'on connaît les pieds cubes de la cage, il ne s'agit que de multiplier le nombre de pieds cubes par 75 kilogrammes ou par 150 livres, on aura le poids de la cage soit en livres soit en kilogrammes.

On peut porter le pied cube de fer forgé à 275 kilogrammes, et la fonte à 270 seulement.

La couverture de tuile pèse 350 kilogrammes la toise carrée.

Celle d'ardoise d'Angers pèse 175 kilogr. la toise carrée.

Celle de zinc pèse 30 kilogrammes la toise carrée.

Ceci est bon et essentiel à savoir, afin de pouvoir proportionner la force et le nombre des pannes et des chevrons.

Théodore. — C'est bien; voilà qui, en nous instruisant, peut nous servir de récréation; c'est un mérite particulier qu'a Maître Pierre d'instruire en vous amusant. Mais Léonidas qui a lu et sait Maître Pierre par cœur comme Hippolyte, voudra bien nous dire quelque chose.

Léonidas. — Je vous parlerai du poids d'un stère des différents bois de chauffage et de la quantité relative de chaleur qu'ils produisent.

	Poids.	Degrés de chaleur.
1. Noyer à écorce écailleuse.	553	100
2. Chêne blanc.	489	86
3. Frêne.	427	77
4. Hêtre.	400	65
5. Charme.	398	65
6. Orme.	320	58
7. Pin.	304	54
8. Bouleau.	293	53
9. Châtaignier.	288	52
10. Peuplier d'Italie.	218	40

On voit par ce tableau qu'il faut brûler deux stères de châtaigniers pour obtenir autant de chaleur qu'en produit un stère de noyer. Il faut donc tenir les foyers plus grands dans les pays où l'on ne peut se chauffer qu'avec des bois blancs, que dans ceux où l'on peut brûler des bois durs et lourds.

Alphonse. — Comme j'ai lu aussi Maître Pierre je puis vous parler de la quantité d'eau contenue dans le bois vert, un an après sa coupe.

Le bois vert contient 42 pour cent d'eau, et

après un an de coupe, il en contient encore 25 pour cent, c'est-à-dire le quart. Aussi, quand on fait sécher le bois dans des étuves, il perd à peu près la moitié de son poids.

Dix planches de peuplier, pesant vertes 309 livres, se sont réduites à l'étuve à 167 livres; dix planches de chêne, pesant 417 livres, se sont réduites à 272 livres.

La fumée de bois qui fait tant de mal aux yeux, est composée de vapeur d'eau, d'acide acétique-pyroligneux ou vinaigre, d'huile essentielle empyreumatique, et d'une matière analogue au goudron; c'est cette dernière substance qui jaunit et finit par noircir tout ce qu'elle touche, c'est la suie ou le bistre.

ALFRED. — Voilà qui est très-bien, mon cher Alphonse. Mais il y a là-dedans des mots que nous ne comprenons pas, tels que pyroligneux et empyreumatique.

ALPHONSE. — Cela est possible; mais si vous preniez vos dictionnaires vous trouveriez que *pyroligneux* est un mot composé du mot grec *pur* qui veut dire feu, et du mot latin *lignum* qui veut dire bois; en terme de chimie, il se dit d'un acide tiré des substances végétales par la distillation à feu nu.

Empyreumatique vient du mot grec *empuros*, qui signifie enflammé, brûlé; en terme de chimie, il se dit du goût et de l'odeur désagréables que contractent les sustances huileuses exposées à l'action d'un feu violent ou trop long-temps continué.

Alfred. — C'est très-bien. Nous savons maintenant la signification de ces deux mots.

Alphonse. — Fort bien ; mais à l'avenir ne soyez pas paresseux et consultez vos dictionnaires, c'est le moyen de ne jamais être embarrassé.

Victor. — Continuez, Alphonse, cela nous servira de récréation et d'instruction.

Alphonse. — Volontiers. Je vais vous faire connaître la quantité de cendres contenues dans diverses espèces de combustibles, sur 1,000 kilogrammes.

Le chêne donne pour 1,000 kil.	25 kil.
L'écorce de chêne.	60
Le tilleul.	50
Le mûrier blanc.	16
Le bouleau.	10
Le sapin.	8
La paille de froment.	44
Les fanes de pommes de terre.	150

Toutes les cendres contiennent de la potasse, et c'est ce sel qui blanchit le linge quand on fait la lessive. On a trouvé que les cendres des jeunes branches, ainsi que celles des plantes qui ont des tiges presque ligneuses, en contiennent plus que les cendres du vieux bois ; voilà pourquoi les blanchisseuses préfèrent les cendres de boulangers et surtout celles de sarments de vigne, parce que l'on chauffe le four avec des fagots ou des bourrées. Il y a des pays où l'on chauffe le four avec de la paille à défaut de bois.

Plus les combustibles donnent de flamme, et moins ils chauffent les appartements.

Ainsi, l'huile de colza échauffe comme 16 degrés.

Le bois sec et menu, comme 25.

Le charbon de bois et la tourbe, comme 33.

La houille ou charbon de terre, comme 45.

Et le coke ou charbon de houille, comme 60.

Il me reste maintenant à vous faire connaître, d'après les indices de maître Pierre, que M. Brard fait si savamment parler, les moyens de remédier aux cheminées qui fument.

J'ai entendu dire, dit Maître Pierre à un ingénieur distingué, M. C***, qu'il y avait au moins neuf causes qui faisaient fumer les cheminées. Les voici :

Première cause. — Lorsqu'il n'arrive pas dans l'appartement une quantité d'air suffisante pour remplacer celle qui sort par la cheminée ;

Remède. — Il faut agrandir les issues par lesquelles l'air entre, ou en créer de nouvelles.

Deuxième cause. — Quand l'ouverture inférieure de la cheminée est trop grande, il sort alors plus d'air que l'appartement n'en reçoit.

Remède. — Retrécir la section par le haut et sur les côtés.

Troisième cause. — Quand la hauteur du conduit de la cheminée est trop petite, le tirage est alors trop faible, et ne peut pas résister au moindre changement dans l'atmosphère.

Remède. — Rehausser la cheminée avec de la maçonnerie en briques ou avec des tuyaux de tôle.

Quatrième cause. — Lorsque la partie supérieure du canon de la cheminée est trop large, dans ce cas la vîtesse de l'air est ralentie, lors même que la cheminée serait élevée, et comme dans le cas précédent, le vent refoule la fumée dans l'appartement.

Remède. — Rétrécir le haut de la cheminée, de manière à ce qu'il n'ait que neuf pouces de côté en carré.

Cinquième cause. — Lorsqu'il y a deux cheminées dans le même appartement, ou dans deux pièces qui communiquent ensemble par une porte, il y a toujours une des deux cheminées qui fume ; cela arrive parce que, l'une des deux cheminées ayant son tirage établi, l'air extérieur trouve plus de facilité à passer par un large tuyau, pour arriver dans les appartements, que de s'introduire par les fentes des portes et des fenêtres.

Remède. — Dans ce cas, il faut établir à chaque cheminée des ventouses assez grandes pour remplacer tout l'air qui s'échappe, et rétrécir comme précédemment les orifices d'entrée et de sortie des cheminées, afin de diminuer la dépense d'air.

Sixième cause. — Certains vents font fumer les cheminées ; cela tient à ce qu'elles sont trop larges par le haut, et terminées par une forme carrée.

Remède. — Il faut rétrécir ces cheminées et les terminer par un plan incliné.

Septième cause. — Lorsque les cheminées sont

dominées par des élévations rapprochées, telles que toits ou pignons de maisons.

Remède. Relever le tuyau de la cheminée et le terminer par une gueule de loup.

Huitième cause. — Le soleil arrête aussi le tirage des cheminées en échauffant les murs et en établissant à l'extérieur un courant ascendant qui fait équilibre au courant interne et l'emporte quelquefois sur lui.

Remède. — Employer la plupart des moyens ci-dessus indiqués pour combattre les autres causes, en accélérant le tirage, et puis faire un feu vif et clair.

Neuvième cause. — Quand plusieurs cheminées débouchent dans un même tuyau, il arrive souvent qu'une ou plusieurs de ces cheminées fument.

Remède. — Il faut placer des trappes en tôle à toutes les cheminées et fermer celles qu'on n'allume pas.

RÈGLES GÉNÉRALES.

Pour qu'une cheminée ne fume pas, il faut qu'il entre autant d'air dans l'appartement qu'il s'en échappe par le tuyau de la cheminée : par conséquent, lorsqu'un appartement ferme hermétiquement, il fume presque toujours : il faut que l'air puisse entrer par le dessous des portes, par le trou de la serrure ou par un ventilateur. Il s'établit toujours un courant d'air froid près des cheminées qui tirent bien. De là cette remarque que si l'on s'endort près d'une telle cheminée, on est à peu près certain de s'enrhumer.

L'air a besoin d'être continuellement renouvelé dans les appartements, soit pour changer celui qui est gâté par la respiration des hommes ou des animaux, par leur transpiration ou par l'éclairage, soit enfin pour remplacer celui qui a servi à la combustion et qui sort par la cheminée.

Dans une pièce bien chaude et quand il fait très-froid dehors, le courant d'air qui entre par le bas de la porte et celui qui en sort par le haut, devient visible à l'œil, quand on veut se donner la peine de faire la petite expérience suivante.

Il faut entr'ouvrir la porte de deux ou trois doigts, placer une chandelle allumée par terre, et l'on verra que la flamme se courbe et est poussée en dedans de l'appartement ; si l'on élève cette même chandelle allumée jusque vers le haut de la porte entr'ouverte, on voit aussitôt la flamme changer de direction et se porter de dedans en dehors. Cet effet est produit par l'air froid qui entre par-dessous la porte, et par l'air chaud plus léger qui s'échappe par le haut.

THÉODORE. — Vous avez dû concevoir combien est utile et bon à savoir ce que vient de nous dire Alphonse ; vous devez juger par là de la bonté et de l'utilité d'avoir chez soi tous les ouvrages que Maître Pierre a faits tant sur les arts que sur les sciences. Je pense que ceux de vous qui ne les ont pas se les procureront, et je vous réponds d'avance qu'ils s'en trouveront bien, d'autant plus que Maître Pierre en instruisant a su récréer et piquer la curiosité de ses lecteurs. Si tous les maîtres d'école savaient en apprécier le mérite, ils se procureraient et ils exigeraient que tous leurs élèves eussent l'ouvrage complet de Maître Pierre; ils y puiseraient les uns et les autres des connaissances utiles et curieuses tout à la fois. On trouve l'ouvrage de Maître Pierre chez Levrault, libraire éditeur-propriétaire, rue de la Harpe, n° 81, à Paris.

Maintenant, Messieurs, je pense que nous devons reprendre l'arithmétique où nous l'avons laissée.

Léonidas. — Nous l'avons laissée aux mesures de surface.

Théodore. — Nous allons encore créer et raisonner quelques tables, dont on ne pourrait se passer pour bien entendre la manière d'opérer.

Toises et pieds en mètres.		Pouces et lignes en décimètres, centimètres et millimètres, etc.	
toises.	mètres.	pieds en mètres.	pouces.	lignes.
1	1,94904	0,32484	0,027070	0,002256
2	3,89807	0,69968	0,054140	0,004512
3	5,84711	0,97452	0,081210	0,006768
4	7,79615	1,29936	0,108280	0,009024
5	9,74519	1,62420	0,135350	0,011280
6	11,69422	1,94904	0,162419	0,013536
7	13,64326	2,27388	0,189489	0,015792
8	15,59230	2,59872	0,216559	0,018048
9	17,54133	2,92356	0,243629	0,020304
10	19,49037	3,24840	0,270699	0,022560

Cette table présente la conversion des toises et pieds en mètres, et des pouces et lignes en déci-

mètres, centimètres, millimètres, dix-millimètres, etc.

TABLE

Servant à convertir les toises, pouces et lignes, en centièmes, millièmes, etc.; en considérant la toise représentée par le nombre 100.

TOISES ET PIEDS en dixièmes, centièmes et millièmes.		POUCES ET LIGNES en centièmes et millièmes, etc.		LIGNES en centièmes, millièmes et dix-millièmes.	
nombre.	centièmes, millièmes et dix-mil.	nombre.	centim. milli. et dix mil.	nombre.	millièmes et dix-milièmes.
toise 1	100 «	pouces 7	09 72	lignes 8	00-92
pieds 5	83-33	6	08-33	7	00-81
4	66-66	5	06-94	6	00-69
3	50-00	4	05-55	5	00-57
2	33-33	3	04-16	4	00-46
1	16-66	2	02-77	3	00-34
pouces 11	15-27	1	01-38	2	00-23
10	13-87	lignes 11	01-27	1	00-11 1/2
9	12-49	10	01-15	«	« «
8	11-11	9	01-03	«	« «

Cette table indique la conversion de la toise; des pieds, pouces et lignes, en dixièmes, centiè-mes, millièmes et dix-millièmes.

Or, le nombre 100 égale une toise; cinq pieds sont représentés par 0 unité, 8333 dix-millièmes, attendu que cinq pieds étant les 5/6 de la toise, on a pris les 5/6 de 100 qui sont en effet 0,8333.

4 pieds sont représentés par 0,6666, à un dix-millième près, attendu que 4 pieds étant les 2/3 de la toise, on a pris les 2/3 de 100 qui donnent 0,6666.

TABLE

Servant à convertir les aunes et parties d'aune en fractions décimales en considérant l'aune représentée par le nombre 100.

AUNES ET PARTIES d'aune.	AUNES et PARTIES D'AUNE en fractions décimales, depuis l'aune jusqu'à 3/8.	Fractions d'aune en fractions décimales.			
		depuis 5/8 jusqu'à 7/16.		depuis 9/16 jusqu'à 1/32	
		en aune.	en décimales.	en aune.	en décim.
aune 1	100- «	5/8	0-6250	9/16	0-5625
1/2	50- «	7/8	0-8750	11/16	0-6875
1/3	33-33	1/12	0-0833	13/16	0-8125
2/3	66-66	5/12	0-4167	14/16	0-9333
1/4	25-00	7/12	0-5833	15/16	0-9375
3/4	75-00	11/12	0-9166	1/32	0-3125
1/16	06-25	1/6	0-1666	« «	« «
5/6	83-33	3/16	0-1875	« «	« «
1/8	12-50	5/16	0-3125	« «	« «
3/8	37-50	7/16	0-4375	« «	« «

Cette table présente la réduction des fractions de l'aune en fractions décimales, en comparant l'aune au nombre 100 ; en conséquence, les fractions de l'aune sont figurées par les fractions de 100. Ainsi, 1/2 aune vaut 50, moitié de 100 ; 1/4 d'aune vaut 25, quart de 100, et ainsi des autres fractions.

THÉODORE. — Je pense, Messieurs, que vous avez non seulement compris ces tables, mais encore leur simplicité et la manière de s'en servir.

ALPHONSE. — Nous les avons plus que comprises, et nous les regardons comme faisant double emploi ; car lorsque vous nous avez dit que 100 représentait tous les entiers, nous avons dû concevoir que 100 représentait aussi bien une toise, qu'une aune, une livre de pesanteur, un franc, un mètre, un litre, etc. Si l'on envisage les deux tables, il est facile de voir que ce n'est qu'une répétition l'une de l'autre; car si je veux représenter 5 pieds qui sont les 5/6 d'une toise, je trouve en décimales 8333. Si je veux les 5/6 d'une livre de pesanteur, je trouve en décimales 0,8333, les 5/6 d'une aune me donnent aussi 0,8333, et enfin les 5/6 d'un entier quelconque me donneront toujours 0,8333. Il en est de même de toutes les autres fractions quelles qu'elles soient et de quelque entier qu'elles sortent. Vous ne vous êtes pas contenté de nous donner toutes les définitions à ce sujet, vous nous avez encore appris à les convertir; vous nous avez dit que pour convertir une fraction quelconque en décimales, il ne s'agit toujours que d'ajouter un zéro au numérateur et diviser par le dénominateur la fraction augmentée d'un zéro; prenons pour exemple les 5/6 qui nous occupent en ce moment.

Je pose ici 5/6, j'ajoute un zéro à 5, numérateur, et j'ai 50 à diviser par 6, dénominateur.

Que ces 5/6 soient 5/6 d'aune, de toise, de livre, de franc, et enfin de quelque entier que ce soit, les 5/6 donneront toujours 0,8333.

$$\begin{array}{r|l} 50 & 6 \\ \hline 20 & 0\text{-}83\text{-}33 \\ 20 & \\ 20 & \\ 2 & \end{array}$$

Donc une table et le raisonnement suffisent pour convertir de soi-même toutes les fractions en fractions décimales au moyen d'une simple division faite telle que je viens de l'expliquer; et pour peu qu'on réfléchisse, tous les poids et toutes les mesures de l'étranger peuvent se réduire à ce système.

THÉODORE. — Je sais que je fais souvent double emploi, ou pour mieux dire que je me répète souvent; mais il est de mon intérêt comme du vôtre d'en agir ainsi; par ce moyen, je vous force à toujours être en garde avec vous-même, de ne jamais perdre de vue mes premières leçons et de vous forcer à les graver dans votre mémoire pour ne les oublier jamais. Malgré les observations d'Alphonse, qui sont très-judicieuses, très-vraies et très bien senties, cela ne m'empêchera pas de vous donner encore beaucoup de tables plus instructives et plus simples les unes que les autres.

Les deux premières seront des tables d'intérêts par an, par mois et par jours; les deux autres sont relatives aux comptes d'intérêts composés. On appelle intérêts composés, les intérêts provenant, tant du capital que des intérêts successifs, d'année en année ou de mois en mois.

Je vous en présenterai une autre servant aussi à calculer les intérêts, au moyen d'un diviseur commun. Cette dernière table est très usitée dans les comptes courants.

Table des intérêts simples par jour.

par an.	1 1/2	2	3	3 1/4	4
par mois.	1/8	1/6	1/4	5/16	1/3
multiplicateur par jour.	0,0042	0,0056	0,0083	0,0104	0,0111
par an.	4 1/2	5	5 1/4	6	6 1/4
par mois.	3/8	5/12	7/16	1/2	9/16
multiplicateur par jour.	0,0125	0,0139	0,0146	0,0162	0,0188
par an.	7	7 1/2	8	8 1/4	9
par mois.	7/12	5/8	2/3	11/16	3/4
multiplicateur par jour.	0,0194	0,0208	0,0222	0,0229	0,0250
par an.	9 3/4	10	10 1/2	11	11 1/2
par mois	13/16	5/6	7/8	11/12	15/16
multiplicateur par jour.	0,0271	0,0278	0,0292	0,0306	0,0313

Table des intérêts simples par mois.

par an.	1 1/2	2	3	3 3/4	4
par mois.	1/8	1/6	1/4	5/16	1/3
multiplicateur par mois.	0,1250	0,1667	0,2500	0,3125	0,3333
par an.	4 1/2	5	5 1/4	6	6 3/4
par mois.	3/8	5/12	7/16	1/2	9/16
multiplicateur par mois.	0,3750	0,4167	0,4375	0,5000	0,5625
par an.	7	7 1/2	8	8 1/4	9
par mois.	7/12	5/8	2/3	11/16	3/4
multiplicateur par mois.	0,5833	0,6250	0,6667	0,6873	0,7500
par an.	9 3/4	10	10 1/2	11	11 1/4
par mois.	13/16	5/6	7/8	11/12	15/16
multiplicateur par mois.	0,8125	0,8333	0,8750	0,9167	0,9375

TABLE DES INTÉRÊTS COMPOSÉS PAR AN.

ANS	à 1 p. 100.	à 2.	à 3.	à 4.
1	1,01	1,02	1,03	1,04
2	1,020100	1,040400	1,060900	1,081600
3	1,030301	1,061208	1,092727	1,124864
4	1,040604	1,082452	1,125509	1,169859
5	1,051010	1,104081	1,159274	1,216653
6	1,061520	1,126162	1,194052	1,265319
7	1,072135	1,148686	1,229874	1,315932
8	1,082857	1,171659	1,266770	1,368569
9	1,093685	1,195093	1,304773	1,423312
10	1,104602	1,218994	1,343916	1,480244
11	1,115668	1,243774	1,384334	1,539454
12	1,126305	1,268420	1,425761	1,601032
13	1,138093	1,293607	1,468534	1,665073
14	1,119474	1,319479	1,512588	1,731676
15	1,150969	1,345868	1,557967	1,800943
16	1,172579	1,370786	1,604706	1,872981
17	1,184304	1,400241	1,652847	1,947900
18	1,196147	1,428246	1,702433	2,025816
19	1,208109	1,456811	1,753506	2,106869
20	1,220190	1,485947	1,806111	2,191123

ANS	à 5.	à 6.	à 7.	à 8.
1	1,05	1,06	1,07	1,08
2	1,102500	1,123600	1,144900	1,116640
3	1,157625	1,191016	1,225043	1,259712
4	1,215506	1,262477	1,310796	1,360489
5	1,276282	1,338226	1,402552	1,469328
6	1,340096	1,418519	1,500730	1,586874
7	1,407101	1,503630	1,605781	1,713824
8	1,477454	1,593848	1,718186	1,850930
9	1,551328	1,689479	1,838459	1,999005
10	1,628895	1,790848	1,967151	2,158925

TABLE DES INTÉRÊTS COMPOSÉS PAR AN. (*Suite*).

ANS	à 5.	à 6.	à 7.	à 8.
11	1,710339	1,898299	2,104852	2,331639
12	1,795856	2,012196	2,252192	2,518170
13	1,885649	2,132928	2,409845	2,719614
14	1,979932	2,260904	2,578534	2,937194
15	2,078928	2,396558	2,759031	3,172169
16	2,182875	2,540352	2,952164	3,425943
17	2,292018	2,692773	3,158815	3,700018
18	2,406619	2,854339	3,379932	3,996019
19	2,526950	3,025600	3,616527	4,315700
20	2,653298	3,207136	3,869674	4,660957

ANS	à 9.	à 10.	à 11.	à 12.
1	1,09	1,10	1,11	1,12
2	1,188100	1,210000	1,232100	1,254400
3	1,295029	1,331000	1,367631	1,409228
4	1,411582	1,464100	1,518070	1,573519
5	1,538624	1,610510	1,685058	1,762342
6	1,677100	1,771561	1,870415	1,973823
7	1,828039	1,948717	2,076160	2,210681
8	1,992563	2,143589	2,304558	2,475963
9	2,171893	2,557948	2,558037	2,773079
10	2,367364	2,593742	2,859421	3,105848
11	2,580426	2,853117	3,151757	3,478550
12	2,812665	3,138428	3,498451	3,895976
13	3,065805	3,452271	3,883280	4,363493
14	3,341772	3,797498	4,310441	4,887112
15	3,642482	4,177248	4,784590	5,473566
16	3,970306	4,594973	5,310894	6,130394
17	4,327633	5,054470	5,895093	6,466041
18	4,717120	5,559917	6,545555	7,689966
19	5,141661	6,115909	7,263344	8,612762
20	5,604411	6,727500	8,062312	9,646293

Explication de la table par an.

Il résulte donc qu'à l'époque de l'échéance le débiteur doit payer le capital, plus les intérêts des intérêts. Par le moyen de cette table, il est facile de savoir à combien se montera, après une époque donnée, le capital d'une somme quelconque avec les intérêts des intérêts. En multipliant simplement le capital par le nombre fixe et invariable placé vis-à-vis le nombre d'années qui indique l'époque de l'échéance, le produit de la multiplication sera la somme due, après avoir retranché sur la droite six chiffres, vu qu'il y a six chiffres décimaux au nombre fixe. Nous en donnerons des exemples tout-à-l'heure.

Explication des tables d'intérêts par mois et par jour et de la manière de s'en servir.

La première de ces tables des intérêts simples ne donne les intérêts que pour un jour, la deuxième table donne les intérêts pour un mois; dans les deux cas multipliez le nombre qui est au-dessous du taux désigné, par le nombre de jours ou de mois; multipliez ensuite le nombre de jours ou de mois trouvé par la somme, et retranchez six chiffres sur la droite, ce qui restera sur la gauche sera l'intérêt. Si en comptant par mois, il y avait des jours en sus des mois, convertissez les mois en jours et recourez à la première partie de la table qui indique les nombres fixes pour l'intérêt par jour.

La grande table est relative aux comptes d'intérêts composés ; on entend par là (comme je l'ai déjà dit), les intérêts provenant tant du capital que des intérêts successifs, d'année en année ou de mois en mois.

Pour savoir à combien se portera, après une époque donnée, le capital d'une somme quelconque, avec les intérêts des intérêts, multipliez le capital par le nombre fixe et invariable, placé vis-à-vis le nombre d'années indiquant l'échéance; le produit de la multiplication sera la somme due en capital, intérêts et intérêts des intérêts, en retranchant sur la droite six chiffres qui est le nombre des chiffres décimaux qui sont un nombre fixe.

Exemple :

Soit un capital de 2,456 francs, à 5 pour 0/0, par an placé pour cinq ans.

Descendez sur la table, dans la colonne des ans, jusqu'au chiffre 5, et suivez horizontalement jusqu'au taux 5 pour 0/0 : on trouve 1, 276282 pour nombre fixe, lequel étant multiplié par le capital, 2,456 francs, donne 3,134 francs, 548592 millionièmes ; en retranchant 6 chiffres sur la droite, on a 3,134 francs 54 centimes : on peut forcer d'un centime.

Pour faire cette opération par la méthode ordinaire, il aurait fallu faire cinq multiplications et cinq additions, et si la somme eût été placée pour dix, pour quinze ou pour trente ans, il eût fallu faire dix, vingt ou trente multiplications et autant d'additions, tandis qu'au moyen des nombres fixes placés dans cette table, que ce soit pour cinq, pour dix, pour quinze, pour vingt comme pour trente ans, il n'y a toujours qu'une simple multiplication à faire, et le produit de cette multiplication donne tout d'un coup le capital augmenté des intérêts successifs pendant le nombre d'années pour lequel la somme est placée.

Prenons pour exemple la même somme de 2,456 francs, placée pour cinq ans à 5 p. 0/0.

Exemple :

MULTIPLICATIONS PAR ANNÉE.

2,456	
5	
122,80	intérêts pour un an qu'il faut ajouter à 2,456 fr.
2,456	
2,578-80	capital et intérêts pour la 1re année.
5	
128,9400	intérêts pour la 2e année qu'il faut ajouter à 2,578-80.
2,578-80	
2,707-7400	capital et intérêts pour la 2e année.
5	
135,387000	intérêts de la 3e année à ajouter à 2,707-74.
2,707-74	
2,843-127000	capital et intérêts pour la 3e année.
5	
1421,5635000	intérêts de la 4e année à ajouter à 2,843-127.
2843,12735	
2985-28370000	capital et intérêts pour la 4e année.
5	
149,264185	intérêts de la 5e année à ajouter à 2,985-28.
2985-28	
3,134-544185	capital et intérêts pour la 5e année.

195

Multiplication ordinaire par nombres fixes :

$$1276282$$
$$2456$$

$$7657692$$
$$6381410$$
$$5105128$$
$$2552564$$

$$3134548592$$

On voit dans l'exemple ci-dessus que la simple multiplication du nombre fixe par le capital, a donné le même résultat que dix opérations, c'est-à-dire cinq multiplications et cinq divisions. On a négligé les quatre derniers chiffres décimaux qui, réunis, ne valent pas un centime. On aurait pu ajouter un centime et on aurait eu 3,134-55.

Il en serait de même si l'on avait à chercher les intérêts d'une somme quelconque placée pendant vingt ans, il faudrait descendre dans la colonne des ans, jusqu'au nombre 20 et suivre horizontalement jusqu'à ce que l'on rencontre la colonne de l'intérêt qu'on aurait fixé pour la somme placée ; en face de 20 dans la colonne du taux, se trouve le nombre fixe à multiplier par la somme placée. Cette seule et simple multiplication donnerait au produit, les intérêts des intérêts successifs pendant vingt ans joints à la somme placée. Ainsi cette simple multiplication remplace quarante opérations, c'est-à-dire vingt multiplications et vingt additions. Vous devez maintenant juger quelle abréviation, quelle perte de temps de moins et quelle facilité présente cette manière d'opérer.

TABLE D'INTÉRÊTS.
à   1 p. % 36,000
à   2   —   18,000
à   3   —   12,000
à   4   —   9,000
à   5   —   7,200
à   6   —   6,000
à   7   —   5,143
à   8   —   4,500
à   9   —   4,000
à 10   —   3,600
à 11   —   3,273
à 12   —   3,000

Cette table sert aussi à calculer les intérêts au moyen d'un diviseur commun ; elle est très-usitée dans les comptes courants. Pour en faire l'application, multipliez le nombre de jours par la somme due, et divisez le produit par le nombre qui est placé vis-à-vis le taux de l'intérêt.

Supposez un nombre de jours quelconque, produit par la multiplication de la somme par les jours, et que l'intérêt soit à 5 p. 0/0, vous trouverez en face de 5 le nombre 7,200 qui est le diviseur du produit de la somme multipliée par les jours; or, si l'intérêt est 3, 4, 7, 8, etc., prenez toujours pour diviseur le nombre qui est en regard du taux de l'intérêt.

Soit 456 francs à 5 p. 0/0 pour 60 jours.

Exemple :

$$\begin{array}{r} 456 \text{ francs} \\ \text{multipliés par} \quad 60 \text{ jours.} \\ \hline 27360 \quad | \quad 7200 \\ 57600 \quad 3\text{-}80 \\ 0000 \end{array}$$

La colonne du taux 5 0/0 donne pour diviseur commun 7,200 ; multipliez 456 par 60, nombre de jours, le produit sera 27,360, qui, étant divisé par 7,200, donnera pour intérêt 3 francs 80 centimes. (Il faut toujours retrancher autant de chiffres décimaux qu'il s'en trouve après la division.)

En faisant usage des tables, il n'est pas nécessaire de prendre toutes les décimales que l'on trouvera dans les colonnes, mais bien celles qui doivent donner une approximation suffisante. Ces tables peuvent tenir lieu d'un Barrême; elles sont très-propres à donner des idées exactes de la valeur de chaque espèce de mesure, et elles ne deviendront inutiles que lorsque chacun pourra juger, d'après la grandeur de chaque mesure nouvelle, combien il faut de ces mesures pour son besoin. On ne peut espérer ces heureux effets qu'autant que l'autorité locale et le gouvernement tiendront la main à l'exécution de la loi du 4 juillet 1837, qui a pour but l'introduction des nouvelles mesures dans toute la France et l'anéantissement des anciennes.

Léonidas. — Ne jugeriez-vous pas à propos, mon cher Théodore, de nous expliquer comment vous avez fait pour trouver vos nombres fixes; car, à vous dire vrai, nous comprenons vos tables d'après l'explication que vous nous en avez faite, nous faisons mieux, nous opérons, et cela sans peine, puisqu'il ne s'agit toujours que d'une simple multiplication; mais encore une fois, dites-nous comment nous devons nous y prendre pour créer de nous mêmes des nombres fixes qui servent de bases à toutes les opérations d'intérêts.

Théodore. — Volontiers, Messieurs; rien n'est si facile, et vous savez comme moi les créer, car si vous avez bien réfléchi, vous en avez déjà fait beaucoup sans vous en douter; veuillez bien examiner les tables et vous trouverez la solution du problème.

ALPHONSE. — Plus j'examine les tables et moins je les comprends ; par exemple, je vois dans la première colonne l'intérêt depuis 1 1/2, jusqu'à 11 1/2, mais dans la colonne au-dessous, je vois 1/6, 1/4, 5/16, 1/3, 3/8, 5/12, 7/16, etc.; puis au-dessous le nombre fixe pour chaque taux d'intérêts : voilà ce que nous n'avons pas encore pu comprendre malgré toutes nos recherches. Veuillez donc, mon cher Théodore, nous en donner non seulement l'explication, mais encore la marche à suivre pour créer des nombres fixes.

THÉODORE. — Je vous ai déjà dit que vous pouviez les créer comme moi, et je vais vous le prouver; un mot suffira pour vous faire connaître la marche à suivre pour créer des nombres fixes. vous avez remarqué dans les tables, dites-vous, au-dessous des nombres qui indiquent l'intérêt, des nombres fractionnaires, tels que 1/6, 1/2, 1/4, 1/3, 3/8 5/12, 7/16, etc.; eh bien toutes ces fractions ne sont autre chose que les fractions de l'année; ainsi quand je dis à 1 1/2, c'est le 1/8 de l'année, quand je dis 2, c'est 1/6, car 2 est le 1/6 de l'année puisque l'année à 12 mois, ainsi 2 fois 6 font bien 12, quand je dis à 3, c'est le 1/4 de l'année, puisque 4 fois 3 font 12 ; quand je dis à 3 1/4, 3 1/4 sont les 5/16 de l'année , à 4 c'est 1/3 de l'année, à 4 1/2, c'est les 3/8 de l'année, à 5 c'est les 5/12 de l'année, et enfin à 5 1/4, c'est les 7/16 de l'année ; il n'y a pas beaucoup de réflexion à faire pour deviner que l'année est encore ici comparée à 100 comme tous les autres entiers dont je vous ai si souvent parlé. Commencez-vous maintenant à me comprendre ?

Napoléon. — Nous n'avons pas encore bien compris, il nous faut quelques définitions plus claires.

Théodore. — Volontiers; prenons la première fraction venue, supposons l'intérêt de 5 1/4 qui donne la fraction de 7/16. Eh bien! si vous cherchez combien vaut la fraction 7/16 en décimales, vous trouverez 0,4375. Combien manque-t-il de de 1/16 pour avoir l'entier? vous me répondrez 9/16, comme cela est vrai; maintenant si vous convertissez 9/16 en décimales, vous trouverez 0,5625, qui ajoutés à 4375 donnent 100 qui est l'entier. Voilà l'année, comme vous le voyez, comparée à 100; maintenant vous me direz : nous comprenons parfaitement cela, mais nous ne voyons pas encore le nombre fixe; eh bien! je vais vous le faire voir : dans la fraction de 7/16 vous avez trouvé en décimales 4375, ce qui donne juste le nombre fixe pour un mois. Comme la première partie de la table donne les intérêts pour un jour seulement, il faudra diviser 0,4375 par 30 et vous aurez pour nombre fixe pour l'intérêt d'un jour 0,01458; comme vous avez un 8 à la fin, vous pouvez augmenter votre nombre fixe d'un dix-millième, ce qui donnerait pour le nombre fixe pour l'intérêt d'un jour 0,0146, tel qu'il se trouve à la table.

Quant à la deuxième partie de la table, elle présente l'intérêt par mois; il ne s'agit dans celle-ci pour trouver le nombre fixe que de diviser, comme à l'ordinaire, quand on veut convertir les anciennes fractions en fractions décimales, c'est-à-dire d'ajouter un zéro au numérateur et diviser le dividende augmenté d'un zéro par le dénominateur. D'ailleurs vous connaissez cette manière d'opérer, vous l'avez déjà fait cent fois; il est donc inutile de revenir là dessus, je pense en avoir assez dit pour avoir été compris et pour être assuré maintenant que vous pouvez créer de vous-mêmes des nombres fixes.

ALPHONSE.—Je crois avoir compris; et je prends pour exemple le premier taux de l'intérêt qui est d'1 1/2, que vous représentez par 1/8 vu que 1 1/2 est juste la huitième partie de l'année; car si l'on multiplie 1 1/2 par 8, on trouve 12 qui sont 12 mois, et pour trouver le nombre fixe vous avez converti la fraction 1/8 en fraction décimale, et vous avez eu pour quotient 0,1250. Vous avez, pour obtenir le nombre fixe pour un jour, divisé 0,1250 par 30, ce qui vous a donné au quotient 0,00415, et comme il y a un 5 pour dernier chiffre vous avez ajouté un dix-millième de plus, et vous avez eu pour nombre fixe, pour les intérêts d'un jour, 0,0042 et pour les intérêts d'un mois 01,250. Il en est de même des autres fractions qui ne sont que des fractions de l'année comparées avec l'in-térêt; ainsi, à 3 1/4 c'est les 5/16 de l'année, à 4, c'est le 1/3 de l'année, à 5/14 c'est les 7/16 de l'année, enfin à 6 1/4 c'est les 9/16 de l'année; ainsi toutes ces fractions de l'année d'après l'inté-rêt, converties en décimales, donnent les nombres fixes par jour, par mois, etc., et c'est au moyen de ces nombres fixes qu'on abrége de beaucoup toutes les opérations.

Théodore.—C'est bien cela, mais ces Messieurs ont-ils bien compris ?

Léonidas. — Si nous avions réfléchi à ce que vous nous avez dit dans nos premières leçons, que 100 représentait tous les entiers de quelque nature qu'ils soient, que pour convertir une fraction quelconque en décimales, il ne s'agissait que d'ajouter un zéro au numérateur et de diviser le numérateur augmenté d'un zéro par le dénominateur, nous aurions dû nous apercevoir que 1/4, 1/3, 5/12, 7/16, 9/16 étaient des fractions de l'ancien système, et que pour les convertir en décimales il ne fallait qu'opérer comme vous nous l'aviez déjà enseigné, et nous aurions vu paraître au quotient les nombres fixes qui sont à la table ; mais cela nous a échappé. Enfin, nous y sommes maintenant et nous pouvons créer des nombres fixes pour toutes les unités et tous les calculs quels qu'ils soient.

Théodore. — C'est très-bien, pourvu que ces Messieurs aient compris comme vous.

Tous les élèves. — Nous avons parfaitement compris, et pour ne pas l'oublier, nous avons écrit tout ce que vous venez de dire relativement à la manière de créer des nombres fixes.

Hippolyte. — Je pense, mon cher Théodore, qu'il y a long-temps que nous n'avons eu d'opérations récréatives et qu'il est temps de nous en donner.

Théodore. — Allons puisque l'on veut du récréatif, ce sera le sujet de l'entretien suivant.

XIe ENTRETIEN.

Méthodes abrégées pour la Multiplication et la Division des fractions décimales.

Théodore. — Je vais vous montrer des méthodes abrégées pour la multiplication et la division
des fractions décimales.

Henri. — Voilà encore une de ces récréations
assez amusantes, des multiplications et des divisions de fractions décimales; cela doit être effectivement très-amusant.

Théodore. — Plus que vous ne croyez; c'est
plus qu'amusant, c'est instructif tout à la fois.

Alphonse. — Nous aurions voulu de ces opérations où il y a de petits artifices curieux qui délassent de la fatigue des chiffres.

Théodore. — C'est positivement par des artifices assez curieux que je vais vous entretenir de
multiplications et de divisions.

Dans les questions précédentes, nous avons été
conduits à effectuer des multiplications dans lesquelles figuraient un assez grand nombre de
chiffres décimaux; et cependant, il suffisait pour
l'objet que nous nous proposions, d'obtenir le
produit avec un nombre de décimales beaucoup
moindre que n'en comportaient les deux facteurs
ensemble. Il sera donc utile de vous faire con-

naître une méthode à l'aide de laquelle on peut, sans être obligé de faire la multiplication entière, obtenir les seuls chiffres décimaux dont on a besoin.

Pour donner une idée de cette méthode, nous allons commencer par des nombres entiers dont on veut avoir le produit à un millième près.

Prenons pour exemple, les deux nombres suivants, 45,789 à multiplier par 54,321.

<table>
<tr><td>Multiplicande :</td><td>45,789</td></tr>
<tr><td>Multiplicateur :</td><td>54,321</td></tr>
</table>

L'article du procédé doit consister à ajouter quatre zéros au multiplicande; d'après cette première observation voici comment il faut opérer :

On commence par renverser l'ordre des chiffres du multiplicateur; ainsi, en renversant l'ordre des chiffres du multiplicateur, j'aurai 12,345, au lieu de 54,321; maintenant pour opérer j'ajoute quatre zéros au multiplicande et j'ai 45789000.

Opération ordinaire.	Opération.
45789	457890000
54321	12345
45789	2289450000
91578	183156000
137367	13736700
183156	915780
228945	45789
2487304269	2487304269

On voit dans les deux manières d'opérer que le résultat est le même. Si par exemple il n'y avait

que quatre chiffres au multiplicateur, il suffirait
d'ajouter trois zéros au multiplicande, et on opérerait comme ci-dessus, ayant soin que le chiffre
provenant de la multiplication soit toujours placé
à droite.

J'ai dit que lorsqu'il n'y a que quatre chiffres
au multiplicateur il suffit d'ajouter trois zéros au
multiplicande. Nous allons en donner un exemple :

37825	37825
3562	2
75650	113475000
226950	18912500
189125	2269500
113475	75650
134732650	134732650

Vous voyez encore dans ces deux opérations
que le résultat est le même, et il ne vous sera pas
difficile de retenir que pour faire cette opération il faut ajouter trois zéros au multiplicande,
quand il y a quatre chiffres au multiplicateur, et renverser l'ordre des chiffres du multiplicateur; lorsqu'il y a cinq chiffres au multiplicateur, il faut ajouter au multiplicande quatre
zéros et faire l'opération comme à l'ordinaire,
sauf qu'il faut toujours placer sur la droite et
les uns sous les autres tous les premiers produits
de la multiplication, et retrancher à chaque
multiplication partielle un chiffre au multiplicande et au multiplicateur, comme on le voit
dans l'exemple ci-dessus.

Maintenant passons à une autre manière de faire la multiplication où il y a des fractions décimales, sans être obligé de faire la multiplication en entier, et obtenir les seuls chiffres décimaux dont on a besoin.

Prenons pour exemple les deux nombres 45, 254367 et 6, 4537, en supposant qu'on veuille obtenir le produit à $\frac{1}{1000}$ près.

On commence par renverser l'ordre des chiffres de l'un des facteurs, du multiplicateur par exemple, ce qui donne pour nouveau multiplicateur 7354,6. Ainsi le chiffre 6, qui était le premier est devenu le dernier, et le dernier est devenu le premier. C'est ce qu'on appelle renverser l'ordre des chiffres.

Puis on l'écrit au-dessous du multiplicande de manière que le chiffre 6 des unités soit sous le chiffre des dix-millièmes du multiplicande; alors, le chiffre de ses dixièmes est nécessairement placé sous le chiffre des millièmes du multiplicande; le chiffre de ses centièmes sous le chiffre des centièmes : et ainsi de suite. Quant aux chiffres de ses dixaines, centaines, etc., s'il en avait, ils seraient nécessairement placés sous les chiffres des cent-millièmes, millionièmes, etc., du multiplicande.

En un mot, chaque chiffre du multiplicateur est, par cette disposition, placé au-dessous du chiffre dont le produit par celui du multiplicateur donne des dix-millièmes.

Reposons maintenant l'opération d'après les deux manières d'opérer.

45254367	45254567
64537	75546 renversé.

316780569	271526202
135763101	18101744
226271835	2262715
181017468	135762
271526202	31675

2920581083079	292058098

Je trouve par la règle ordinaire 292 fr. 05 c. et 81 dix-millièmes, et par l'aut e manière d'opérer, 292 fr. 05 c. et 80 dix-millièmes. Le résultat est donc le même à un dix-millième près.

Enfin, la méthode précédente est applicable à la multiplication de deux nombres entiers, composés l'un et l'autre d'un assez grand nombre de chiffres, dont on demanderait le produit à une unité près, comme à la multiplication de nombres composés d'entiers et de fractions en opérant comme il est dit plus haut.

Méthode abrégée pour la division

Il existe aussi, pour la division de deux nombres composés d'un grand nombre de chiffres, un moyen, plus simple que le procédé ordinaire, d'obtenir le quotient avec un certain degré d'approximation.

Nous considérons d'abord le cas où le dividende et le diviseur étant deux nombres entiers, on voudrait obtenir le quotient à moins d'une unité près seulement. Il sera ensuite facile d'en déduire le cas de deux fractions décimales.

La méthode que nous allons exposer est fondée sur ce que, dans le procédé ordinaire de la division, chacun des chiffres du quotient s'obtient en ne divisant que les deux ou trois premiers chiffres du dividende partiel que l'on considère, par le premier ou les deux premiers chiffres du diviseur. Ainsi, l'on sera certain d'avoir les véritables chiffres du quotient, si l'on opère de manière à conserver les deux ou trois premiers chiffres de chaque dividende partiel. Or, voici en quoi consiste le procédé :

Supprimez, sur la droite du dividende, autant de chiffres, moins un, qu'il y en a dans le diviseur; faites ensuite la division de la partie gauche par le diviseur, comme à l'ordinaire. S'il n'y a point de reste, vous mettrez à la suite du quotient autant de zéros que vous avez supprimé de chiffres dans le dividende; mais s'il y a un reste, vous continuerez de le diviser, non pas par le même diviseur qu'auparavant, ce qui n'est plus possible, mais par le diviseur dont vous aurez supprimé le dernier chiffre à droite; toutefois, dans la multiplication du nouveau diviseur par le chiffre obtenu au quotient, vous aurez soin d'ajouter la retenue que donne le produit du chiffre supprimé, par le chiffre du quotient. Après cette division, vous diviserez le nouveau reste par le diviseur précédent, dont vous supprimerez encore le dernier chiffre sur la droite (même observation que tout à l'heure, dans la multiplication du nouveau diviseur par le chiffre du quotient). Enfin, vous continuerez ainsi de diviser, en supprimant, à chaque division, un chiffre sur la droite du diviseur.

Pour nous rendre compte de ce procédé, nous allons prendre un exemple assez simple, et le traiter, d'abord par le procédé ordinaire, ensuite d'après celui qui vient d'être énoncé.

Soit à diviser 845,321,567 par 9,456.

$$
\begin{array}{r|l}
846321567 & 9456 \\
\hline
88841 & 89395\text{-}25 \\
37375 & \\
90076 & \\
49727 & \\
24470 & \\
55580 & \\
8500 & \\
\end{array}
$$

$$
\begin{array}{r|l}
845321567 & 9456 \\
\hline
88841 & 89395\text{-}259 \\
37375 & \\
90076 & \\
49727 & \\
2447 & \\
557 & \\
87 & \\
6 & \\
\end{array}
$$

Nous pouvons encore la rendre plus simple et plus abrégée.

Exemple:

$$
\begin{array}{r|l}
845321567 & 9455 \\
\hline
88841 & 89396 \\
3737 & \\
902 & \\
56 & \\
2 & \\
\end{array}
$$

Nous arrivons par ce moyen très-abrégé à une unité près.

Hé bien, Messieurs! avez-vous compris cette méthode abrégée pour la multiplication et la division des fractions décimales?

ALPHONSE. — Non, pas encore tout à fait; car sur vingt opérations, j'en ai au moins dix de fausses. Mais tout ce que je sais, c'est que si vous nous donnez ces opérations pour récréation, elle est gentille votre récréation; voilà quatre heures que je suis à opérer, et je ne réussis qu'à m'impatienter et à me faire du mauvais sang.

LÉONIDAS. — Et moi, je vous en offre autant; car j'ai bien fait trente opérations sans en avoir fait dix de bonnes, et je ne peux deviner d'où cela vient.

THÉODORE. — Cela vient de ce que vous avez fait peu attention à ce que j'ai dit et que vous avez mal copié la leçon; ajoutez à cela beaucoup d'impatience et vous aurez trouvé l'énigme. Mais rappelez-vous que pour surmonter les obstacles qui se présentent en arithmétique comme dans toute autre science, il ne faut que de la patience, du zèle et du courage pour les surmonter tous. Mais puisque l'on ne m'a pas bien compris, je vais donner d'autres exemples d'après cette méthode abrégée, soit sur la multiplication, soit sur la division.

NAPOLÉON. — Nous avons tous compris la multiplication, il n'y a que la division qui nous embarrasse quelquefois. Donnez-nous des exemples de divisions, d'après cette méthode abrégée, avec des définitions.

THÉODORE. — Volontiers, pourvu que l'on prête toute l'attention possible pour pouvoir me comprendre et opérer, et surtout ne craignez pas de me faire des questions quand vous le jugerez à propos.

Lorsqu'on n'a besoin de connaître le quotient d'une division que jusqu'à un degré d'exactitude proposé, on peut abréger le calcul par la méthode suivante :

Nous supposerons d'abord qu'on n'a besoin de connaître le quotient qu'à une unité près; nous ferons voir ensuite comment on doit appliquer la méthode pour l'avoir aussi près qu'on voudra.

Voici la règle :

Supprimez, sur la droite du dividende, autant de chiffres moins un, qu'il y en a dans le diviseur; faites ensuite la division comme à l'ordinaire. S'il n'y a point de reste, vous mettrez à la suite du quotient autant de zéros que vous avez supprimé de chiffres dans le dividende. Mais s'il y a un reste, vous continuerez de diviser, non par le même diviseur qu'auparavant, ce qui n'est pas possible, mais par ce diviseur dont vous aurez supprimé le dernier chiffre de la droite. Après cette division, vous divisez le nouveau reste par le diviseur précédent, dont vous supprimez encore un sur la droite, et vous continuerez ainsi de diviser en supprimant à chaque division un chiffre sur la droite du diviseur.

Je pense maintenant que vous devez commencer à comprendre comment on opère.

Alfred. — Oui, nous commençons à comprendre, mais il faudrait que vous fissiez une opération.

Théodore. — Rien de si facile ; au lieu d'une opération, je vais en faire deux : une d'abord par le procédé ordinaire et l'autre d'après la méthode abrégée.

Exemples :

On veut avoir, à moins d'une unité près, le quotient de 8,789,236,487 divisé par 64,423. Je supprime les quatre derniers chiffres de la droite du dividende et je divise 878,923 par le diviseur proposé 64,423.

Opération ordinaire.

$$\begin{array}{r|l} 8789236487 & 64423 \\ 234693 & 136430 \\ 414246 & 0/0 \\ 277084 & \\ 193928 & \\ 05597 & \end{array}$$

Opération d'après la méthode abrégée :

$$\begin{array}{r|l} 8789236487 & 64423 \\ 234693 & 136430 \\ 41424 & \\ 2772 & \\ 169 & \\ 04 & \end{array}$$

Je trouve d'abord 13 pour quotient et 41,424 pour reste. Je divise donc les 41,424 par 6,442, en supprimant le dernier chiffre 3 du diviseur ; j'ai pour quotient 6 que j'écris à la suite du premier quotient 13, et le reste 2,772 que je divise par 644, en supprimant encore un chiffre sur la droite du diviseur primitif; j'ai pour quotient 4 que j'écris à la suite du quotient principal 136; le reste est 196 que je divise par 64, en supprimant encore un chiffre dans le diviseur; le quotient est 3 et le reste 4.

Enfin, je divise par 6 et j'ai 0 pour quotient; en sorte que le quotient de 8,789,236,487, divisé par 64,423, est 136,430, à moins d'une unité près.

Si le reste de la première division se trouvait plus petit que n'est le diviseur après que l'on a supprimé le dernier chiffre, on mettrait zéro au quotient, et s'il se trouvait encore plus petit que ne serait ce diviseur, après qu'on en a encore ôté le dernier des chiffres restants, on mettrait encore un zéro au quotient et ainsi de suite.

Exemple:

Pour avoir, à moins d'une unité près, le quotient de 55,106,054 divisé par 643, je divise, comme à l'ordinaire, la partie 551,060 qui reste après la suppression des deux derniers chiffres du dividende proposé.

$$
\begin{array}{c|l}
551060 & 6\,4\,3 \\
\hline
3666 & 857,01 \\
4510 & \\
009 & \\
3 &
\end{array}
$$

J'ai pour quotient 857, et 9 pour reste qui ne peut pas contenir le diviseur 643. Je supprime le

dernier chiffre 3 pour rendre le diviseur plus petit ; mais après avoir fait cette suppression , je vois
que 9 ne peut pas contenir encore 64. Je mets un
zéro au quotient et je retranche encore un chiffre
au diviseur qui est le 4 ; il me reste 6 seulement
au diviseur, et je dis : en 9 il y a une fois 6; je
pose 1 au quotient, en sorte que le quotient cherché est 857,01, à moins d'une unité près.

Rappelez-vous que chaque fois que le dividende
ne peut contenir le diviseur, il faut supprimer le
dernier chiffre du diviseur, et si après la suppression d'un chiffre au diviseur, le dividende ne contient pas encore le diviseur, il faut mettre un zéro
au quotient et supprimer encore un chiffre au diviseur.

Si, lorsqu'au commencement de l'opération on
supprime sur la droite du dividende les chiffres
que la règle prescrit de supprimer, il se trouve que
les chiffres restants ne contiennent pas le diviseur, on supprimera tout de suite, sur la droite
du diviseur, autant de chiffres qu'il est nécessaire
pour que le diviseur y soit contenu.

Exemple :

On veut avoir, à moins d'une unité près, le
quotient de 1,611,527 divisé par 64524.

Je supprime d'un coup les quatre derniers chiffres 1527 du dividende; mais comme les chiffres restants 161 ne peuvent pas être divisés par
64524, je supprime dans ce diviseur les trois
derniers chiffres 524 pour que ce diviseur soit
contenu dans le dividende restant 161; ainsi, je

divise 161 par 64 en opérant comme dans l'exemple précédent :

$$161\,1527 \;\big|\; 64524$$
$$33 \qquad\quad 25$$
$$3$$

Ou bien, posez de suite 161 et divisez par 64 par la règle ordinaire.

$$161 \;\big|\; 64$$
$$33 \qquad 25$$
$$3$$

$$1611527 \;\big|\; 64524$$
$$321047 \qquad 24\text{-}97$$
$$629510$$
$$487940$$
$$36272$$

Ainsi, par la méthode abrégée, nous arrivons à deux centièmes près pour avoir le quotient 25, différence que l'on peut éviter en augmentant d'une unité le dernier chiffre qui reste.

ALPHONSE. — Je crois, mon cher Théodore, que cette fois j'ai compris, que pour faire une division par la méthode abrégée, lorsque l'on a de grands nombres et que l'on veut arriver à une unité près, il ne s'agit que de retrancher au dividende autant de chiffres vers la droite, moins un qu'il y en a dans le diviseur ; c'est-à-dire que s'il y a quatre chiffres au diviseur, il faut en retrancher trois au dividende, et s'il y en a cinq au diviseur, il faut en retrancher quatre au dividendo, et ainsi de suite.

Ce retranchement fait au dividende, on divise

comme à l'ordinaire le nombre resté sur la gauche ; s'il n'y a point de reste après cette première division, on ajoute au quotient autant de zéros que l'on a retranché de chiffres au dividende ; mais s'il y a un reste, vous continuez de diviser ; mais avant de continuer la division, il ne faut pas oublier de retrancher du diviseur le dernier chiffre vers la droite et d'ajouter la retenue qu'aurait pu donner ce dernier chiffre retranché si on l'avait multiplié. Après cela vous continuez la division, ayant toujours soin de retrancher à chaque division partielle un chiffre au diviseur jusqu'à la fin de l'opération.

THÉODORE. — C'est très-bien, Alphonse ; mais il faut nous donner un exemple pour nous persuader que vous avez bien compris.

ALPHONSE. — Volontiers. Prenons pour exemple le nombre 7,845,672 à diviser par 3,425. Pour faire cette opération, je commence par supprimer trois chiffres au dividende, vu que j'en ai quatre au diviseur, et que, d'après ce qui a été dit, il faut toujours en supprimer du dividende autant qu'il y en a au diviseur, moins un ; donc, 4 moins 1 donne 3. Cette suppression faite, je commence l'opération comme à l'ordinaire. Mais comme je dois vous prouver que j'ai bien compris cette manière d'opérer, je vais faire la même division par la méthode ordinaire et par la méthode abrégée.

216

Exemples :

        7845672 | 3425
        ────────────────
         9956   2290-70
        21067
       024220
        2450

Par la méthode abrégée.

            7845 | 3 4 2 5
            ─────────────────
             995   2,291
             311
               5
               2

Je trouve par la méthode ordinaire 2,290-71 en
forçant d'une unité, et par la méthode abrégée,
je trouve 2,291. Je suis donc arrivé à moins d'une
unité près, puisque de 71 à 100 il ne manque
que 29 centièmes.

On voit dans l'exemple ci-dessus que j'ai supprimé de suite les trois chiffres vers la droite du
dividende 672, et que je n'ai divisé que les quatre restants vers la gauche qui sont 7,845. Mais
après avoir obtenu 2 au quotient et un reste de
995 qui ne pouvait pas contenir 3,425, j'ai rendu
le diviseur dix fois plus petit en retranchant le
dernier chiffre vers la droite qui est 5, et il m'est
resté pour nouveau diviseur 342 qui pouvait
être contenu dans 995; 342 étant contenu deux
fois dans 995, j'ai posé 2 au quotient et j'ai eu
pour reste 311. Comme 311 ne peut pas contenir
342, j'ai retranché du diviseur le dernier chiffre
2, et il m'est resté pour nouveau diviseur 34 qui

est contenu 9 fois dans 311 et j'ai eu pour reste 5 ; comme 5 ne contient pas 34 , j'ai encore supprimé au diviseur 4, il m'est resté 3 qui étant contenu une fois, j'ai posé 1 au quotient, ce qui m'a donné 2,291 et 2 pour reste.

A présent, mon cher Théodore, si vous le voulez, je vous en ferai mille.

Théodore. — Je le pense ; car, non-seulement vous m'avez compris, mais vous venez de me définir cette manière d'opérer avec une simplicité qui ne laisse rien à désirer, et je suis persuadé que ces Messieurs vous ont parfaitement compris et qu'ils sont tous maintenant dans le cas d'opérer des divisions par la méthode abrégée.

Tous les élèves ensemble.— Nous avons compris.

Léonidas. — J'ai tellement compris Alphonse, que je puis répondre à toutes les questions sur ce nouveau genre d'opérer.

Napoléon. — Moi de même.

Hippolyte. — Je viens de faire deux opérations qui sont justes.

Alfred. — Moi j'ai copié ce qu'Alphonse a dit ; je l'ai compris et je puis opérer maintenant.

Victor. — Je veux vous en faire une pour vous prouver que j'ai parfaitement compris ce qu'Alphonse vient de nous expliquer.

Eugène. — Et moi aussi. Je veux faire une de ces divisions d'après la méthode abrégée.

Henri. — Il y a long-temps qu'on ne m'a fait de questions , je pense que mon tour est venu.

Adolphe. — C'est moi qui ai été le moins interrogé et je dois passer avant les autres.

Théodore. — Ma foi, Messieurs, je n'ai jamais eu plus de plaisir que celui que me donnent en ce moment votre émulation et le désir que vous avez de me prouver que vous avez saisie, comprise l'explication et la définition qu'Alphonse vient de nous faire ; et pour vous prouver, de mon côté, combien vous m'inspirez de confiance, et que je suis persuadé que vous avez compris et que vous êtes à même maintenant d'opérer seuls et avec connaissance de cause, nous ne ferons point d'opérations.

Tous les élèves. — Nous désirons en faire.

Théodore. — Je le voudrais volontiers, mais cela deviendrait trop long et nous ferait perdre beaucoup de temps. Nous n'en ferons que deux, ce qui est suffisant, et pour ne pas faire de jaloux, vous tirerez au sort les deux d'entre vous qui devront opérer, excepté Alphonse qui a déjà opéré.

Léonidas. — Allons, va pour le sort.

Théodore. — Je vais mettre vos noms dans un chapeau, et les deux premiers sortis opéreront.

Tous les élèves. — Nous le voulons bien.

Théodore. — Ecrivez vos noms sur un morceau de papier, mettez-les dans un chapeau et apportez-le moi.

Maintenant je vais tirer : voici le premier, Eugène ; voici le second, Adolphe. Ainsi, Eugène et Adolphe vont opérer.

Adolphe. — Cela ne pouvait mieux tomber ; car moi et Eugène avons été les moins questionnés.

Théodore. — Ce ne sont pas les nombreuses questions que l'on adresserait à un élève qui le feraient marcher plus vite que les autres à qui on en adresserait moins souvent. L'élève qui avance est celui qui écoute avec attention la leçon, qui l'écrit et travaille dessus jusqu'à ce qu'il l'ait bien comprise, comme vous avez fait jusqu'à présent ; continuez et vous vous en trouverez mieux. Maintenant, Eugène, vous pouvez commencer.

Exemple :

On veut avoir, à moins d'une unité près, le quotient de 8,657,627 divisé par 1,987.

Eugène.-Je commence par séparer du dividende les trois derniers chiffres placés vers la droite qui sont 627, et il me reste à diviser 8,657 ; mais comme j'ai supprimé le chiffre 6 qui, par sa multiplication, aurait augmenté le dernier chiffre 7 au moins d'une unité, j'ajoute au 7 cette unité, et j'ai pour dividende, au lieu de 8,657, 8,658 à diviser par 1,987. Comme lorsque le dividende ne peut plus contenir le diviseur, il faut retrancher un chiffre vers la droite au diviseur, et lorsque le chiffre que l'on supprime du diviseur est 5 ou plus élevé, il faut ajouter une unité de plus au chiffre suivant. Ainsi, dans le diviseur 1,987, lorsque je supprimerai le chiffre 7, j'ajouterai au chiffre 8 une unité et j'aurai pour second diviseur 199 au lieu de 198 ; de même, quand je retrancherai le chiffre 9, j'ajouterai une unité au reste

19 et j'aurai pour troisième diviseur 20 ; et enfin après avoir retranché le zéro, j'aurai pour quatrième diviseur 2. Pour faire concevoir cette manière d'opérer, je mettrai les quatre diviseurs sur la même ligne.

$$\text{Exemple :} \qquad 1^{er}\,\text{div.,}\ 2^e,\ 3^e,\ 4^e.$$

$$8658 \mid 1987\text{-}199\text{-}20\text{-}2$$
$$710 \qquad 4 - 3 - 5 - 7$$
$$113$$
$$13$$

J'ai pour quotient 4,357.

Le dernier chiffre 7, multipliant 2, donnerait 14, tandis que je n'ai que 13 au dividende ; mais comme le diviseur 2 qui est contenu 6 fois $\frac{1}{2}$ dans 13, est un peu trop fort, je mets 7 au quotient pour compenser, et j'ai le quotient de 8,657,627 par 1,987, à moins d'une unité près, puisqu'il ne manque que 27 centièmes pour arriver à ce que donnerait cette division par la règle ordinaire.

Théodore. — C'est très-bien, mon cher Eugène ; vous venez de me donner une leçon dont je profiterai ; car je n'aurais jamais pensé à mettre sur la même ligne les quatre diviseurs. Cette manière d'opérer est beaucoup plus simple et plus facile à comprendre. Vous voyez par là qu'un élève studieux peut quelquefois donner des idées que le maître n'aurait jamais eues.

Eugène. — Je vous remercie du compliment que vous me faites ; mais croyez bien qu'Alphonse en a fait plus que moi, c'est lui qui nous a fait

comprendre la manière dont nous devions opérer ; ainsi lui seul mérite des louanges.

Théodore. — J'aime à voir parmi vous cette
justice et cette impartialité qui vous caractérisent
tous et dont vous me donnez des preuves chaque
jour. Loin de vous, mes bons amis, cette envie et
cette jalousie qui ne conduisent toujours qu'au
mal.

Eugène. — Mais, mon cher Théodore, vous
oubliez qu'en me faisant des compliments de ce
que j'avais mis les quatre diviseurs partiels sur la
même ligne, vous deviez nous faire voir comment vous auriez opéré.

Théodore. — C'est juste, et c'est le moyen de
juger laquelle des deux vaut mieux. Je prends le
même exemple :

$$\begin{array}{c|c} 8658 & 1987 \\ \hline 710 & 4357 \\ 113 & 199 \\ 13 & 20 \\ & 2 \end{array}$$

D'après ma manière d'opérer, vous voyez que
les quatre diviseurs partiels, au lieu d'être sur la
même ligne, sont les uns sous les autres. Maintenant c'est à vous, Messieurs, de juger si la méthode d'Eugène vaut mieux.

Alphonse. — Celle d'Eugène nous paraît pré-
férable en ce qu'il est impossible de se tromper
en faisant la multiplication du quotient par le diviseur, et dans l'autre manière d'opérer, le diviseur étant dessous et plus éloigné, demande plus
d'attention.

Théodore. — Cela est vrai ; mais avec un peu d'attention, on peut éviter de se tromper ; mais, néanmoins, je suis de votre avis, et nous opérerons comme Eugène à l'avenir.

Voyons maintenant si Adolphe répondra à ma question.

Par exemple, si l'on voulait avoir le quotient à un dix-millième d'unité près, la question se réduirait à mettre autant de zéros à la suite du dividende qu'on veut avoir de décimales au quotient. Combien croyez-vous qu'il faudrait en mettre ?

Napoléon — Quatre.

Théodore. — Pourquoi ?

Henri. — Parce que pour obtenir des dix-millièmes il faut quatre décimales.

Théodore. — C'est très-bien. Ainsi, après avoir placé quatre zéros à la suite du dividende, on fera la division selon la méthode actuelle, et lorsqu'on aura trouvé le quotient à moins d'une unité près, on en séparera sur la droite, par une virgule, autant de chiffres qu'on voulait avoir de décimales.

Exemple :

On veut avoir, à moins d'un dix-millième d'unité près, le quotient de 69,270, divisé par 4,532. Je demande à Adolphe comment il s'y prendra pour faire cette opération ?

Adolphe. — Je commence par mettre quatre zéros à la suite de 6,927, et la question se réduit à avoir, à moins d'une unité près, le quotient de 69,270,000, divisé par 4,532, c'est-à-dire conformément à la méthode que nous avons adoptée ; à diviser 69,270 par 4,532, c'est-à-dire que je retranche du dividende autant de chiffres, moins un, qu'il y en a dans le diviseur. Comme il y en a quatre au diviseur, j'en retranche trois au dividende.

THÉODORE. — C'est très-bien, Adolphe ; opérez maintenant la division que vous venez de nous donner, 1° par la règle ordinaire ; 2° comme Eugène a fait ; 3° comme j'ai opéré moi-même.

ADOLPHE. — Voilà bien de la besogne pour une fois. Vous me demandez, mon cher Théodore, que je vous fasse trois divisions avec le même dividende et le même diviseur que vous m'avez donné, une par la règle ordinaire et deux par la nouvelle methode ; eh bien ! soit.

Exemple :

Règle ordinaire.

$$
\begin{array}{r|l}
69270 & 4532 \\ \hline
22950 & 1,52846 \\
12900 \\
38360 \\
21040 \\
29120 \\
1928
\end{array}
$$

Comme d'après la règle quand le dernier chiffre dépasse 5, on peut augmenter le chiffre suivant d'une unité, j'aurai pour quotient 1,5285.

224

Exemples par la nouvelle méthode:

$$
\begin{array}{r|l}
69270\,000 & 4532 \\
\hline
23950 & 1,5286 \\
1290 & \\
384 & \\
24 & \\
00 & \\
\end{array}
$$

Autre exemple ayant tous les diviseurs sur la même ligne.

$$
\begin{array}{r|l}
69270 & 4532\text{-}4532\text{-}453\text{-}45\text{-}4 \\
\hline
23950 & 1 - 5 - 2 - 8 - 6 \\
1290 & \\
384 & \\
24 & \\
00 & \\
\end{array}
$$

Autre exemple :

$$
\begin{array}{r|ll}
69270 & 4532 & \\
\hline
23950 & 15286 & \\
1290 & 453 & 3^e \text{ diviseur.} \\
384 & 45 & 4^e \text{ diviseur.} \\
24 & 4 & 5^e \text{ diviseur.} \\
00 & & \\
\end{array}
$$

On voit dans le dernier exemple que tous les diviseurs partiels sont placés les uns sous les autres, et qu'il faut faire la multiplication en descendant au diviseur après avoir posé le quotient et que cette multiplication demande un peu d'attention, autrement l'on se tromperait souvent, au lieu que les deux autres manières d'opérer, soit en supprimant un chiffre chaque fois que le dividende ne contient plus le diviseur, soit en plaçant tous les diviseurs partiels sur la même ligne, sont bien plus simples et plus faciles.

Le quotient cherché est donc 1,5286, à moins d'un dix-millième d'unité près.

Théodore. — C'est très-bien, Adolphe. Ainsi, je vois que nous n'avons plus à opérer sur cette méthode de faire la division, vous l'avez tous comprise ; d'ailleurs, vous n'avez pas manqué d'écrire sur vos cahiers le raisonnement et les opérations que nous avons faites. Ainsi, vous pourrez vous exercer de vous-même quand bon vous semblera ; mais je ne veux cependant pas en rester tout-à-fait là : je vais encore vous faire connaître quelques cas que vous écrirez sur vos cahiers pour vous en servir au besoin.

S'il y avait des décimales dans le dividende ou dans le diviseur, ou dans tous les deux, on les ramènerait d'abord à n'en point avoir, selon ce qui a déjà été dit, c'est-à-dire qu'on supprimerait la virgule qui sépare les entiers d'avec les décimales, après quoi on opérerait comme dans le dernier exemple de la nouvelle méthode.

Donc, si l'on voulait réduire une fraction proposée en décimales (chose que vous savez déjà faire, mais par une autre méthode), on y parviendrait promptement par cette nouvelle méthode, ayant égard à ce qui a été dit.

Ainsi, si l'on voulait réduire $\frac{6245}{9787}$ en décimales et en avoir la valeur à moins d'un millième près, on aura 6245000 à diviser par 9787, ce qui se réduira à diviser 6245 par 9787, ou à diviser 6245 par 979, selon la méthode actuelle.

On trouvera donc 638, en sorte qu'on aura 0,638 millièmes pour la valeur de $\frac{6245}{9787}$, à moins d'un millième près.

Exemples :

$$\begin{array}{r|l} 6245000 & 9787 \\ \hline 37280 & 0{,}638 \\ 79190 & \\ 894 & \end{array}$$

Par la nouvelle méthode :

$$\begin{array}{r|l} 6245 & 9\not{7}9 \\ \hline 371 & 0{,}638 \\ 80 & \\ 8 & \end{array}$$

Il pourrait arriver néanmoins que le quotient trouvé d'après ces règles fût fautif de une, deux ou trois unités dans le dernier chiffre; quoique ce cas doive se rencontrer très-rarement, il n'est pas inutile de faire observer qu'on peut toujours le prévenir facilement, en ne séparant au commencement de l'opération, sur la droite du dividende, qu'autant de chiffres, moins deux, qu'il y en a dans le diviseur, et opérant, du reste, comme nous venons d'opérer. Lorsque le quotient sera trouvé, on supprimera le dernier chiffre, en observant d'ajouter une unité au dernier de ceux qui resteront, si celui qu'on supprime est plus grand que 5.

Je pense maintenant que tout est compris et que nous n'avons plus besoin de revenir là-dessus.

Nous allons passer au cubage des bois carrés en employant plusieurs méthodes.

Pour cuber un morceau de bois carré d'après le système duodécimal, on multipliait la hauteur par la largeur, et le produit de cette multiplication se multipliait par la longueur, et ce dernier produit était divisé par 144, et le quotient était le cube de la pièce. Dans le système métrique, on multiplie de même la largeur par la hauteur, et le produit de cette première multiplication se multiplie par la longueur; maintenant, la division à faire est simple, il ne s'agit que de retrancher quatre chiffres au produit vers la droite, et les chiffres restants vers la gauche sont des mètres, et ceux après la virgule, vers la droite, sont des décimètres, centimètres, millimètres, dix-millimètres, etc.

Exemple :

45 mètres.

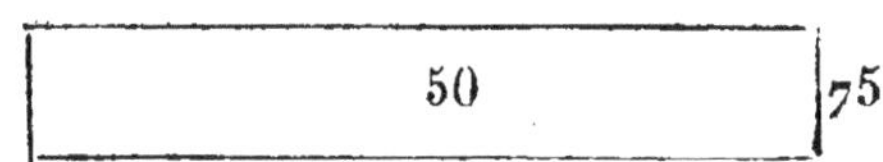

Longueur 45
A soustraire 22 50 la moitié de la largeur.
____
         22 50 reste.
A soustraire   5 625 le quart de la longueur.
____
         16 875 reste pour cube exact.

228

$$\begin{array}{r} 75 \\ 50 \\ \hline 3750 \\ 45 \\ \hline 18750 \\ 15000 \\ \hline 168750 \end{array}$$

On voit dans la première opération qu'il ne s'a-git que de soustraire et l'on obtient le même ré-sultat ; mais pour faire ces soustractions, il faut savoir pourquoi on les fait et comment on les fait.

Voici comme l'on s'y prend : lorsque l'on cal-culait par pieds, pouces et lignes, et lorsque la pièce de bois, quelle que fût la longueur, n'avait que douze pouces de large et douze pouces de hauteur, elle ne cubait pas, elle conservait sa longueur sans augmentation. La raison en est que 12 multiplié par 12 donne 144, et comme 144 est le diviseur du produit pour amener le cube, nul doute que le quotient sera toujours la lon-gueur de la pièce. Si la largeur a moins de douze pouces, elle fait perdre à la longueur une quan-tité de pieds en raison de ce qui manque à douze. Je suppose que la largeur ne soit que de neuf pouces, il manquerait 3 qui à l'égard de 12 est le quart, la longueur de la pièce perdrait le quart ; c'est-à-dire qu'en la supposant de 40 pieds, elle n'en cuberait plus que 30. Maintenant si nous supposons la hauteur de 9 pouces aussi, elle fait perdre encore le quart de la longueur restante; comme après la première soustraction, il ne reste plus que 30, il faudra soustraire de 30, le quart qui est 7 pieds 6 pouces, le reste, 22 pieds 6 pouces, sera le cube de la pièce de 40 pieds; elle a donc perdu 17 pieds 6 pouces, et si la hauteur et la largeur n'eussent eu que 6 pouces, elle aurait perdu la moitié et la moitié de la moitié restante, c'est-à-dire que la pièce de bois de 40 pieds n'aurait cubé que 10 pieds, elle aurait perdu les 3/4 de sa longueur. Mais si au contraire sa largeur et sa hauteur dépassent 12, elle gagne en longueur en proportion de ce qu'elle perd au-dessous de 12 pouces; ainsi la hauteur et la largeur étant de 18 pouces, comme il y a 6 pouces au-dessus de 12, elle augmentera de la moitié de la longueur, plus de la moitié de la longueur augmentée de la moitié. — Supposons la pièce de bois de 40 pieds.

Exemple :

40 pieds.

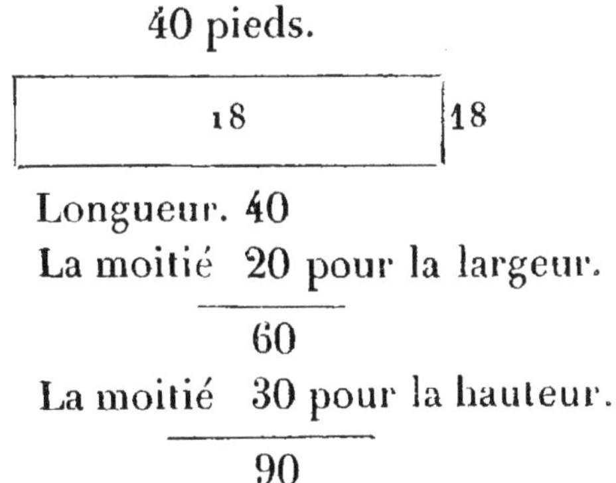

Longueur. 40
La moitié 20 pour la largeur.
_____
60
La moitié 30 pour la hauteur.
_____
90

La pièce de bois de 40 pieds, en a maintenant 90, elle a donc augmenté de sa moitié, plus de la moitié de sa longueur augmentée de la moitié.

Si j'ai parlé de l'ancien système un instant c'est pour vous prouver que le raisonnement conduit à tout. Maintenant qu'il est question du mètre, je fais le même raisonnement, le mètre est ici ce qu'étaient les 12 pouces. 12 pouces de haut sur 12 de large ne pouvaient augmenter la longueur, de même qu'une pièce de bois qui aurait 1 mètre de large sur 1 mètre de haut, n'augmente pas la longueur de la pièce, c'est-à-dire que sa largeur est son cube exact. Si au contraire la pièce de bois a moins d'un mètre de large, et moins d'un mètre de haut, elle perd de sa longueur en raison de ce qui manque en largeur et en hauteur pour arriver au mètre. Supposons qu'une pièce de bois ait 80 mètres, sur 50 centimètres de large, et 50 centimètres de hauteur ; or, comme 50 centimètres ne sont que la moitié du mètre, la pièce commencera par perdre la moitié de sa longueur ; or, la moitié de 80 étant de 40, je soustrais 40 de 80, et il ne me reste plus que 40. Ici je n'ai encore fait qu'une opération, maintenant j'ai encore à prendre la moitié pour la hauteur qui n'est aussi que de 50 centimètres, or, la moitié des 40 mètres restants est de 20, que je soustrais de 40, et il ne me reste plus que 20 mètres ; la pièce de bois a donc perdu 60 mètres de sa longueur. Mais lorsque la largeur et la hauteur dépassent 1 mètre, la pièce augmente en raison de ce qu'est dépassé le mètre. Je suppose que la même pièce de bois de 80 mètres ait une longueur et une largeur de 1 mètre 50 centimètres, comme 50 centimètres sont la moitié du mètre, elle augmentera de la moitié de sa longueur pour l'excédant du mètre, qu'il y a dans sa longueur, $80 \times 40 = 120$. Maintenant, il nous reste pour l'excédant de sa hauteur, à ajouter à 120 mètres, la moitié de 120 mètres, or, $120 + 60 = 180$; la pièce de bois de 80 mètres a pour cube exact 180 mètres, elle a donc augmenté de sa moitié, plus de la moitié de la longueur ajouté à sa moitié.

Mais on n'a pas toujours 50 centimètres qui diminuent, ou augmentent de la moitié la pièce de bois; on peut avoir 75 centimètres, on peut en avoir 25, et même moins, j'entends pour la largeur et la hauteur. Dans ce cas quelque largeur ou quelque hauteur que la pièce ait, soit au-dessus d'un mètre, soit au-dessous, elle augmente ou diminue; c'est ici le cas de se rappeler que cent représente tous les entiers, de quelque nature qu'ils soient; donc, comme 75 représente les 3/4 de cent, une pièce de bois qui aurait 1 mètre 75 cent. de large, augmentera de 3/4 sa longueur. Supposons qu'elle ait de long 60 mètres, les 75 centimètres donneront les 3/4 de 60, qui sont 45, $45 + 60 = 105$. Supposons encore que la hauteur ait aussi 1 mètre 75 centimètres, les 75 centimètres en plus du mètre qui sont dans la hauteur, augmenteront encore la longueur des 3/4 de 105, qui sont 78 mètres 75 centimètres; ainsi 105 mètres $+$ 78 mètres 75 centimètres $=$ 183 mètres 75 centimètres. Si au contraire ladite pièce n'avait que 75 centimètres de large et 75 centimètres de haut, elle perdrait 1/4 de sa longueur, et pour le 1/4 manquant à la hauteur pour arriver au mètre, elle perdrait encore le 1/4 du restant. Prenons pour exemple la même pièce qui au lieu d'avoir 1 mètre 75 centimètres de large sur 1 mètre 75 centimètres de haut, est supposée n'avoir que 75 centimètres de largeur sur 75 centimètres de hauteur, sa longueur étant de 60 mètres; il faut extraire le 1/4; or le 1/4 de 60 étant 15, que je dois soustraire de 60, 60 — 15 = 45; pour le 1/4 manquant aussi à la hauteur, j'extrais le 1/4 du restant 45, 45 — 11, 25 = 33 mètres 75 centimètres; la pièce de 60 mètres est réduite maintenant à 33 mètres 75 centimètres. Cette manière d'opérer abrégeait de beaucoup l'opération dans l'ancien système, mais dans le système métrique elle abrége de bien peu de chose, vu que dans le système métrique, la division se fait, soit en retranchant deux, quatre ou six chiffres vers la droite. Je vais néanmoins donner un exemple seulement, pour laisser au choix la manière d'opérer, soit en multipliant la largeur par la hauteur et le produit de cette multiplication par la longueur, soit en ajoutant ou soustrayant lorsque la largeur et la hauteur n'atteignent pas un mètre, ou en augmentant la longueur lorsqu'elles dépassent 1 mètre.

Exemple : 75 mètres.

1^m 50^c	1^m 75^c

Longueur. 75

Pour les 50 c., la moitié. 37 50

112 50

Pour 75 c., les 3/4 de 112 50. 84 375

Cube. 196 875

233

75 mètres.

| 1ᵐ 50ᶜ | 1ᵐ 75ᵒ |

$$175$$
$$150$$
____

$$875$$
$$175$$
____

$$26250$$
$$75$$
____

$$131250$$
$$183750$$
____

Cube. 1968750

On voit qu'en ajoutant la moitié à la longueur,
plus les 3/4 de la longueur augmenté de sa moitié,
on obtient le même résultat, sauf que l'on évite
deux multiplications, mais le temps que l'on met
à chercher la moitié, les 3/4, et retarde l'opération,
et qu'on abrége peu ou pas du tout l'opération,
tandis que dans l'ancien système, il fallait faire
deux multiplications et une division; alors on
abrégeait de beaucoup l'opération; mais comme
je vous l'ai dit, maintenant que le système métrique abrége toutes les opérations autant qu'elles
peuvent l'être, je vous conseille d'opérer par la
méthode ordinaire, c'est-à-dire, multipliez la
hauteur par la largeur; et le produit de cette multiplication, multipliez-le par la longueur; retranchez de ce dernier produit autant de chiffres sur la
droite. qu'il sera nécessaire pour avoir le cube

exact des mètres, décimètres, centimètres et millimètres, etc.

Exemples :   25 mètres.

| 0^m 6666^m | 75^c |

Longueur 25

Les 2/3 à déduire   8 3333   pour la largeur qui est de 1/3 moins

Reste.   16 6667   élevé que le mètre.

A déduire le 1/4.   4 1667   pour la hauteur à laquelle il manque

Cube exact.   12 5000   1/4 pour atteindre le mètre.

| 0^m 6666^c |

75   cent.

6666

450

450

450

450

499950

25

2499750

999900

12,498750

On voit dans les deux exemples ci-dessus que le résultat est le même, qu'il y en a un qui présente bien moins de chiffres que l'autre et qui serait pour quelqu'un qui a l'habitude de savoir prendre

de suite le 1/3, le 1/4 d'un nombre, beaucoup
plus simple et plus facile, mais pour des personnes
qui n'en ont pas l'habitude, il vaut mieux qu'ils
fassent deux multiplications. Enfin j'ai cru devoir
en donner encore un exemple, soit pour que les
élèves s'exercent, soit pour leur laisser le choix
d'opérer. Je pense en avoir dit assez pour vous
mettre à même de cuber une pièce de bois de quelque dimension qu'elle soit.

ALPHONSE. — Nous avons parfaitement compris
que pour cuber une pièce de bois, il ne s'agit
toujours que de multiplier la largeur par la
hauteur, et le produit de cette multiplication
par la longueur, et retrancher de ce produit
autant de chiffres décimaux qu'il y en a dans
les trois dimensions. Je suppose qu'une pièce
de bois ait pour dimension 15 mètres 75 centimètres de longueur, pour largeur 1 mètre 65
centimètres, pour hauteur 1 mètre 45 centimètres,
je fais les deux multiplications, telles qu'il est
enseigné ci-dessus et je retranche au dernier
produit six chiffres, parce qu'il y a dans les trois
dimensions six chiffres décimaux, et j'ai pour
résultat 37 mètres 681875, mais on peut supprimer les trois derniers, il reste pour cube 37 mètres
681 millimètres ; 1 mètre 45 × 1 mètre 65 centimètres = 2 mètres 3925, 2 mètres 3925 × 15
mètres 75 centimètres = 37 mètres 681,875. Vous
avez compris le cubage des bois.

TOUS LES ÉLÈVES. — Parfaitement.

THÉODORE. — Nous allons passer à d'autres
cubages.

XIIᵉ ENTRETIEN.

Manière de cuber une cuve, un tonneau, un bassin, etc.

Pour cuber une cuve quelconque, quelle que soit sa circonférence ou son diamètre, il faut toujours prendre, comme terme moyen et commun, 7 et 22, c'est-à-dire, établir cette proportion : 7 : 22 :: , etc. On se servira de ce terme après avoir fait les opérations ci-après.

Exemple :

Supposons une cuve qui aurait 3 mètres 50 centimètres pour le diamètre du haut, et pour celui du bas, 3 mètres 24 centimètres. La première opération à faire serait d'additionner ces deux diamètres ensemble.

Diamètre du haut. 3 m. 50 c.
Diamètre du bas. 3   24

Total des deux diamètres. 6   74

Pour établir le terme moyen, il faut prendre la moitié de 6 mètres 74 centimètres, et on a pour diamètre commun 3 m. 37 cent.; et c'est sur le terme moyen trouvé que l'on doit commencer d'opérer comme il suit.

J'ai dit plus haut qu'il fallait prendre pour termes connus 7 et 22. C'est après avoir trouvé le terme moyen des diamètres que l'on emploie les termes connus 7 et 22, pour trouver la circonférence moyenne par le moyen d'une règle de trois.

Ainsi, pour trouver la circonférence moyenne, il faut faire la règle de trois suivante : 7 : 22 :: 3-37 : x, et l'on trouve pour x ou la circonférence moyenne, 10 mètres 5914 dix-millimètres. Je divise 7,414 par 7.

Exemple :

```
7414 | 7
041     10-5914
  64
   10
    30
     2
```

```
7:22 :: 3-37 : x
         22
       ___________
          674
          674
       ___________
          7414
```

Cette seconde opération faite, c'est-à-dire quand on a trouvé par la division la circonférence moyenne qui est ici 10 mètres 5914, il faut prendre le quart du diamètre moyen que nous avons trouvé être 3 m. 37 c., lequel quart de 3 m. 37 c. donne 0 m. 84 c. 25 millim., lequel quart devient le multiplicateur de la circonférence moyenne ; ainsi, l'on aura la multiplication suivante à faire :

0 m. 84 25 + 10,5914 = 8 m. 923225450.

Exemple :

```
        105914
        08425
      __________
        529570
        211828
        423656
      8  47312
      __________
      8-92325450
```

La quatrième opération a donc donné pour résultat 8 mètres 92,325450, lequel résultat, multiplié par la hauteur de la cuve, donnera le cube exact de la cuve.

Supposons que la hauteur de la cuve soit de 1 m. 86 c., il faudra multiplier 8 92325450 par 1 m. 86.

Exemple :

```
        892325450
              186
        ─────────────
        5353952700
      7 138603600
      8 92325450
        ─────────────
```

Cube exact de la cuve.   16 5972533700

Maintenant il reste à savoir combien le nombre de mètres cubes trouvés donneraient de litres. Pour réduire les mètres cubes et parties du mètre cube en litres, il suffit de savoir qu'un mètre cube contient 1,000 litres; d'après cette donnée, un dixième ou un décimètre cube donnerait la dixième partie de 1,000 qui est 100 litres; un centième ou un centimètre cube, par la même raison, donnerait la dixième partie de 100 ou 10 litres ; un millième ou un millimètre cube donnerait la dixième partie de 10 ou un litre. En suivant cette marche et ce raisonnement, on rendra compte non-seulement des mètres cubes, mais encore du contenu de la cuve.

Ainsi, cette cuve de 16 mètres 597 millimètres contiendrait donc 16,597 litres et une petite fraction qui serait un quart de litre que l'on néglige.

Si l'on voulait rendre compte des hectolitres, comme il faut 100 litres pour faire un hectolitre, on diviserait par 100, qui n'est autre chose que de retrancher deux chiffres; ainsi, en retranchant les deux derniers chiffres 97, il reste 165 hectolitres et 97 litres. Si l'on voulait rendre compte des bareilles, comme elles contiennent en général 200 litres, il faudrait diviser par 200-165-97, on aurait 82 bareilles et 98 litres, ou bien retrancher le dernier chiffre 7 et prendre la moitié du nombre restant qui serait 165-9 ; la moitié de 16 est 8, la moitié de 5 est 2 et 1 pour reste ; on aurait donc 82 bareilles et l'unité restante qu'il faut joindre au 9, ce qui donnerait 19 ; la moitié de 19 est 9 pour 18, il reste 1 qui ajouté au 7 donnerait 17 que l'on compterait comme 16, vu que l'on peut négliger cette petite fraction, et l'on obtiendrait 82 bareilles et 98 litres comme par la division ; par ce raisonnement, on peut se rendre compte de toutes les conversions possibles.

Ainsi, pour cuber une cuve quelconque, il faut faire six opérations.

Souvenez-vous que la première opération est d'additionner les deux diamètres, c'est-à-dire le diamètre du haut de la cuve et celui du bas. La seconde est de diviser par 2 le produit de l'addition des deux diamètres ou d'en prendre la moitié, ce qui revient au même.

La troisième opération est de faire une règle de trois en prenant toujours 7 et 22 comme termes moyens connus ; ainsi, on dira toujours : $7 : 22$ comme le diamètre moyen est à x.

La quatrième est de diviser par 7 le produit du diamètre multiplié par 22 ; on aura au quotient la circonférence moyenne.

La cinquième est de multiplier la circonférence moyenne qu'on a trouvée par le quart du diamètre moyen.

La sixième et dernière opération est de multiplier par la hauteur de la cuve le produit de la circonférence par le quart du diamètre moyen, et ce dernier produit donnera le cube exact de la cuve qu'on avait à chercher.

Je pense qu'après toutes ces définitions, personne ne sera embarrassé pour cuber une cuve de quelque dimension qu'elle soit.

ALPHONSE. — S'il ne s'agissait que d'additionner, multiplier et diviser, nous saurions tout cela et nous ne serions point embarrassé ; mais il faut encore employer ces opérations à propos. Vous nous avez bien dit qu'il fallait prendre le diamètre d'en haut et d'en bas et de les additionner ; mais nous ne savons pas ce que c'est qu'un diamètre ni une circonférence.

THÉODORE. — Une circonférence est tout le tour d'un objet rond, la circonférence est donc tout le tour de la cuve, et le diamètre est la largeur d'un rond ; or, comme la cuve est ronde, si vous prenez la largeur de ce rond vous aurez le diamètre.

Supposons un rond tel qu'on le voit ici :

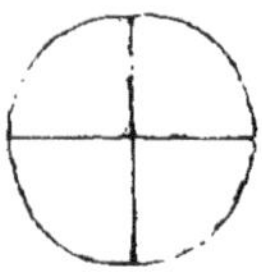

Le tour de ce rond sera ce qu'on appelle la circonférence, les lignes qui le traversent ne sont autre chose que la largeur ou le diamètre; que vous preniez l'une ou l'autre de ces lignes, peu importe, elles donneront toutes deux la largeur ou le diamètre, attendu qu'un rond est égal partout, de telle manière que si on le traverse ou le sépare, soit verticalement, soit horizontalement, la largeur ou le diamètre aura toujours la même distance. Par exemple, dans la cuve dont il est ici question, nous avons trouvé pour diamètre d'en haut ou largeur, 3 mètres 50 centimètres; pour le fond de la cuve, qui est aussi un rond ou une circonférence, nous avons trouvé une largeur ou un diamètre de 3 mètres 24 centimètres. Comme ces diamètres ne sont pas égaux, nous les avons additionnés et nous avons trouvé pour total 6 mètres 74 centimètres; nous en avons pris la moitié qui est de 3 mètres 37 centimètres; par ce moyen nous les avons rendus égaux. Ainsi, le diamètre du haut qui avait 3 m. 50 c. n'en a plus que 3 m. 37 c., et celui du bas, qui n'avait que 3 mètres 24 centimètres, a maintenant 3 mètres 37 centimètres. Ce que l'un a perdu, l'autre l'a gagné. Cela ne change rien au total 6 mètres 74 centimètres, puisque deux fois 3-37 = 6-74. Ce qu'on appelle prendre le terme moyen, c'est lorsque, plusieurs nombres n'étant pas égaux, on veut les égaliser. Comme il n'y avait que deux nombres, on a pris la moitié; mais s'il y en avait trois, quatre, cinq, six, etc., on prendrait le tiers, le quart, le cinquième, le sixième, etc., et par ce moyen on les rendrait tous égaux, ou bien l'on diviserait par 3, par 4, par 5, par 6, etc., et le quotient serait le terme moyen des six nombres, c'est-à-dire le nombre qui leur appartiendrait à tous; mais, comme je vous l'ai déjà dit, l'on ne cherche le terme moyen que pour rendre égaux entre eux plusieurs nombres inégaux.

ALPHONSE. — Je commence à comprendre. Supposons une cuve, qu'importe ses dimensions; je suppose que le diamètre du haut soit de 4 mètres 25 centimètres, que celui du bas soit de 3 m. 75 cent., j'additionnerai les deux diamètres ensemble et j'aurai 8 mètres. Comme il n'y a ici que deux nombres, je prends la moitié du total qui est 4 et je rends les deux diamètres égaux entre eux, puisqu'ils ont maintenant chacun 4 mètres de diamètre au lieu de 4-25 et 3·75. Quant à la hauteur de la cuve, je pense qu'elle se prend depuis sa base jusqu'au sommet. Eh bien! mon cher Théodore, j'y suis maintenant et je puis répondre à toutes vos questions.

THÉODORE. — Cela devient inutile; nous en avons assez dit sur le cubage d'une cuve pour mettre toutes les intelligences à même de faire cette opération.

Maintenant nous allons passer au cubage des bois équarris.

ALPHONSE. — C'est très-bien. Mais avant il faut que vous nous donniez une dernière explication sur les nombres 7 et 22. Pourquoi cette règle de trois? pourrait-on prendre d'autres nombres? ou si ces nombres sont invariables, nous dire pour-quoi?

THÉODORE. — Volontiers. On a cru long-temps que le diamètre était le tiers de la circonférence, et nous avons encore aujourd'hui des personnes qui opèrent avec le tiers; mais le calcul n'est pas aussi exact. Archimède à trouvé que le diamètre était à la circonférence comme 7 est à 22. Le diamètre est donc un peu plus fort que le tiers; car sans cela nous aurions dit: comme 7 est à 21, vu que 3 fois 7 font 21, et non pas comme 7 est à 22. Voilà la raison pourquoi l'on prend, pour faire la règle de trois, la proportion de 7 à 22. Ainsi, pour trouver quelque circonférence que ce soit, on dira toujours: $7 : 22$ comme le diamètre est à x. Il y a encore deux autres nombres que l'on pourrait prendre pour trouver la circonférence, mais nous n'en parlerons pas. Nous allons donner un moyen plus simple pour trouver la circonférence et cela sans règle de trois ni division: il ne s'agit que de multiplier le diamètre par 3 et ajouter à ce produit le septième du diamètre; l'addition de ces deux nombres donnera la circonférence.

Exemple:

Pour trouver la circonférence de la cuve dont nous avons parlé, nous avons opéré comme il suit:

$$7 : 22 :: 3\text{-}37 : x.$$

Nous avons multiplié 3-37 par 22 et nous avons divisé ce produit par 7, comme cela se pratique dans toutes les règles de trois, et nous avons obtenu pour quotient 10 mètres 5914 qui est bien la circonférence de la cuve ; mais si j'opère comme je viens de le dire, en multipliant simplement le diamètre par 3, j'évite une multiplication et une division.

$$\begin{array}{r} \text{Exemple :} \quad 3\ 37 \\ 3 \\ \hline 10\ 11 \end{array}$$

J'ajoute le $\frac{1}{7}$ du diamètre 3-37. 4814

$$10\ 5914$$

Vous devez juger maintenant combien cette manière d'opérer est plus simple et plus expéditive. D'un autre côté, vous n'oublierez jamais qu'il ne s'agit toujours que de multiplier le diamètre par 3 et d'ajouter au produit de la multiplication le septième du diamètre, comme vous avez vu que j'ai fait dans l'opération précédente.

Léonidas. — Nous avons compris que l'on pouvait trouver une circonférence en faisant une règle de trois, ayant pour premiers termes 7 et 22 ; qu'on pouvait la trouver de même en multipliant le diamètre par 3 et ajoutant ensuite au produit le $\frac{1}{7}$ du diamètre. Je suppose un diamètre de 4 m. 25 cent., je le multiplie par 3, et j'ai pour produit 12 mètres 75 centimètres, plus le $\frac{1}{7}$ de 4 m. 25 c.

$$\begin{array}{r} \text{Exemple :} \quad 4\ 25 \\ 3 \\ \hline 12\ 75 \end{array}$$

Plus le $\frac{1}{7}$ de 4,25. 6071

$$13\ 3571$$

Par la règle de trois, je dirais :

$$7:22 :: 4\text{-}25 : x.$$

Je multiplie 4-25 par 22 et j'ai pour produit 9350 qui, divisé par 7, donne pour quotient 13-3571 qui est le même résultat.

ALPHONSE. —Il me semble que j'aimerais mieux faire cette opération en multipliant le diamètre par 3, que de faire la règle de trois. Je suppose un diamètre de 5-75 ; je multiplie 5-75 par 3 et j'ajoute au produit le $\frac{1}{7}$ de 5-75.

```
Exemple :                    5 75
                                3
                             ─────────
                            17 25
   Le 1/7 de 5-75 est de     0 8214
                            ─────────
                            18 0714
                            ─────────


         7 : 22 : : 5-75 : x.
                   22
         ─────────────────
              11 50
             115 0
         ─────────────────
              126 50 | 7
                56     18-0714
                 5 0
                  10
                  30
                   2
```

Il me semble que cette manière est beaucoup plus courte et plus simple ; mais malgré que je me serve de ce moyen à l'avenir, je n'oublierai pas pour cela la règle de trois 7 : 22, etc. Mais je voudrais que vous nous disiez pourquoi ces deux manières d'opérer, quoique différentes, amènent le même résultat.

THÉODORE. — Volontiers. J'aime que l'on me fasse de pareilles questions ; c'est le moyen d'apprendre ce que l'on fait et pourquoi on le fait. Nous avons dit que le diamètre était regardé comme le tiers de la circonférence et que beaucoup de personnes ne cherchent pas plus loin ; nous avons dit qu'Archimède avait trouvé que c'était plus de trois fois le diamètre ; voilà pourquoi il dit : 7 : 22, tandis que le tiers ne donne que 21 ; et lorsque vous multipliez le diamètre par 3, vous n'amenez que trois tiers pour l'entier, et quand vous ajoutez le septième du diamètre au produit, vous ajoutez en plus aux trois tiers, la différence qu'il y a entre 7 : 22 au lieu de 7 : 21 ; cette différence étant un septième, vous l'ajoutez au produit de la multiplication par 3, et vous avez le même résultat que si vous aviez fait la règle de trois par 7 : 22 :: le diamètre : x.

NAPOLÉON. — Maintenant nous y sommes, et si vous voulez nous donner quelques opérations à faire, nous les ferons ; cela nous servira de récréation.

THÉODORE. — La récréation sera au moins utile et instructive.

Trouver la circonférence d'un cercle développée en ligne droite.

NAPOLÉON. — Il faut multiplier son diamètre par 3 et ajouter le 1/7 ; le produit sera la circonférence.

Exemple :

Le diamètre d'un cercle est de   4 523
Je multiplie par   3
____
13 569
J'ajoute le 1/7 de 4 m. 523 c. qui est   646
____
14 215

La circonférence a 14 mètres et 215 millimètres de développement.

Théodore. — C'est bien cela. Maintenant je
prie notre ami Eugène de nous trouver le contour d'un bassin, quand on sait que le diamètre
est de 6 mètres et 7 décimètres.

Eugène. — Le contour d'un bassin n'est autre
chose qu'une circonférence. J'opérerai donc de
la même manière, c'est-à-dire que je multiplierai
6 mètres 7 décimètres par 3. Ainsi, 3 fois 7 font
21, je pose 1 et retiens 2 ; 3 fois 6 font 18 et 2
de retenu font 20. J'ai donc 20 mètres 1 décimètre. Maintenant j'ajoute le 1/7 de 6 et 7 ; le septième de 6 ne pouvant se prendre, je prends le
septième de 67 ; mais comme c'est des décimètres, je porte 9 qui est le septième de 67, aux
décimètres ; il me reste 4 ; le 1/7 de 4 ne pouvant se
prendre, j'ajoute un zéro et j'ai 40 ; je prends
le 1/7 de 40 qni est 5 que je pose aux centimètres,
il me reste 5 auquel j'ajoute un zéro pour avoir
des millimètres et j'ai 50 millimètres ; le 1/7 de 50
étant 7, je pose 7 sous les millimètres et j'aban-
donne le millimètre qui me reste ; et j'ai pour
le contour du bassin 21 mètres 57 millimètres.

Théodore. — C'est fort bien; d'ailleurs, quand on sait calculer comme vous le savez, on peut faire toutes les opérations qui se présentent, il ne s'agit que d'avoir les données. Ainsi, pour trouver le rayon, connaissant la circonférence, il faut multiplier la circonférence par 0,159, et le résultat de cette multiplication est le rayon.

Exemple:

Pour trouver l'épaisseur d'une colonne, on mesure son contenu à l'aide d'un fil. Supposons que l'épaisseur eût été trouvée de 2 mètres 542 centimètres, le résultat de la multiplication donnerait 0 mètre 404 centimètres de rayon, 404 millimètres qu'il faut doubler, et l'on a pour diamètre de la colonne 0,808 millimètres. Le véritable produit de 0,159-2,452 est de 0,404,178; mais comme il faut séparer six chiffres et que les trois derniers sont des fractions imperceptibles, on les néglige.

Trouver la surface d'un parallélogramme.

La surface d'un parallélogramme ou d'un rectangle s'obtient en multipliant la base par la hauteur: celle d'un carré, en multipliant le côté par lui-même.

La base et la hauteur doivent être exprimées en mesures de la même espèce, par exemple, en mètres ou décimètres: lorsqu'on veut évaluer une surface, on cherche combien de fois elle contient un carré dont le côté a un mètre, ou bien un décimètre, etc.; la multiplication qu'on a faite indique combien la surface contient de carrés, dont le côté est un décimètre si l'unité de ligne est le décimètre.

Il faut aussi savoir que le mètre carré contient 100 décimètres carrés; et que chacun de ces décimètres contient 100 centimètres carrés; ce qui fait 10,000 centimètres carrés dans le mètre.

Exemple :

Un rectangle a 2 m. 24 c. de base, et 4 m. 31 c. de hauteur, qu'elle est sa surface ? On multiplie ces deux nombres et on sépare 4 chiffres au produit, parce qu'il y en a 2 dans chaque nombre donné. La surface contient donc 9 mètres carrés, et les 65 centimètres d'un de ces carrés, c'est-à-dire 65 décimètres carrés, et encore 44 centièmes de ceux-ci, ou 44 centimètres carrés; puisque le mètre carré contient 100 décimètres carrés, dont chacun est composé de 100 centimètres carrés.

Opération :

$$
\begin{array}{r}
2\text{-}24 \\
4\text{-}31 \\
\hline
224 \\
672 \\
896 \\
\hline
9,65,44
\end{array}
$$

Exemple :

Un canal a 154 m. 6 c. de long, sur 75 m. 3 c. de large; on demande combien sa surface contient d'ares.

$$
\begin{array}{r}
154\cdot6 \\
75\cdot3 \\
\hline
4638 \\
7730 \\
10822 \\
\hline
11641\cdot38
\end{array}
$$

On trouve 11641 mètres carrés et 38 centièmes; mais l'are étant un carré de 10 mètres de coté, contient 100 mètres carrés; donc le canal a 116 ares et 41 centièmes d'ares (en négligeant les 38 dix-millièmes); ou si on veut, 1 hectare, 16 ares, 41 centiares, puisque l'hectare vaut 100 ares.

Exemple :

Un parc à la forme rectangulaire, de 2023 mètres de long, sur 1145 de large: on demande quelle en est l'étendue ? Le produit de la multiplication de ces deux nombres est de 2,316335 mètres carrés, ou 23,163 ares et 35 centiares, ou enfin 231 hectares 63 ares et 35 centiares.

La surface d'un prisme droit, sans y comprendre les deux bases, se trouve en multipliant la hauteur par le contour de la base. Cela suit de ce que toutes les faces latérales du corps sont des rectangles, ce qui les fait rentrer dans la règle qui précède.

Exemple :

On veut crépir les murs extérieurs du parc dont on vient de parler; ces murs ont 2 mètres 3 décimètres de hauteur. Combien présentent-ils de mètres superficiels? Le parc forme un parallélipipède de 2023 mètres de long sur 1145 de large, et 2 m. 3 d. de hauteur. Je double les deux premiers nombres, et j'ajoute pour avoir la longueur développée du mur; je trouve 6336 mètres de contour multipliant par 2 m. 3 c., j'ai enfin 14,572 mètres carrés et 8 décimètres carrés.

Exemple :

On veut tendre une étoffe sur les murs d'une chambre dont le contour est de 24 mètres 70 centimètres; la hauteur de la surface à recouvrir, est de 3 m. 10 c.; l'étoffe a 1 m. 50 c. de largeur, on demande combien il en faut de longueur. Je multiplie 24 m. 70 c. par 3 m. 10 c. pour avoir l'étendue superficielle qu'on veut couvrir; je trouve 76 m. 57 c. par 1 m. 50 c., et je trouve 51 m. 04 c., c'est-à-dire, qu'il faut un peu plus de 51 mètres de long pour tendre l'appartement avec l'étoffe dont il s'agit.

$$
\begin{array}{cc}
247 & \\
31 & \\
\hline
247 & \\
741 & \\
\hline
76,57 &
\end{array}
\qquad
\begin{array}{l|l}
7657 & 150 \\
\hline
0157 & 5104 \\
00900 & \\
100 &
\end{array}
$$

Si on voulait couvrir les murs avec du papier de tenture, il suffirait de savoir que ce qu'on nomme un rouleau ordinaire (24 feuilles, 8 mètres de long, sur 50 centimètres de large) suffit pour couvrir 4 mètres carrés environ.

Si le prisme est oblique, sa surface s'évalue en prenant celle de tous les parallélogrammes qui la forment.

Trouver la surface d'un triangle.

Multipliez la base par la hauteur, et prenez la moitié. On peut aussi prendre la moitié de la base, ou celle de la hauteur, avant de faire la multiplication.

On voit qu'un triangle est toujours la moitié d'un parallélogramme qui a même base et même hauteur.

Exemple:

On demande l'étendue d'un champ triangulaire, dont un côté pris pour base a 154 mètres de long, et dont la perpendiculaire menée sur ce côté, du sommet de l'angle opposé, est de 83 mètres. Je multiplie 77, moitié de 154, par 83, et j'ai pour la surface demandée 6391 mètres carrés, ou 63 ares 91 centiares. Si au contraire au lieu de prendre la moitié de la base, vous eussiez multiplié 154 au lieu de 77, par 83, le produit eût été 12,732, dont il faut prendre la moitié, ce qui revient au même, car la moitié de 12,782, est 6391. J'entre dans tous ces détails pour que vous sachiez opérer de plusieurs manières et que vous ayez le choix.

La surface d'un polygone et celle d'une pyramide, s'estiment en prenant séparément les surfaces des triangles composants.

Exemple :

Une cour irrégulière a la forme d'une quadrilatère; pour en trouver la surface, je mesure une des diagonales, que je trouve de 129 m. 70 c. Des angles opposés à cette ligne, j'abaisse des perpendiculaires sur sa direction; je trouve l'une de 52

50 c. l'autre de 41 m. 80 c. Je considère la cour comme formée de deux triangles, dont il faut évaluer séparément les surfaces.

$$
\begin{array}{rr}
\text{Premier triangle.} & 129\text{-}7 \\
\text{Sur.} & 52\text{-}5 \\
\text{Deuxième triangle.} & 129\text{-}7 \\
\text{Sur.} & 41\text{-}8 \\
\end{array}
$$

Il faudrait faire deux multiplications, mais j'ai plus promptement opéré en ajoutant les deux hauteurs 52,5 et 41,8, ce qui donne 94,3, dont la moitié est 47,15, qui doit être multiplié par 129,7, et on trouve 6115,355 mètres carrés, ou 61 ares 15 centiares.

Si le polygone dont on veut trouver la surface est régulier, on mène du centre des lignes à deux des angles voisins, et on évalue la surface du triangle, ainsi formé : on répète ensuite le résultat autant de fois qu'il y a de côtés.

Exemple :

Un bassin hexagone a pour côté 3 m. 34 c.; sa largeur, du milieu d'un côté au milieu opposé, est de 2 m. 88 c.; l'un des triangles a donc pour hauteur 1 m. 44 m., et pour surface le produit de 0,72 par 3,34, ou 2,4048 : je répète 6 fois, et j'ai 14,4288, c'est-à-dire 14 mètres carrés, 42 décimètres carrés et 88 centimètres carrés.

Trouver la surface d'un trapèze.

Prenez la moitié de la somme des deux côtés parallèles, ou ce qui équivaut, la parallèle menée à égale distance de ces lignes, et multipliez par la hauteur.

Exemple :

Un toit a la figure d'un trapèze, dont les côtes parallèles sont de 44 m. 7 d., et 33 m. 5 d.; la hauteur de ce trapèze (mesurée sur le toit dans la direction de la pente et perpendiculairement aux deux côtés précédents) est de 9 m. 4 d.; quelle est la surface ?

	447		39-1
	335		9-4
	78,7		1564
Moitié.	39,1		3519
			367,54

On trouve 367 mètres carrés et 54 décimètres carrés.

Si, par exemple, on demande combien de tuiles sont nécessaires pour couvrir ce toit, il suffit de savoir qu'il faut environ 70 tuiles pour chaque mètre carré, lorsqu'elle est de petit moule (24 centimètres sur 16. En répétant 70 fois 367,54, on trouve qu'il faut 25728 tuiles.

Trouver la surface d'un cercle.

Multipliez le rayon par lui-même, et ensuite le produit par 3 et 1/7 (ou 3,143); vous aurez la surface du cercle.

Exemple :

Un bassin circulaire a 8 m. 3 d. de rayon; 8,3 multiplié par 8,3, donne 68,89; triplant et ajoutant le septième, il vient 126 mètres carrés et 52 décimètres carrés.

255

$$68,89$$
$$31/7$$

$$20667$$

Pour le septième.   984

$$216,51$$

Exemple :

On a mesuré le contour d'un bassin, on l'a trouvé de 28 mètres 5 d.; on en conclut que le rayon est de 4 m. 53 c.; multipliant 4 m. 53 c. par lui-même, je trouve 20,52, qui répété 3 fois et 1/7 donne 64 m. 49 c. carrés.

Trouver la surface d'un cylindre droit.

Multipliez le contour de la base par la hauteur. Comme la base est un cercle, dont on connaît le rayon, on peut aisément en trouver la circonférence.

Exemple :

Un peintre a décoré un salon circulaire; les murs ont 3 m. 4 d. de hauteur, le diamètre du salon est de 54 m. 2 d. Combien a-t-il peint de mètres carrés? Multipliant 54, 2 par 3 1/7. J'ai le produit 170 m. 34 c. pour le contour du salon cylindrique; je multiplie ce résultat par la hauteur 3 m. 4 d. et je trouve, 579,156, savoir : 579 mètres carrés, 15 décimètres carrés et 60 centimètres carrés.

Nous avons fait abstraction des portes et fenêtres, qu'il faut évaluer à part et retrancher. Les moulures dont les boiseries sont ornées s'évaluent par développement; un mètre en parchemin se courbe suivant les contours variés qu'elles affectent, et on obtient en résultat la dimension réelle de l'ouvrage exécuté.

On a coutume d'évaluer à 1 kilogramme de substance, la quantité de peinture, quelle qu'en soit la nature, qui, pour chaque couche peut enduire 8 mètres carrés de muraille, de carreaux d'appartement, de boiserie; mais cette proportion est un peu forte en général, et varie selon les corps qu'on veut enduire.

DES VOLUMES.

Trouver la surface d'un prisme ou d'un cylindre.

Multipliez la base par la hauteur, vous aurez pour produit la quantité de cubes contenus dans le corps proposé.

Il faut toujours exprimer les trois dimensions par la même sorte de mesure, soit mètres, soit décimètres, de même qu'il faut pour les surfaces évaluer avec la même unité la longueur et la largeur.

Exemple :

Un mur a 2 m. 8 d. de hauteur, 6 d. d'épaisseur, et 104 m. 5 d. de longueur. On demande combien il contient de mètres cubes de pierre? je multiplie ces trois nombres, en écrivant 0 m. 6 d. au lieu de 6 décim. et j'ai : 2 m. 8 d. multiplié par 0 m. 6 d., fait 1 m. et 68, multiplié par 104 m. 5 d., fait 175 m. 560 mètres cubes.

J'ai donc 175 cubes et 560 décimètres cubes (le mètre cube contient 1000 de ceux-ci). Du reste, la terre, le sable, le plâtre, qui peuvent entrer dans la construction du mur sont compris dans cette évaluation.

Exemple:

Une pile de bois, rangée en forme de parallélipipède, a 22 m. 3 d. de largeur, 54 m. 8 d. de hauteur, 37 m. 1 d. de longueur, combien contient-elle de stères ou mètres cubes? Je multiplie ces trois nombres, et je trouve 45337 mètres cubes, et 684 décimètres cubes.

<pre>
22-3 largeur.   223
54-8 hauteur.   548
                         ──────
                          1784
                           892
                          1115
                         ──────
                        122204
37-1 longueur.   371
                         ──────
                        122204
                        855428
                        366612
                      ─────────
                       45337-684
</pre>

Exemple:

Une chaudière à peu près cylindrique a 8 m. 3 d. de profondeur, et 13 décimètres de largeur, on en demande la capacité. Le rayon est 6,5 décimètres; multipliant 6,5 par 6,5 ensuite par 3 1/7, je trouve pour la surface du cercle de la base 132,786 décimètres carrés; multipliant enfin par la profondeur 8,3, je trouve pour la capacité demandée 1102,124 décimètres cubes, c'est-à-dire 1102 litres, ou à très-peu près 11 hectolitres.

Exemple :

La brique en terre cuite a 23 centimètres de long , 11,2 de large , et 3,6 d'épaisseur; le produit de ces trois nombres est 930 centimètres cubes environ, volume d'une brique. Le mètre cube contient 1,000,000 de centimètres. Ainsi, en divisant par 930, on voit que le mètre cube renferme environ 1080 briques. On demande combien il en faut pour construire un mur ayant 300 mètres de long, 2 m. 2 d. de hauteur, et 36 centimètres d'épaisseur. Multipliant ces trois nombres (le dernier étant 0 m. 36) on trouve que le volume du mur, est 237 m. 6 déci. cubes : multipliant par 1080, il vient 256608, nombre des briques. Du reste, le plâtre qui est interposé pour former les joints, diminue cette quotité.

Exemple :

Un puits a 6 m. 9 d. de profondeur, 1 m. 2 d. de diamètre, on veut donner 4 décimètres d'épaisseur au mur; on demande combien il faut de pierre pour cette construction ? Je calcule le puits comme s'il devait être bâti plein, ce qui fait un cylindre dont le rayon est 6 décimètres plus 4, c'est-à-dire, 1 mètre : ensuite, j'en retranche la partie vide qui forme un autre cylindre de 6 décimètres de rayon. Premier cylindre 1 mètre multiplié par 1 mètre et par $3\frac{1}{7}$ donne 3 m. 14 centi. carrés, pour cercle de la base, qu'il faudra multiplier par la hauteur 6 m. 9 d.

Deuxième cylindre 0 m. 6 d. multiplié par 0 m. 6 d., et par $3\frac{1}{7}$ donne pour cercle de la base 1 m. 13 c. qu'il faut retrancher de 3 m. 14 c.,

$$3\ 14$$
$$1\ 13$$
$$\overline{2\ 01}$$

reste qu'il faut multiplier par 6 m. 9 d. Je fais cette multiplication et je trouve pour produit 13 m. 869 millimètres, environ 14 mètres cubes.

Jauger un tonneau.

Prenez la surface du cercle de la base, et 2 fois le cercle la bonde; ajoutez ces deux nombres, et multipliez la somme par le tiers de la longueur du tonneau; toutes ces mesures doivent être prises, à la partie intérieure, sans cela l'épaisseur du bois serait comprise dans le volume.

Exemple :

Un tonneau a 61 centimètres de profondeur à la bonde, 56 à la base, sa longueur est de 93 centimètres, quelle est sa capacité? Les rayons sont 30,5 et 28.

28 fois $28 \times 3\frac{1}{7}$ 2464
30,5 fois $30,5 \times 3\frac{1}{7}$ 2923 64
2923 64

Somme, en négligeant les fractions. . . . . 8311 cent. carrés.
31
8311
24933
257641 cent. cubes.

Je multiplie 8311 par 31, qui est le tiers de la longueur, et j'ai 257641 centimètres cubes. Comme 1000 de ces centimètres font un litre, la capacité est de 257 litres et 641 centimètres cubes ou 2/3 de litre.

Trouver le volume d'une pyramide ou d'un cône.

Multipliez la base par la hauteur, et prenez le tiers du produit.

Exemple :

Un pain de sucre a 2,4 décimètres pour largeur de sa base, et 4,1 décimètres de hauteur; quel est le volume? Le cercle de la base a pour surface 1,2 multiplié par 1,2 et par 1/7 3 ; le produit est 4,52 décimètres carrés; ce cercle doit être multiplié par 4,1 et on trouve 18,532; le tiers ou le volume est 6 décimètres cubes et 177 centimètres cubes.

Trouver le volume d'un tronc de cône à bases parallèles.

1° Multipliez par lui-même chacun des rayons des deux bases et multipliez-les entre eux ;

2° Ajoutez ces trois produits;

3° Multipliez la somme par la hauteur et ajoutez à ce produit le tiers de son 9ᵉ, c'est-à-dire son 27ᵉ.

Exemple :

Un seau a 2,9 décimètres de largeur en haut et 2,3 décimètres en bas ; la profondeur perpendiculaire est de 3 décimètres ; quel est le volume contenu ?

1,45 multiplié par 1,45	2,1025
1,15 multiplié par 1,15	1,3225
1,45 multiplié par 1,15	1,6675

Somme, en négligeant les dix-millièmes.   5,093

. Multipliant par la hauteur 3.   3

15,279

Le 9ᵉ de ce nombre est 1,698 dont
le tiers est.   556

Ajoutant ces deux nombres, on a   15,845

Ainsi, le volume du seau est de 15 décimètres cubes et 845 centimètres cubes.

Et si l'on veut savoir combien il faut de ces seaux pour remplir la chaudière dont on a trouvé que le volume est 1102,124 décimètres cubes, il faut diviser ce nombre par 15,845; le quotient 69,55 marque que la chaudière contient à peu près 70 seaux.

SUR LES MESURES ET LES POIDS.

Nous avons déjà exposé le système de nomenclature et les soudivisions décimales. Il nous reste à montrer comment on pourra les composer.

Il se peut qu'on ne se soit pas procuré un mètre; il faut être en état de s'en faire un, et voici plusieurs moyens d'y parvenir.

1° Placez à la suite l'une de l'autre et sur une même ligne, 27 pièces de 5 francs, vous aurez précisément la longueur du mètre ; huit de ces pièces ainsi rangées font à peu près 3 décimètres.

2º Si on peut se procurer l'ancienne mesure connue sous le nom de pied, on prendra trois pieds un pouce, et on aura une longueur égale au mètre; à peu près une demi-toise, ou si on veut, onze pouces pour trois décimètres.

3º Suspendez une balle de fusil à un fil dont l'extrémité supérieure sera fixée à un clou fiché dans la muraille ; écartez légèrement la balle de la situation verticale, et laissez-la osciller sans frottement contre le mur. Si en comptant les oscillations on en trouve 60 durant une minute, le pendule aura précisément le mètre pour longueur, en mesurant du point de suspension au centre de la balle. Plus exactement, il faut 361 oscillations en 6 minutes. Lorsque l'on compte moins d'oscillations, on doit allonger le fil ; on le raccourcit quand il y en a plus qu'il n'en faut, jusqu'à ce qu'on ait obtenu le nombre prescrit.

Les nouvelles mesures sont liées entre elles, de sorte que la connaissance de l'une entraîne celle des autres. Ainsi, une fois qu'on a la longueur du mètre, on a déjà vu comment on peut trouver la largeur et la profondeur de l'hectolitre, du boisseau, etc.; réciproquement, si on a une de ces mesures, il est bien facile de retrouver le mètre.

Ce sera un exercice très-utile que de calculer les volumes des cylindres qui composent les mesures de capacité.

En partant des données dont on a déjà parlé,
on trouvera que l'hectolitre vaut 100 litres ou décimètres cubes.

Le demi-hectolitre, 50.

Le décalitre, 10.

Le boisseau, 12 1/2; c'est le huitième de l'hectolitre.

Maintenant, passons aux poids.

Qu'on prenne quatre pièces de 5 francs, le
poids sera d'un hectogramme; 100. fr. doivent
peser juste un demi-kilogramme.

Lorsqu'on a un de ces poids anciens nommé
livre, comme il équivaut à 4,9 hectogrammes,
on a le demi-kilogramme à très-peu de chose
près.

Trouver le poids d'un volume donné d'eau.

Le kilogramme est le poids d'un décimètre
cube d'eau bien pure. Qu'on prenne un vase de
forme régulière, celle d'un cylindre, par exemple, comme le sont certains verres à boire, des
bouteilles, etc., on en mesure la hauteur et la
largeur intérieure, pour en conclure la capacité
par le calcul. On remplit ensuite le vase en tout
ou en partie et on a le poids du liquide contenu
en prenant un kilogramme pour chaque décimètre cube, un gramme pour chaque centimètre
cube.

Par exemple, un verre cylindrique a 7,32 centimètres de largeur, jusqu'à quelle hauteur doit-
on l'emplir d'eau pure pour avoir le poids d'un
quart de kilogramme, c'est-à-dire un quart de
décimètre cube ou 250 centimètres cubes? Le

cercle de la base s'obtient en multipliant le rayon 3,66 par 3,66 centimètres et par 3 1/7, on trouve 42 centimètres carrés ; la hauteur d'eau multipliée par 42 doit donner 250 centimètres cubes ; divisant 250 par 42, le quotient 5,95 montre qu'il faut mettre à peu près la hauteur de 6 centimètres d'eau dans le verre pour obtenir un poids d'un quart de kilogramme ou deux hectogrammes et demi.

Trouver le poids d'un volume donné de fer, de cuivre, de sable, etc.

Calculez le poids d'un égal volume d'eau et multipliez ce poids par le nombre indiqué auprès de la substance dont il s'agit.

Argent	10-70	Grès	2-42	Craie	2-25	Chêne	1-07
Plomb	11-35	Marbre	2-72	Sucre	1-61	Orme	0-67
Cuivre	8-86	Pierre à plâtre	2-21	Sel marin	1-92	Poirier	0-66
Fer	7-70	Pierre à bâtir	2-08	Huile	0-91	Cerisier	0-72
Etain	7-29	«	«	Lard, suif	«	Vin	0-99
Acier	7-67	«	«	Beurre	0-93	Eau-de-vie	0-86

Exemple :

On demande ce que pèse le mètre cube de marbre ?

Comme le mètre cube contient 1,000 décimètres cubes dont chacun pèse un kilogramme quand il s'agit d'un volume d'eau, le poids total est de 1,000 kilogrammes. Je multiplie ce nombre par 2,72 que je trouve indiqué dans la table, et j'ai pour le poids du mètre cube de marbre 2,720 kilogrammes.

Exemple :

Un essieu a été forgé d'un prisme de fer de 9,5 centimètres sur 6,1 d'équarrissage, et 18 décimètres de longueur, on en demande le poids ? Je multiplie 9,5 par 6,1 et par 180, et j'ai pour volume de l'essieu 10431 centimètres cubes, ou 10,431 décimètres cubes.

Le poids d'un volume égal d'eau est 10,431 kilogrammes. Je multiplie ce nombre par 7,70 et je trouve 80 kilogrammes et 32 décagrammes pour le poids de l'essieu.

Exemples :

On demande ce que pèse le tonneau dont nous avons parlé et dont nous avons donné la jauge, lorsqu'il est plein d'eau-de-vie ? Vous avez trouvé pour le volume du liquide 257,641 décimètres cubes ; si le tonneau était plein d'eau, il pèserait 157 kilogrammes et 641 grammes ; multipliant par 0,86, nombre donné dans la table, vous trouvez 222 kilogrammes pour le poids de l'eau-de-vie contenue dans le tonneau. Cette différence vous prouve que l'eau-de-vie est plus légère que l'eau, puisque la même contenance ne donne pas le même poids. Comme la différence en plus que vous trouvez pour le marbre, l'argent, le plomb, le fer, etc., vous prouve que toutes ces matières ou substances sont toutes plus lourdes que l'eau, et qu'à volume égal elles pèseront davantage.

La table pour les données vous présente toutes ces différences.

Exemple :

Quel est le poids du pain de sucre dont on a trouvé que le volume est 6,177 décimètres cubes? Multipliez ce nombre par 1,61 qui est le nombre indiqué dans la table, vous trouverez 9-95 ou 9 kilogrammes et 95 décagrammes.

Je pense, Messieurs, que vous avez compris toutes ces opérations. Ce ne sont toujours que des additions, soustractions, multiplications et divisions; il ne vous manquait que les données, vous les avez maintenant toutes; donc, vous pouvez opérer et répondre à toutes les questions.

ALPHONSE. — Nous avons parfaitement compris les opérations; maintenant, il faudrait nous faire connaître les figures.

THÉODORE. — Volontiers, et vous avez raison; sans les dénominations, vous ne pourriez pas les reconnaître.

XIIIe ENTRETIEN.

Dénominations des principales figures de la Géométrie.

THÉODORE. — On nomme figure un espace qui est terminé de tous côtés.

Les figures sont en général régulières ou irrégulières; rectilignes, curvilignes ou mixtilignes;

semblables ou dissemblables ; équiangles ou non équiangles.

On appelle figures régulières, celles dont tous les angles sont égaux, de même que tous les côtés ; les irrégulières sont celles où il y a des inégalités.

On nomme figures rectilignes celles dont tous les côtés sont des lignes droites.

On appelle figures curvilignes, celles qui ne sont terminées que par des lignes courbes ; mixtilignes, celles qui sont terminées en partie par des lignes droites, et en partie par des lignes courbes.

Les figures semblables sont celles dont les angles sont égaux aux angles, chacun à chacun, et dont les côtés pareils sont proportionnels ; les dissemblables, au contraire, sont celles qui n'ont point ces deux conditions.

Enfin, on dit que les figures sont équiangles lorsque tous leurs angles sont égaux, chacun à chacun ; mais elles sont non équiangles, lorsque cette égalité ne s'y rencontre point.

Mais lorsqu'il s'agit de la dénomination particulière d'une figure, on la tire du nombre de ses côtés ou de celui de ses angles.

Lorsque l'on tire la dénomination d'une figure du nombre de ses côtés, on nomme trilatère ou triligne, une figure qui n'a que trois côtés ; quadrilatère ou quadriligne, celle qui en a quatre ; figure de dix côtés, celle qui en a dix, etc., et en général, multilatère, toute figure qui a plusieurs côtés.

Lorsque l'on tire la dénomination d'une figure du nombre de ses angles, on appelle trigone ou triangle une figure qui a trois angles; tétragone, celle qui en a quatre; pentagone, celle qui en a cinq; hexagone, celle qui en a six; heptagone, celle qui en a sept; octogone, celle qui en a huit; ennéagone, celle qui en a neuf; décagone, celle qui en a dix; endécagone, celle qui en a onze; dodécagone, celle qui en a douze: pentédécagone, celle qui en a quinze, et en général, polygone, toute figure qui a plusieurs angles.

On dénomme aussi les triangles relativement à leurs côtés ou à leurs angles.

Lorsque l'on dénomme un triangle relativement à ses côtés, on appelle triangle équilatéral celui dont tous les côtés sont égaux; triangle isoscèle, celui qui n'a que deux côtés d'égaux, et triangle scalène, celui dont tous les côtés sont inégaux. La figure 1 est un triangle équilatéral; la figure 2, un triangle isoscèle, et la figure 3, un triangle scalène.

Fig. 1.　　　　Fig. 2.　　　　Fig. 3.

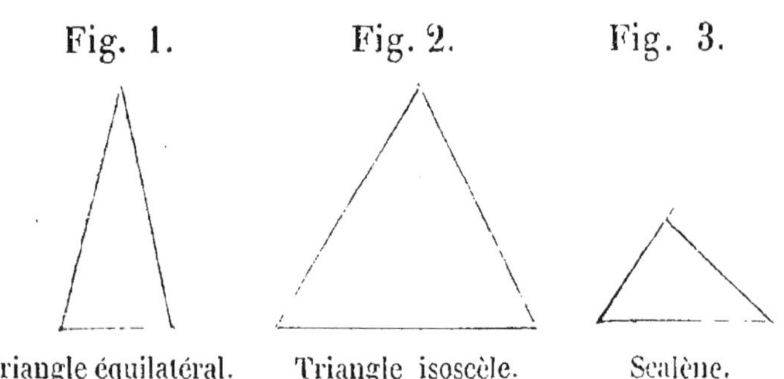

Triangle équilatéral.　　Triangle isoscèle.　　Scalène.

Mais lorsque l'on dénomme un triangle relativement à ses angles, on appelle triangle rectangle celui qui a un angle droit, figure 4 ; triangle obtusangle, celui qui a un angle obtus, fig. 5, et triangle acutangle, celui dont tous les angles sont aigus, fig. 6.

Fig. 4.   Fig. 5.   Fig. 6.

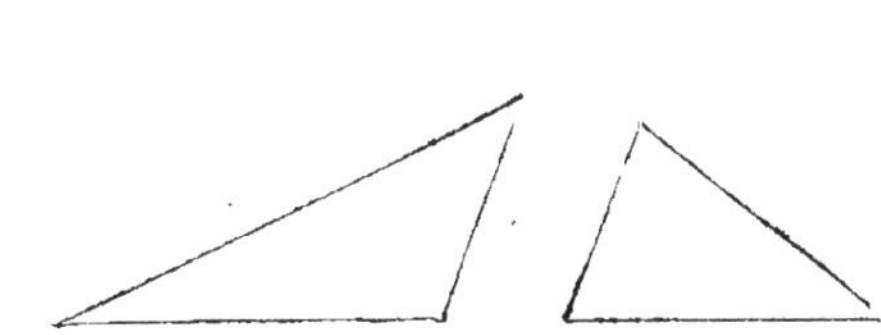

Triangle rectangle.   Triangle obtusangle.   Triangle acutangle.

A l'égard des quadrilatères, leurs dénominations dépendent tout à la fois et de leurs côtés et de leurs angles.

Ainsi, l'on nomme carré un quadrilatère dont les quatre côtés sont égaux et dont tous les angles sont des angles droits ; carré long, un quadrilatère dont tous les angles sont aussi des angles droits, mais qui n'a que ses côtés opposés d'égaux ; rhombe ou losange, un quadrilatère dont tous les côtés sont égaux, mais dont les angles ne sont pas droits ; et rhomboïde, un quadrilatère qui n'a que ses côtés opposés égaux et dont les angles ne sont pas droits.

Ces quatre figures se nomment en général parallélogrammes, parce que leurs côtés opposés sont parallèles ; et l'on donne le nom de rectangle à la première, par la raison que tous ses angles sont des angles droits.

Tout quadrilatère qui n'est point un des quatre que l'on vient de définir, se nomme trapèze. A l'égard des figures qui ont plus de quatre côtés, elles n'ont point de noms particuliers; on les désigne par le nombre de leurs côtés, ou par les noms indéfinis de multilatères ou de polygones.

Toute ligne droite qui est tirée d'un angle d'une figure à un angle opposé de cette même figure, s'appelle diagonale.

Enfin, on nomme hauteur d'un triangle, d'un quadrilatère, et généralement d'une figure plane quelconque, une perpendiculaire qui est abaissée de l'un des angles de cette figure, au côté de cette même figure qui est opposé à cet angle et que l'on prolonge s'il est nécessaire, alors ce même côté s'appelle la base de cette figure.

La ligne qui termine le cercle en est la circonférence; on la divise toujours en 360 parties égales que l'on nomme des degrés; chaque degré se subdivise en 60 parties égales que l'on appelle des minutes, chaque minute en 60 parties égales que l'on nomme des secondes, et ainsi de suite. Comme un degré est la 360e partie de la circonférence d'un cercle, il est évident que sa grandeur dépend de celle de la circonférence dont il est une partie.

Toute partie de la circonférence d'un cercle, quelle qu'elle soit, se nomme un arc de cercle.

Le point qui est également éloigné de tous les points de la circonférence d'un cercle, se nomme le centre de ce cercle.

Toute ligne droite qui passe par le centre d'un

cercle et se termine de part et d'autre à la circonférence, est un diamètre de ce cercle; et toute ligne droite qui est tirée du centre d'un cercle à
la circonférence, est un rayon de ce même cercle.

Ainsi, le rayon d'un cercle est toujours la moitié d'un diamètre du même cercle, et c'est par
cette raison que le rayon se nomme aussi un de-
mi-diamètre. On appelle corde d'un cercle toute
ligne droite qui est tirée d'un point quelconque
de la circonférence d'un cercle à un autre point
quelconque de la même circonférence.

Toute corde divise le cercle en deux parties
que l'on nomme des segments de cercle; lorsque
cette corde n'est point un diamètre, ces segments
sont inégaux; celui qui est plus de la moitié d'un
cercle se nomme un grand segment; celui, au
contraire, qui ne vaut pas cette moitié, s'appelle
un petit segment. Mais lorsque cette corde est
un diamètre, les segments sont égaux; on les
nomme alors des demi-cercles, et leurs moitiés
des quarts de cercles.

Si du centre d'un cercle on tire à la circonférence deux rayons, ils divisent le cercle en deux
parties que l'on nomme des secteurs. Il y a aussi
un grand secteur et un petit secteur.

Ainsi, un segment de cercle est une partie
d'un cercle qui est terminée par un arc et par
une corde; et un secteur est une partie d'un
cercle qui est terminé par un arc et par deux
rayons.

Enfin, on nomme tangente d'un cercle toute

ligne droite qui a un point de commun avec la circonférence de ce cercle, et qui étant prolongée autant qu'on le voudra, ne peut avoir que ce seul point de commun avec cette même circonférence. On appelle, au contraire, sécante d'un cercle, toute ligne droite qui a ou peut avoir plus d'un point de commun avec la circonférence de ce même cercle.

Si l'on veut avoir des exemples de tout ce que je viens de dire du cercle et de ce qui lui est relatif, on n'a qu'à jeter les yeux sur la figure n. 7.

Fig. 7.

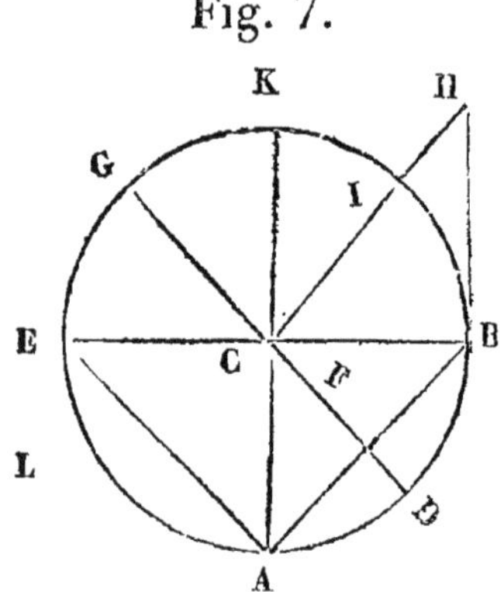

Cette figure est un cercle. La ligne courbe AEKBA en est la circonférence ; les parties EG, GI, etc., de cette courbe sont des arcs de cercle ; le point C est le centre de ce même cercle ; la ligne droite EB en est le diamètre ; et les lignes droites CE, CG, CK, etc., en sont les rayons ; la ligne droite AE en est une corde ; la partie EGKBDAE est un grand segment, et la partie ELA un petit segment ; les parties EKB et EAB sont des demi-cercles ; et les parties ECK, BCK, etc., sont des quarts de cercle ;

la partie C A E K B C est un grand secteur, et la
A C B D A un petit secteur. Enfin, la ligne droite
B H est une tangente, et la ligne droite C H une
sécante.

DU TOISÉ OU MÉTRAGE.

THÉODORE. — Vous ne devez pas vous attendre
à trouver ici un traité théorique et complet de la
science qui consiste à mesurer l'étendue, mon
but n'est pas de faire de vous des mathématiciens
ni même des arpenteurs; je veux seulement vous
mettre à même, ainsi que le petit propriétaire, de
mesurer son jardin ou son champ; je veux que
l'ouvrier puisse savoir quelle est l'étendue et le
produit de son travail et s'affranchisse du perpé-
tuel tribut que son ignorance le forcerait de payer
à l'homme instruit, dont le riche seul est à même
de recompenser les travaux.

Manière de mesurer un mur.

Soit à mesurer la surface et la solidité d'un
mur.

Lorsqu'un mur n'a qu'une certaine épaisseur on
le mesure au métrage carré, parce que l'entre-
preneur sait par expérience à combien doit lui
revenir le mètre de ces sortes d'ouvrages, et se
règle là-dessus pour en faire le prix; mais lorsqu'il
s'agit de murs qui ont des fardeaux à supporter,
ou des terres à soutenir, comme il faut leur
donner une épaisseur proportionnée aux efforts
auxquels ils ont à résister, on doit alors les
mesurer au mètre cube.

Ainsi, pour mesurer un mur dont on ne considère que la surface, on multiplie la longueur de ce mur par sa hauteur, et le produit est le nombre des mètres carrés qui sont contenus dans cette surface, ou, comme on dit ordinairement, dans ce mur.

Mais si l'épaisseur qu'on a donnée au mur est assez considérable pour être mesurée, on multiplie le produit de la surface par l'épaisseur. Supposons que le produit de la surface ou du carré soit de 112 mètres et l'épaisseur de 55 centimètres; il faudrait multiplier 112 par 55 et retrancher deux chiffres vers la droite; les chiffres restants vers la gauche seraient les mètres cubes contenus dans le mur.

$$55 \times 112 = 61,50$$

ou 61 mètres 60 centimètres

DE L'ARPENTAGE.

On appelle arpentage et toisé, cette partie de la géométrie qui enseigne à mesurer l'étendue. On lui donne le premier nom, lorsqu'elle a pour objet les différents terrains de la campagne, c'est-à-dire, les terres labourables, les bois, les prés, les vignes, etc., et le second, lorsqu'il s'agit de la maçonnerie, de la charpente, des terrains sur lesquels on projette de construire; des cours, des distances, etc. Au surplus, cette différente dénomination n'est relative qu'à la différence des mesures par lesquelles on détermine la grandeur des objets que l'on a mesurés. Car arpenter une étendue, ou la toiser, ne signifie jamais autre chose que la mesurer. Or, quel que soit l'objet que l'on mesure, et quelque grandeur que l'on prenne pour en être la mesure, on agit toujours en conséquence des mêmes principes; et l'on opère toujours à peu près de la même manière.

Cependant, comme l'arpentage et le toisé ont chacun des usages qui leur sont propres, et que le dernier s'étend à beaucoup plus d'objets que le premier, nous traiterons de chacun séparément. Mais, afin de ne rien omettre de tout ce qui peut contribuer à la clarté, il faut, avant toute autre chose, donner la définition de ce qu'on appelle mesures; après quoi nous indiquerons la manière de mesurer des terrains de formes différentes, sans cependant aborder celles qui ne se présentent que dans les cas extraordinaires.

DES MESURES ET DE LEURS DIFFÉRENTS GENRES.

Lorsque l'on juge qu'une chose est grande ou petite, ce ne peut être que relativement à quelque autre à laquelle on la compare. Ainsi, les hommes sont convenus entre eux de certaines étendues auxquelles ils comparent les autres, afin de pouvoir déterminer leur grandeur, par la comparaison qu'ils font de ces dernières à celles dont ils sont convenus; or, ces étendues de conviction sont ce que l'on appelle des mesures.

Mais, comme il n'y en a aucun rapport entre des choses qui ne sont point du même genre, on ne peut comparer les longueurs qu'à des longueurs, les surfaces qu'à des surfaces, et les solides qu'à des solides. Ainsi, il a fallu établir des mesures linéaires, pour mesurer les longueurs; des mesures superficielles, pour mesurer les surfaces; et des mesures solides, pour mesurer les solides. Les premières qui sont des lignes droites, se nomment des mesures courantes; les autres s'appellent des mesures carrées, parce qu'elles sont des carrés; et l'on donne aux dernières le nom de mesures cubiques, parce qu'elles sont des cubes.

Si l'on a pris des lignes droites pour être les mesures de toutes sortes de distances, des carrés pour être celles de toutes les surfaces, et des cubes pour être celles de toutes sortes de solides, c'est parce que la ligne droite est la vraie distance, d'un point à un autre; que la longueur et la largeur d'un carré étant égales, cette figure détermine également et en même temps les deux dimensions des surfaces; enfin que la longueur, la largeur et l'épaisseur d'un cube étant aussi égales, cette dernière figure mesure aussi également et en même temps les trois dimensions des solides.

DE LA MANIÈRE DE SE SERVIR DES MESURES.

Mesurer une étendue, c'est examiner combien elle contient de parties égales, chacune, à une autre étendue que l'on a prise pour mesure. Ainsi mesurer une longueur, c'est examiner combien cette longueur contient de parties égales, chacune, à la ligne droite que l'on a prise pour mesurer.

Mesurer une surface, c'est examiner combien cette surface contient de carrés égaux, chacun, à celui que l'on a pris pour mesure; enfin mesurer un solide, c'est examiner combien ce solide contient de cubes égaux, chacun, au cube que l'on a pris pour mesure.

Pour mesurer une ligne droite on applique successivement sur cette ligne, celle que l'on a prise pour mesure; et autant de fois que l'on peut l'y appliquer, autant de fois celle que l'on veut mesurer contient celle qui en est la mesure.

Mais il faut remarquer, que si la longueur que l'on veut mesurer est une ligne courbe, il n'est point possible de lui appliquer une ligne droite; par conséquent, on ne peut mesurer immédiatement que les seules lignes droites.

Pour mesurer une surface, il faudrait lui appliquer successivement le carré que l'on aurait pris pour mesure. Mais comme cela ne serait point praticable, il faut résoudre ce problème sans se servir d'un carré pour mesure actuelle ; or, voici la manière de le faire.

Supposez qu'il faille mesurer la surface d'un terrain ayant la forme d'un rectangle A C.

D   Fig. 8.   C

A   B

On prend une mesure courante, égale au côté du carré qui doit servir de mesure ; et l'on examine combien de fois cette mesure courante est contenue tant dans la longueur A B. du rectangle proposé, que dans sa largeur A D. Or, si cette mesure courante est contenue par exemple 8 fois dans la longueur A B, et 6 fois dans la largeur A D, en multipliant la longueur par la largeur, c'est-à-dire 8 par 6, on aurait 48 fois cette mesure. Si c'était le mètre dont on se fût servi, on aurait 48 mètres, pour la surface de ce rectangle ou carré long.

D'où l'on conclut cette règle générale, que pour mesurer la surface d'un rectangle, il faut multiplier le nombre des mesures courantes qui sont contenues dans sa longueur, par celui des mêmes mesures qui le sont dans sa largeur.

Mais il faut aussi observer que si tous les angles de la surface que l'on veut mesurer ne sont pas des angles droits, il n'est pas possible de la diviser en carrés; et que par conséquent, on ne peut aussi mesurer immédiatement que les seuls rectangles.

Nous venons de dire que mesurer un solide, c'était examiner combien ce solide contenait de cubes égaux, chacun, à celui que l'on avait pris pour mesure. Or, pour le trouver, voici la manière dont on s'y prend.

Supposez qu'il faille mesurer le solide rectangle A D (figure 9).

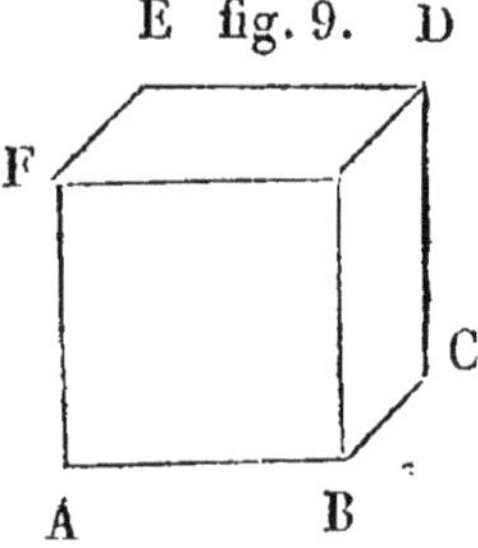

On prend une mesure courante égale au côté du cube qui doit servir de mesure, et l'on examine combien de fois cette mesure est contenue dans la longueur A B, la hauteur A F et l'épaisseur F E du solide proposé. Or, premièrement, si cette mesure courante est contenue, par exemple, 7 fois dans cette longueur, 4 fois dans la hauteur A F, et 3 fois dans l'épaisseur F E; il faut multiplier la longueur 7 par la hauteur 4; 4 fois 7 font 28, et multiplier ce produit par la largeur 3, 3 fois 28 font 84; ainsi la mesure qui a servi à cuber ce rectangle est contenue 84 fois.

Mais il faut observer que si tous les angles du solide, qu'on doit mesurer ne sont pas des angles droits, il est impossible de le diviser exactement en cubes; et que, par conséquent, on ne peut mesurer immédiatement que les seuls solides rectangles.

DE LA MANIÈRE DE MESURER LES SURFACES PLANES.

Il n'y a presque aucune figure plane dont on puisse mesurer la surface, sans avoir auparavant divisé cette figure en plusieurs triangles, et l'on ne peut guère déterminer la grandeur de la surface d'un triangle, si l'on ne connait pas le nombre des mesures courantes que contient la perpendiculaire abaissée de l'un quelconque des angles de ce triangle, au côté qui est opposé à cet angle. Ainsi nous commencerons cet article par enseigner la manière de trouver ce nombre, dans tous les différents cas qui peuvent se rencontrer.

Mais comme on ne peut faire aucun arpentage, sans mesurer effectivement quelques distances sur le terrain, dont on veut connaître la grandeur, nous allons avant toute autre chose, dire comment on doit s'y prendre pour mesurer effectivement sur le terrain la distance d'un point à un autre.

MANIÈRE DE MESURER SUR LE TERRAIN LA DISTANCE D'UN POINT A UN AUTRE.

Lorsqu'il s'agit de mesurer effectivement une distance sur le terrain, on se fait accompagner par un aide, qui porte un certain nombre de piquets (ces sortes de piquets sont de petites verges de fer qui sont pointues par un bout, et qui ont environ 1 m. 66 c. de longueur), et l'on se place à l'une des extrémités de cette distance. On prend par l'un de ses bouts la chaîne dont on veut se servir, et l'aide la prend par son autre bout. Il s'avance ensuite sur cette distance, jusqu'à ce que cette chaîne soit parfaitement tendue; et il marque alors par un piquet qu'il enfonce dans la terre le point où cette même chaîne se termine.

Lorsque cela est fait, l'aide, qui tient toujours la chaîne par le même bout, s'avance sur la distance que l'on mesure. On le suit, jusqu'à ce que l'on soit arrivé au piquet qu'il a enfoncé dans la terre; et lorsque la chaîne vient à être parfaitement tendue, il marque par un second piquet, qu'il enfonce de même que le premier, le point où cette chaîne se termine.

On lève ensuite le premier piquet, et l'aide s'avance en suite sur la distance dont il s'agit, sans jamais s'en écarter ni à droite ni à gauche. On le suit jusqu'à ce que l'on soit arrivé au second piquet ; et lorsque la chaîne est parfaitement tendue, l'aide marque par un troisième piquet le point où la chaîne se termine.

On lève le second piquet de même que l'on a levé le premier ; l'aide s'avance ensuite sur la distance dont il s'agit, pour y marquer par un quatrième piquet le point où la chaîne se termine ; et l'on continue d'opérer de la même manière jusqu'à ce que l'on soit parvenu à l'autre extrémité de la distance que l'on voulait mesurer. Alors, on compte les piquets que l'on a levés ; et le nombre de ces piquets est le même que celui des chaînes qui sont contenues dans cette distance.

Si l'aide n'avait point marqué par un piquet l'extrémité de cette même distance, comme cela arrive ordinairement, il faudrait compter une chaîne de plus.

MANIÈRE DE MESURER LA SURFACE D'UN TERRAIN QUI A LA FORME D'UN PARALLÉLOGRAMME.

Lorsqu'il s'agit de mesurer la surface d'un parallélogramme, il faut toujours commencer par examiner si ce parallélogramme est rectangle ; car si c'est un parallélogramme incliné ABCD (fig. 10), quels que soient ses côtés, A B et A D, sa surface ne sera égale qu'à celle d'un rectangle E F C D, qui aurait pour longueur une ligne droite

EF, égale à la base A B de ce parallélogramme ; et pour largeur, la perpendiculaire de ce même parallélogramme, c'est-à-dire une ligne droite D E, perpendiculaire à cette base AB, et comprise entre cette même base et le côté D C ; par conséquent, ce sera alors la surface de ce rectangle qu'il faudra mesurer.

fig. 10.

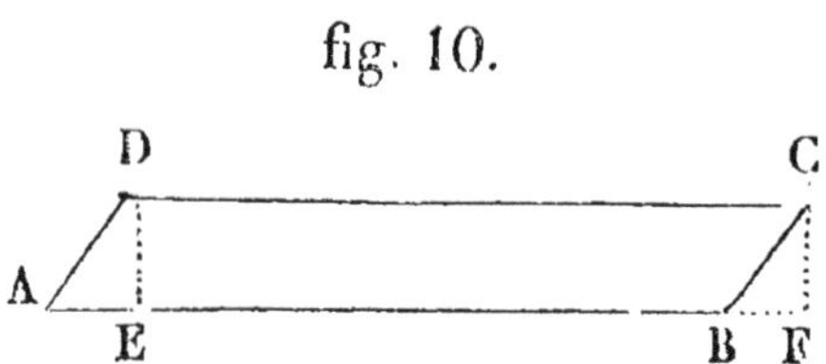

Or, nous avons dit, dans la manière de se servir des mesures, que pour mesurer la surface d'un rectangle il faut multiplier le nombre des mesures courantes qui sont contenues dans sa longueur, par celui des mêmes mesures qui le sont dans sa largeur, et que le produit exprime le nombre des mesures carrées que cette surface contient.

Ainsi, pour mesurer la surface de ce parallélogramme rectangle dont la longueur E F est, par exemple, de 253 mètres et la largeur D E de 184 mètres, on multiplie 253 par 184, et le produit 46,552 sera des mètres.

MESURER LA SURFACE D'UN TERRAIN EN FORME DE TRIANGLE.

Lorsqu'un triangle ABC (fig. 11), et un parallélogramme ACEF, ont chacun la même base AC et

la même hauteur BD, le triangle n'est que la moitié du parallélogramme. Or, on vient de voir que
pour mesurer la surface d'un parallélogramme, il
faut en multiplier la base par la hauteur. Donc,
pour mesurer la surface d'un triangle qui n'est
toujours que la moitié d'un parallélogramme ou
d'un carré, il ne faut multiplier sa base que par
la moitié de sa hauteur; ou si l'on multiplie la
base par toute la hauteur, il ne faut prendre que
la moitié du produit.

Fig. 11.

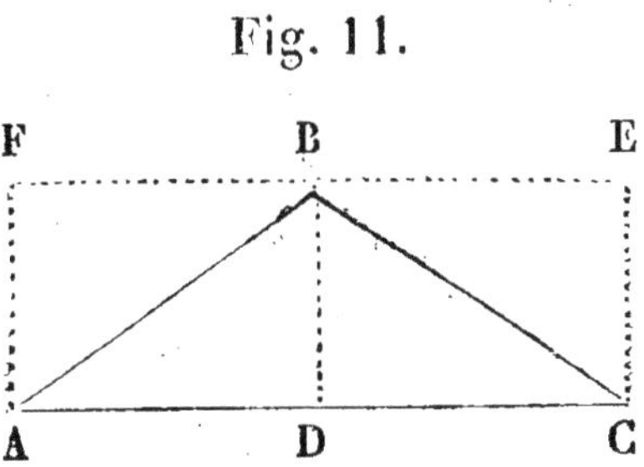

Ainsi, pour mesurer la surface du triangle
ABC, dont la base AC est, par exemple, de 60
mètres et la perpendiculaire ou la hauteur BD de
56 mètres, on multiplie 60 mètres par 28 mètres
qui est la moitié de 56 qu'a la hauteur, et le produit est 1680 mètres. Si l'on avait multiplié la base
qui est 60 par la hauteur entière qui est 56, on
aurait eu pour produit 3,360, dont il aurait fallu
prendre la moitié; or, la moitié de 3,360 est bien
1680 qui est le produit du triangle ABC, fig. 11.
Il est donc indifférent de multiplier de suite la
hauteur par la longueur et de prendre la moitié
du produit, ou de multiplier la longueur ou la
base par la moitié de la hauteur; cela revient

toujours au même; c'est au choix de celui qui opère.

Enfin, règle générale, un triangle est toujours la moitié d'un rectangle ou carré; donc, il ne donnera pour surface que la moitié d'un carré.

MESURER LA SURFACE D'UN TERRAIN EN FORME DE TRAPÈZE.

Lorsqu'il s'agit de mesurer la surface d'un trapèze, on le considère comme s'il était partagé en deux triangles par une ligne diagonale. Ainsi, l'on mesure séparément la surface de chacun de ces deux triangles, on ajoute ensuite ensemble les deux résultats ou produits, et leur somme indique le nombre des mesures carrées que contient la surface que l'on voulait connaître.

fig. 12.

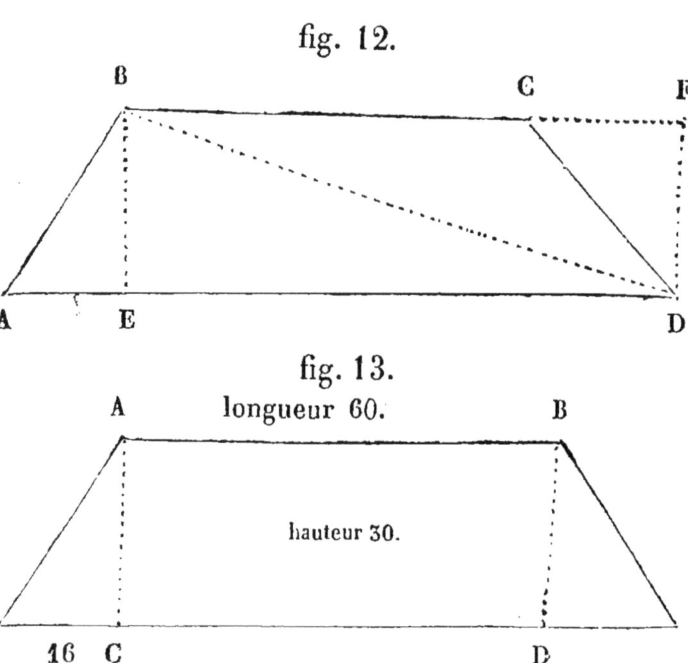

Supposez, par exemple, qu'il faille mesurer la surface du trapèze ABCD (fig. 12) dont le côté AB est de 30 mètres, le côté BC de 32 mètres, le côté CD de 27 mètres, le côté AD de 60 mètres, et la diagonale BD de 51 mètres.

D'abord, pour mesurer la surface du triangle ABD, 1° on soustrait du carré 2,661 de la diagonale BD le carré 900 du côté AB; on divise ensuite le reste 1,701 par le côté AD, et le quotient 27 est la différence des segments AE et ED. Ainsi, l'on ajoute cette différence au dernier côté AD qui est, comme on le voit, $63 \times 27 = 90$ et la moitié de 90; 45 est la valeur de ce dernier segment; 2° ensuite on soustrait du même carré 2,601 provenant de la multiplication de 51 par 51 de la diagonale BD, le carré 2,025 de ce dernier segment; on extrait ensuite la racine carrée du reste 576, et le nombre 24 que l'on trouve pour cette racine est la valeur de la perpendiculaire BE; 3° enfin on multiplie la base AD par la moitié 12 de cette perpendiculaire, et le produit 756 est le nombre des mètres carrés que la surface de ce triangle contient.

Pour mesurer la surface du triangle BCD, on soustrait du carré 2,601 de la diagonale BD, le carré 745 du côté CD; on divise ensuite le reste 1,856 par le côté BC, et le quotient 58 est la somme des segments BF et FC; ainsi, l'on ajoute cette somme à ce dernier côté, ce qui donne le nombre 90, dont la moitié 45 est la valeur de ce premier segment.

On soustrait encore du même carré 2,601 de

la diagonale B D, le carré 2,025 de ce premier segment; on extrait la racine carrée du reste 576, et le nombre 24 que l'on trouve pour cette racine est la valeur de la perpendiculaire B F.

Enfin on multiplie la base BC par la moitié 12 de cette perpendiculaire, et le produit 384 est le nombre des mètres carrés que la surface de cet autre triangle contient; et on ajoute ce nombre à celui que l'on a trouvé pour la surface du triangle ABD, qui est 756, à la somme 384; ce qui donne 1,140, qui est le nombre des mètres carrés qui sont contenus dans la surface du trapèze ABCD.

Enfin, comme le trapèze dont nous venons de mesurer la surface a deux côtés parallèles, A D et BC, on aurait trouvé le même nombre 1,140 pour la grandeur de cette surface, en multipliant la somme 95 de ces deux côtés par la moitié 12 de la perpendiculaire B E ou D F. Or, il en est de même de tous les trapèzes qui sont dans le même cas. D'ailleurs, rappelez-vous qu'un trapèze étant une figure irrégulière, il ne s'agit que de tirer des diagonales pour former des triangles; alors vous n'avez que de petites multiplications partielles à faire, ce qui est beaucoup plus simple et à la portée de tout le monde; car il n'est personne qui ne sache faire une simple multiplication.

Donnons un exemple:

fig. 14.

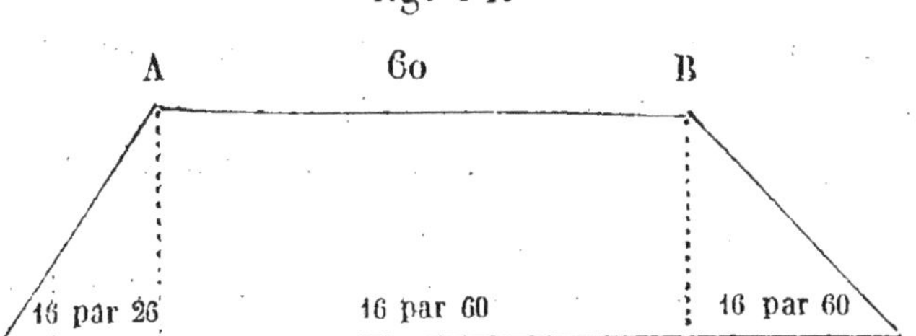

J'ai dit qu'un trapèze était une figure irrégulière; mais il est toujours facile de rendre cette figure régulière. Ici je l'ai rendue régulière en en formant un rectangle ou carré et deux triangles.

Supposez maintenant, par exemple, qu'il faille mesurer la surface du trapèze ABCF (fig. 14). Comme cette figure est irrégulière, je commence par la rendre régulière en en formant un carré et deux triangles. Je suppose que le côté AB est de 60 mètres pour sa longueur, et que le côté BE, qui représente la hauteur du carré que j'ai formé en tirant une diagonale, soit de 30 m. pour sa hauteur, je multiplie 60 par 30, et j'ai pour le carré que j'ai formé 960 mètres. Maintenant il me reste à chercher la surface des deux triangles. Prenons le triangle BEF; je suppose sa hauteur BE de 16 mètres, je suppose sa base EF de 30 mètres; je multiplie 16 par 30, le produit est 480 mètres, j'en prends la moitié et j'ai 240 que j'ajoute à 960, et j'ai 1200 mètres. Maintenant je passe au triangle ACD; je suppose sa hauteur de 16 mètres, sa base CD de 26 mètres; je multiplie 16 par 26 et j'ai pour produit 416; j'en prends la moitié 208 que j'ajoute à 1200, et le nombre 2408 est le nombre des mètres carrés qui sont contenus dans la surface de ce trapèze.

Je pense, Messieurs, que cette dernière définition a dû être comprise.

NAPOLÉON. — Oui, mon cher Théodore; mais la première n'était pas facile à comprendre, vu la multiplicité de ces multiplications, soustractions, divisions et extractions de racine, chose que nous ne comprenons pas encore, car vous ne nous en avez pas encore parlé ; mais quant à mesurer la surface du trapèze, nous ne sommes plus embarrassé, vu que nous savons que pour mesurer la surface d'un rectangle ou carré, il ne s'agit que de multiplier la longueur par la largeur, et le produit de cette multiplication donne les mètres carrés que contient la surface d'un rectangle. Comme nous savons aussi que pour avoir la surface d'un triangle il ne s'agit que de multiplier la hauteur du triangle par sa base, et comme un triangle est la moitié d'un carré, il faut prendre la moitié de ce produit, et la moitié du produit de la multiplication de la hauteur par la base donne la surface exacte d'un triangle.

THÉODORE. — C'est fort bien ; mais donnons encore un exemple et servons-nous du même trapèze. Quel est celui de vous qui veut s'en charger, afin de me prouver que vous avez bien compris ma dernière définition ?

ALPHONSE. — Moi.

Fig. 15.

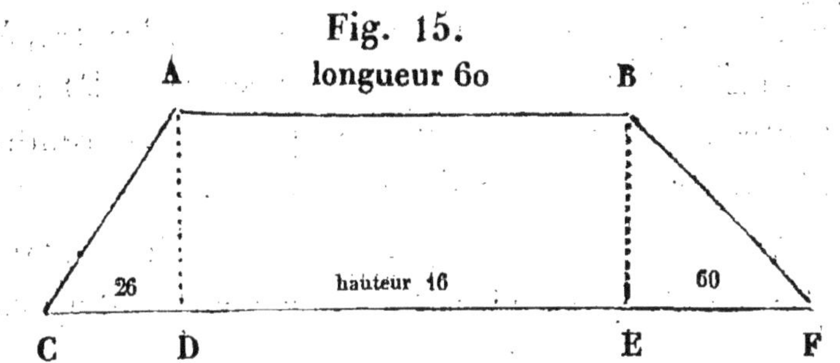

Je représente ici le même trapèze dans lequel il y a un carré et deux triangles. Le parallélogramme a 60 mètres de longueur sur 16 de hauteur; je multiplie 60 par 16.

$$
\begin{array}{r}
60 \\
16 \\
\hline
360 \\
60 \\
\hline
960.1^{\text{er}}\ \text{pr.}
\end{array}
$$

Pour le triangle B E F, je multiplie 16 par 30, 480; j'en prends la moitié, 240, que je porte sous le premier produit. . . . . 240, 2ᵉ pr.

Je passe au triangle A C D; je multiplie 16 par 26, et j'ai pour résultat 416; j'en prends la moitié, 208, que j'ajoute aux deux premiers produits, ci. . . . . 208. 3ᵉ pr.

Surface du trapèze.　1408

Théodore. — C'est fort bien. Je voudrais qu'un autre de ces Messieurs me donnât un exemple.

Alfred. — Moi, Théodore.

Théodore. — Volontiers; mais je voudrais aussi

quelques exemples sur les rectangles, les trapèzes et les triangles, et que l'on se rappelât que toutes les figures irrégulières peuvent se rendre régulières au moyen des diagonales.

ALFRED. — Je vais commencer par les rectangles; les trapèzes et les triangles viendront après.

Fig. 16.   Fig. 17.   75 longueur.

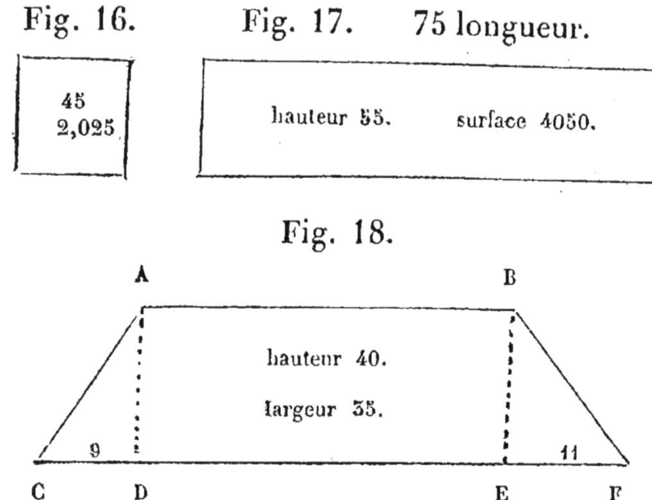

Fig. 18.

Ces trois figures représentent un carré, un carré long et un trapèze; la figure 16 est un carré, la figure 17 un carré long, et la figure 18 un trapèze; mais ces trois figures ne sont autre chose que des rectangles, sauf que le trapèze est un rectangle irrégulier. Pour mesurer un rectangle ou carré régulier, il ne s'agit toujours que de multiplier la longueur par la hauteur. Pour mesurer un trapèze ou rectangle irrégulier, il faut tirer des perpendiculaires ou des diagonales pour en former un rectangle régulier, comme on le voit dans le trapèze, figure 18. Il ne reste plus maintenant qu'à faire trois multiplications partielles et ajouter ensemble leurs produits partiels ; et le produit total sera la surface d'un trapèze.

Pour mesurer un triangle qui n'est que la moitié d'un carré, il faut multiplier la hauteur par la base, comme si c'était un carré ; or, comme un triangle n'est que la moitié d'un carré, on prend la moitié du produit, et cette moitié est la surface du triangle que l'on avait à mesurer. Comme il y a plusieurs triangles, c'est-à-dire des triangles sous plusieurs dénominations, et que leur forme n'est pas absolument la même, on pourrait croire qu'il y a plusieurs manières d'opérer, tandis que ce n'est toujours qu'une simple multiplication à faire, qui est de multiplier la hauteur par la base et d'en prendre la moitié, ou bien multiplier la base par la moitié de la hauteur, ce qui revient au même, sauf que le produit est exact et qu'il n'est plus besoin d'en prendre la moitié.

THÉODORE. — C'est bien cela ; quoique la définition que vous venez de nous faire ne soit pas très brillante, n'importe, j'en aime la simplicité. Maintenant, opérez sur des figures.

ALFRED. — Volontiers. Je prends la figure 16, qui est un carré parfait ; le carré ou rectangle de la figure 16 a 45 mètres de long sur 45 mètres de hauteur ; je multiplie 45 par 45, et j'ai 2025.

```
Exemple :                        45
                                 45
                             ─────────
                                225
                                180
                             ─────────
Surface de la figure 16.       2025
```

Pour la figure 17 qui est un carré long , je multiplie la longueur par la hauteur.

Exemple :

$$
\begin{array}{rr}
\text{Longueur.} & 75 \\
\text{Hauteur.} & 54 \\
\hline
& 300 \\
& 375 \\
\hline
\end{array}
$$

Surface du carré long, fig. 17. 4050

Pour la figure 18 qui est un rectangle irrégulier et que j'ai rendu régulier, je multiplie la longueur AB par la hauteur AD.

$$
\begin{array}{rr}
\text{Longueur.} & 40 \\
\text{Hauteur.} & 35 \\
\hline
& 200 \\
& 120 \\
\hline
\end{array}
$$

Produit du carré cube. 1400

Maintenant passant au triangle B EF, dont la hauteur est 18 et la base 11, je multiplie 18 par 11, et j'ai pour produit 198 ; j'en prends la moitié , 99. 99

Le triangle ACD me donne 162, la moitié est 81 que je pose. . 81

et j'ai pour la surface du trapèze,

fig. 18. . . . . 1580 mètres ou 1580 fois la mesure dont on se sera servi.

Théodore. — C'est bien. A un autre.

Hippolyte. — Si vous voulez, Théodore, je vais opérer sur le même trapèze.

Théodore. — Volontiers.

Hippolyte. — Vous nous avez dit que pour mesurer une surface irrégulière il fallait la rendre régulière au moyen des perpendiculaires ou des diagonales. Alfred vient de rendre régulier le rectangle (figure 18), en formant par des perpendiculaires deux triangles, et le trapèze fig. 18 se trouve formé maintenant d'un rectangle et de deux triangles dont il faut trouver séparément les surfaces. Le rectangle présente une longueur de 40 mètres sur une hauteur de 35 ; le triangle B E F présente une hauteur de 18 sur 11 mètres de base ; le triangle A C D présente une hauteur de 18 sur 9 mètres. Pour avoir la surface du carré A B D E, il faut multiplier 40 par 35 ; pour avoir la surface du triangle B E F, il faut multiplier 18 par 11, et enfin, pour avoir la surface du triangle A C D, il faut multiplier 18 par 9. Additionnez tous ces produits partiels et vous aurez la surface du trapèze (fig. 18), sauf qu'il ne faut toujours prendre que la moitié du produit des triangles comme étant la moitié d'un carré.

Longueur du carré.	40
Hauteur du carré.	35
	200
	120
Surface du carré.	1400
Surface du triangle B E F.	99
Surface du triangle A C D.	81
Surface du trapèze, fig. 18.	1580

Pour le triangle BEF.

	Hauteur.	18
	Base.	11

$$18$$
$$18$$

$$198$$

	moitié.	99

Pour le triangle ACD.

	Hauteur,	18
	Base.	9

$$162$$

	La moitié.	81

THÉODORE. — Je crois, Messieurs, que vous êtes suffisamment instruits sur la manière de mesurer un rectangle régulier ou irrégulier, mais il nous reste encore les triangles, quoique nous en ayons déjà parlé et que nous sachions comment on opère pour en obtenir la surface, que nous connaissions même toutes les dénominations et le plan qui les fait reconnaître. Je désirerais néanmoins que l'ami Eugène nous fît une opération.

EUGÈNE. — Volontiers; comme tout triangle n'est toujours que la moitié d'un carré, qu'il soit équilatéral, obtusangle, isoscèle, scalène, rectangle, acutangle, la manière d'opérer pour en obtenir la surface est toujours la même, c'est-à-dire qu'il faut toujours multiplier la hauteur par la base et la moitié du produit de cette multiplication sera la surface du triangle; ou si on aime mieux, on multiplie la base par la moitié de la hauteur, et le produit de la multiplication de la base par la moitié de la hauteur sera la surface du triangle que l'on a mesuré.

Exemple : fig. 16.

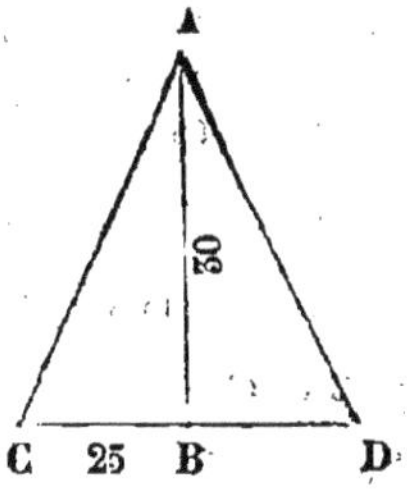

Le triangle ACD a 30 mètres de hauteur, 25 de largeur. La hauteur AB étant de 30 mètres et la largeur CD ou base étant de 25 mètres, je multiplie 30 par 25 et je prends la moitié du produit.

Exemple :

$$
\begin{array}{r}
30 \\
25 \\
\hline
150 \\
60 \\
\hline
750
\end{array}
$$

J'extrais la moitié de 750 qui est 375

Le reste 375 est la surface du triangle 375

Nous aurions pu prendre la moitié de la hauteur qui est 15, et multiplier par 25, nous aurions obtenu le même résultat.

$$
\begin{array}{r}
15 \\
25 \\
\hline
75 \\
30 \\
\hline
375
\end{array}
$$

Même résultat 375

Théodore. — C'est fort bien , Eugène. Je vois maintenant que la manière de mesurer les rectangles vous est familière; nous n'en parlerons plus, à moins que quelqu'un de vous n'ait pas bien compris toutes les opérations à faire pour obtenir la surface d'un rectangle.

Alphonse. — Nous avons tous parfaitement compris la manière d'opérer pour obtenir la surface d'un rectangle, il faut passer aux racines carrées et cubiques.

Théodore. — Volontiers. Je vous prie de faire attention aux démonstrations et définitions que je vais en faire et d'avoir soin de les écrire sur vos cahiers.

XIVᵉ ENTRETIEN.

De la formation des nombres carrés et de l'extraction de leur racine,

Théodore. — On appelle carré d'un nombre le produit qui résulte de la multiplication de ce nombre par lui-même; ainsi 16 est le carré de 4, parce que 16 résulte de la multiplication de 4 par 4; 25 est le carré de 5, parce que 25 résulte de la multiplication de 5 par 5; 49 est le carré de 7, parce que 49 résulte de la multiplication de 7 par 7.

La racine carrée d'un nombre proposé est le nombre qui multiplié par lui-même reproduit ce même nombre proposé; ainsi 5 est la racine carrée de 25 ; 7 est la racine carrée de 49.

Un nombre que l'on carre est donc tout à la fois multiplicande et multiplicateur, il est donc facteur deux fois du produit, c'est pour cela qu'on appelle aussi ce produit ou carré, la seconde puissance de ce nombre.

Il ne faut d'autre art pour carrer un nombre, que de le multiplier par lui-même selon les règles ordinaires de la multiplication; pour extraire la racine carrée d'un nombre, c'est-à-dire, pour revenir du carré à la racine, il faut une méthode, du moins lorsque le nombre en carré proposé a plus de deux chiffres.

Lorsque le nombre proposé n'a qu'un ou deux chiffres, sa racine en nombre entier est quelqu'un des nombres,

$$1, 2, 3, 4, 5, 6, 7, 8, 9,$$
dont les carrés sont :
$$1, 4, 9, 16, 25, 36, 49, 64, 81.$$

Ainsi la racine carrée de 72, par exemple, est 8, en nombres entiers, parce que 72 étant entre 64 et 81, sa racine est entre la racine de ceux-ci; c'est-à-dire entre 8 et 9 ; elle est 8 et une fraction, qu'à la vérité on ne peut pas assigner exactement, mais dont on peut approcher continuellement, ainsi que nous le verrons dans peu.

La racine carrée d'un nombre qui n'est point un carré parfait s'appelle un nombre sourd, ou irrationel ou incommensurable. Venons aux nombres qui ont plus de deux chiffres.

C'est en observant ce qui se passe dans la formation du carré, que nous trouverons la méthode
qu'on doit suivre pour revenir à la racine.

Nous marquons un nombre, tel que 54 par
exemple :

$$
\begin{array}{r}
54 \\
54 \\
\hline
216 \\
270 \\
\hline
2916
\end{array}
$$

Après avoir écrit le multiplicande et le multiplicateur comme à l'ordinaire, nous multiplions le 4
supérieur par le 4 inférieur, ce qui fait évidem-
ment le carré des unités.

Nous multiplions ensuite le 5 supérieur par le
4 inférieur, ce qui fait le produit des dizaines par
les unités.

Nous passons après cela au second chiffre du
multiplicateur, et nous multiplions le 4 supérieur par le 5 inférieur, ce qui fait le produit des
unités par les dizaines, ou le produit des dizaines
par les unités.

Enfin nous multiplions le 5 supérieur par le
5 inférieur, ce qui fait le carré des dizaines.

Nous ajoutons ces produits, et nous avons pour
carré le nombre 2,916, que nous voyons donc
être composé du carré des dizaines, plus deux
fois le produit des dizaines par les unités, plus le
carré des unités du nombre 54.

Ce que nous venons d'observer étant une con-

séquence immédiate des règles de la multiplication, n'est pas plus particulier au nombre 54 qu'à
tout autre nombre composé de dizaines et
d'unités; en sorte qu'on peut dire généralement
que le carré de tout nombre composé de dizaines
et d'unités, renfermera les trois parties que nous
venons d'énoncer, savoir : le carré des unités de
ce nombre, deux fois le produit des dizaines par
les unités, et le carré des unités.

Cela posé, comme le carré des dizaines est des
centaines (puisque 10 fois 10 font 100), il est
visible que ce carré des dizaines ne peut faire partie des deux derniers chiffres du carré total.

Pareillement, le produit du double des dizaines
multipliées par les unités, ne pouvant être moindre que des dizaines, ne peut faire partie du
dernier chiffre du carré total.

Donc pour revenir du carré 2,916 à sa racine
il faut diviser comme il suit.

Exemple :

$$2916 \mid \underline{54}$$
$$\underline{416}$$
$$\underline{104}$$
$$000$$

Commençons par trouver les dizaines de cette
racine : la formation du carré nous apprend qu'il
y a dans 2,916, le carré de ces dizaines, et que ce
carré ne peut faire partie des deux derniers chiffres, il est donc dans 29, et comme la racine
carrée de 29 ne peut être plus de 5, concluons en
que le nombre des dizaines de la racine est 5, et

portons-les à côté de 2,916, comme on le voit ci-dessus.

Je carre 5 et je retranche le produit 25 de 29, il reste 4, à côté duquel j'abaisse les deux autres chiffres 16 du nombre proposé 2916.

Pour trouver maintenant les unités de la racine, je fais attention à ce que renferme le reste 416; il ne contient que deux parties du carré, savoir, le double des dizaines de la racine multipliées par les unités, et le carré des unités de cette même racine; de ces deux parties la première suffit pour nous faire trouver les unités que nous cherchons; car puisqu'elle est formée du double des dizaines multipliées par les unités, si on la divise par le double des dizaines que nous connaissons, elle doit donner pour quotient les unités : il ne s'agit donc plus que de savoir dans quelle partie de 416 est renfermée ce double des dizaines multipliées par les unités. Or, nous avons remarqué ci-dessus, qu'il ne pouvait faire partie du dernier chiffre; il est donc dans 41 : il faut donc diviser 41 par le double 10 des dizaines trouvées; j'écris donc sous 41 le double 10 des dizaines et faisant la division, le quotient 4 que je trouve est le nombre des unités que je porte à la droite des 5 dixaines trouvées.

Mais il faut observer que quoique le quotient 4 que nous venons de trouver, soit en effet celui qui convient; cependant il peut arriver quelquefois que le quotient trouvé de cette manière, soit plus fort qu'il ne convient, parce que 41, (c'est-à-dire la partie qui reste après la séparation du dernier chiffre) renferme non seulement le double des dizaines multipliées par les unités, mais encore les dizaines provenant du carré des unités; c'est pourquoi, pour n'avoir aucun doute sur le chiffre des unités, il faut employer la vérification suivante.

Après avoir trouvé le chiffre 4 des unités, et l'avoir écrit à la racine, je le porte à côté du double 10 des dizaines, ce qui fait 104, dont je multiplie successivement tous les chiffres par le même nombre 4, et je retranche les produits successifs des parties correspondantes de 416; comme il ne reste rien, j'en conclus que la racine est en effet 54.

S'il restait quelque chose, la racine n'en serait pas moins la vraie racine en nombres entiers, à moins que ce reste ne fût plus grand que le double de la racine, augmenté de l'unité; mais c'est ce qu'on n'a point à craindre quand on prend le quotient toujours au plus fort.

La vérification que nous venons d'enseigner est fondée sur la formation même du carré; car quand on multiplie 104 par 4, il est évident qu'on forme le carré des unités et le double des dizaines multipliées par les unités; c'est-à-dire, ce qui complète le carré parfait.

De ce que nous venons dire, il faut conclure que pour extraire la racine carrée d'un nombre qui n'a pas plus de quatre chiffres, ni moins de trois, il faut, après avoir séparé deux chiffres sur la droite, chercher la racine carrée de la tranche qui reste vers la gauche; cette racine sera le nom-

bre des dizaines de la racine totale, et on l'écrira
à côté du nombre proposé en l'en séparant par un
trait comme on sépare dans la division le dividende du diviseur.

On soustrait de cette même tranche le carré de
la racine qu'on vient de trouver, et après avoir
écrit le reste au-dessous de cette tranche, on
abaissera à côté de ce reste les deux chiffres
qu'on avait séparés.

On séparera par un point le chiffre des unités
de la tranche qu'on vient d'abaisser, et on divi-
sera ce qui se trouve sur la gauche par le double
des dizaines qu'on écrira au-dessous.

On écrira le quotient à côté du premier chiffre
de la racine, et on le portera ensuite à côté du
double des dizaines qui a servi de diviseur.

Enfin, on multiplie par ce même quotient tous
les chiffres qui se trouveront sur cette dernière
ligne, et on retranchera leurs produits à mesure
qu'on les trouvera, des chiffres qui leur correspondent dans la ligne au-dessus.

Achevons d'éclaircir ceci par un exemple. On
demande la racine carrée de 75,69.

$$75,69 \mid 87 \text{ racine.}$$
$$11,69$$
$$167$$
$$\overline{}$$
$$000$$

Je sépare les deux chiffres vers la droite 69 et
je cherche sa racine carrée dans 75, elle est 8,
j'écris 8 à côté, je carre 8, c'est-à-dire que je multiplie 8 par 8, ce qui me donne 64, et je retranche
de 75 le carré 64 ; c'est-à-dire que je fais la sous-

traction, il me reste 11 que j'écris au-dessous de 75, comme on le voit dans l'exemple ci-dessus, et j'abaisse à côté du restant 11 les chiffres 69 que j'avais séparés.

Je sépare dans 1169 le dernier chiffre 9, pour avoir dans 116 la partie que je dois diviser pour trouver les unités.

Je forme mon diviseur en doublant les 8 dizaines que j'ai trouvées et j'écris ce diviseur qui est 16 au-dessous de 116; la division me donne 7 pour quotient que j'écris à la racine à la droite de 8.

Je porte aussi ce quotient à côté du diviseur 16, je multiplie 167, qui forme la dernière ligne, par ce même quotient 7 et je retranche les produits à mesure que je les trouve, de 1169 : il ne me reste rien, ce qui prouve que 7569 est un carré parfait, et le carré de 87.

Il faut bien remarquer qu'on ne doit diviser par le double des dizaines que la seule partie qui reste à gauche après qu'on a séparé le dernier chiffre; ensorte que si elle ne contenait pas le double des dizaines, il ne faudrait pas pour cela employer le chiffre séparé; on mettrait zéro à la racine. Si au contraire on trouvait que le double des dizaines y est plus de 9 fois, on ne mettrait cependant pas plus de 9; la raison en est la même que pour la division.

Après avoir bien compris ce que nous venons de dire sur la racine carrée des nombres qui n'ont pas plus de 4 chiffres, on saisira facilement ce qu'il convient de faire lorsque le nombre des chiffres est plus grand. De quelque nombre de chiffres que la racine doive être composée, on peut toujours la concevoir composée de deux parties, dont l'une soit des dizaines et l'autre des unités; par exemple 874 peut être considéré comme représentant 87 dizaines et 4 unités.

Cela posé, quand on a trouvé les deux premiers chiffres de la racine, par la méthode qu'on vient d'exposer, on peut aussi trouver le troisième par la même méthode en considérant ces deux premiers chiffres comme ne faisant qu'un seul nombre de dizaines; et leur appliquant, pour trouver le troisième, tout ce qui a été dit du premier pour trouver le second.

Pareillement, quand on aura trouvé les trois premiers chiffres, s'il doit y en avoir un quatrième, on considérera les trois premiers comme ne faisant qu'un seul nombre de dizaines, auquel on appliquera, pour trouver le quatrième, le même raisonnement qu'on a appliqué aux deux premiers pour trouver le troisième, et ainsi de suite.

Mais pour procéder avec ordre, il faut commencer par partager le nombre proposé en tranches de deux chiffres chacune allant de droite à gauche, la dernière pourra n'en contenir qu'un.

La raison de cette opération est fondée sur ce que considérant la racine comme composée de dizaines et d'unités, il faut, suivant ce qui a été dit ci-dessus, commencer par séparer les deux derniers chiffres sur la droite pour avoir dans la partie qui reste à gauche le carré des dixaines : mais comme cette partie est elle-même composée de plus de deux chiffres, un raisonnement semblable conduit à en séparer encore deux sur la droite, et ainsi de suite.

Donnons un exemple de cette opération.

Exemple :

On demande la racine carrée de 76807696.

$$
\begin{array}{r|l}
7\,6.8\,0.7\,6.9\,6 & 8764 \\
1\,2\,8\,0 & \\
1\,6\,7 & \\
\hline
1\,1\,1\,7.6 & \\
1\,7\,4\,6 & \\
\hline
0\,7\,0\,0\,9.6 & \\
1\,7\,5\,2\,4 & \\
\hline
0\,0\,0\,0\,0 &
\end{array}
$$

Après avoir partagé le nombre proposé, en tranches de deux chiffres chacune, en allant de droite à gauche, je cherche quelle est la racine carrée de la tranche 76, qui est le plus à gauche ; je trouve qu'elle est 8, et j'écris 8 à côté du nombre proposé ; je carre 8 : j'entends par carrer multiplier 8 par lui-même, c'est-à-dire 8 par 8, et je retranche le produit 64 ou le carré 8 de 76 ; j'ai pour reste 12 que j'écris au-dessous de 76 ; à côté du reste 12 j'abaisse la tranche 80 dont je sépare le dernier chiffre qui est 0, par un point, et au-dessous de la partie 128 j'écris 16, double de la racine trouvée ; puis disant : en 128 combien de fois 16 ? je trouve qu'il y est 7 fois ; j'écris 7 à la suite de la racine 8 et à côté du double 16, ce qui me donne 167 ; je multiplie 167 par ce même nombre 7, et je retranche de 1280 le produit que me donne la multiplication de 167 par 7 ; il me reste 111 à côté duquel j'abaisse la troisième tranche 76, ce qui forme 11176 ; je sépare le dernier chiffre 6 de ce nombre, et sous la partie 1117 qui reste à gauche j'écris 174, double de la racine 87 ; je divise 1117 par 174, et ayant trouvé 6 pour quotient, j'écris 6 à la racine et à côté du double 174 ; je multiplie 1746 par ce même nombre 6, et je retranche le produit 10476 de 11,176, il reste 700 ; à côté de ce reste j'abaisse 96 dont je sépare le dernier 6 ; au-dessous de 700 qui reste à gauche, j'écris 1752, double de la racine trouvée de 876, et divisant 7009 par 1752, je trouve pour quotient 4 que j'écris à la racine et à côté du double 1752 ; je multiplie 17,524 par ce même nombre 4, et je retranche de 70,096, le produit 70,096, il ne reste rien. Ainsi, la racine carrée de 76,807,696 est exactement 8764.

Lorsque le nombre proposé n'est point un carré parfait, il y a un reste à la fin de l'opération ; la racine qu'on a trouvée est la racine du plus grand carré contenu dans le nombre proposé ; alors il n'est pas possible d'extraire la racine carrée exactement ; mais on peut en approcher si près qu'on le juge à propos, c'est-à-dire de manière que l'erreur qui en résulterait dans le carré soit au-dessous de la quantité qu'on voudra.

Cette approximation se fait commodément par le moyen des décimales. Il faut concevoir à la suite du nombre proposé deux fois autant de zéros qu'on voudra avoir de décimales à la racine, faire l'opération comme à l'ordinaire, et séparer ensuite par une virgule, sur la droite de la racine, moitié autant de décimales qu'on a mis de zéros à la suite du nombre proposé. En effet, si on a mis quatre zéros, par exemple, on a rendu le carré 10,000 fois trop grand; la racine qu'on trouve est donc 100 fois trop grande, puisque 10,000 est le carré de 100; si on a mis six zéros, on a rendu le carré 1,000,000 de fois trop grand, et par conséquent la racine qu'on trouve est 9,000 fois trop grande, puisque 1,000,000 est le carré de 1,000; mais en séparant deux chiffres sur la droite, dans le premier cas, et trois dans le deuxième, on la ramène à ce qu'elle doit être.

Exemple:

On demande la racine carrée de 87,567, à moins d'un millième près.

Pour des millièmes, il faut trois décimales; il faut donc mettre 6 zéros au carré 87,567. Ainsi, il faut tirer la racine carrée de 87,567,000,000.

```
8.7 5.6 7.0 0.0 0.0 0 | 295-917
4 7 5
  4 9
  ________
  3 4 6 7
    5 8 5
    ________
    5 4 2 0 0
      5 9 0 9
      ________
      1 0 1 9 0 0
        5 9 1 8 1
        ________
        4 2 7 1 9 0 0
          5 9 1 8 2 7
          ________
          1 2 9 1 1 1
```

En faisant l'opération comme dans les exemples précédents, on trouve pour racine carrée, à moins d'une unité près, le nombre 295,917; mais comme cette racine est celle de 87,567,000,000, qui est 1,000,000 de fois plus grand que 87,567 dont on demande la racine, il faut rendre cette racine trouvée 295,917 fois plus petite, c'est-à-dire en séparer trois chiffres sur la droite, et 295,917 sera la racine carrée de 87,567, à moins d'un millième près.

Pareillement, si on demande la racine carrée de 2, à moins d'un dix-millième près, on tirera la racine carrée de 200,000,000, qu'on trouvera être 1,4142; séparant les quatre chiffres de la droite par une virgule, on aura 1,4142 pour la racine carrée de 2, approchée à moins d'un dix-millième près.

Je pense, Messieurs, que vous devez avoir compris comment on peut extraire la racine carrée d'un nombre quelconque; car, en supposant que le nombre dont on a extrait la racine carrée ne soit pas un carré parfait, on pourra toujours en approcher aussi près que l'on voudra en ajoutant des zéros au nombre dont on a cherché la racine carrée.

ALPHONSE. — Je crois comprendre maintenant comment on peut extraire la racine carrée d'un nombre. D'après ce que vous nous avez dit, je ne vois dans l'extraction de la racine carrée d'un nombre, que division, multiplication et soustraction; il ne s'agit que de savoir en faire l'emploi.

Par exemple, soit la racine carrée de 2,916 ; en prenant les deux premiers chiffres 29, il est facile de voir que c'est 5 qui est contenu dans 29, puisqu'il faut multiplier par lui-même le quotient ; ainsi, si j'avais mis 6, il faudrait multiplier 6 par 6, ce qui m'aurait donné 36 ; 6 est donc trop fort ; je prends 5 qui, multiplié par lui-même, c'est-à-dire 5 par 5, me donne 25 ; je pose 25 sous 29 et je fais la soustraction : qui de 29 ôte 25, il reste 4 ; j'abaisse à côté du chiffre 4 les deux derniers chiffres 1 et 6 et j'ai 416, dans lequel nombre 416 il faut chercher combien le double du premier quotient est contenu ; or, comme le premier quotient est 5, son double sera 10. J'examine, après avoir séparé le dernier chiffre 6, combien de fois 10 est contenu dans 41 ; il est facile de reconnaître que 10 est contenu 4 fois dans 41 ; je pose 4 à côté du premier quotient 5 et j'ai 54, je pose de même 4 à côté de 10 et j'ai 104 sous 416 ; je multiplie 104 par le second quotient 4, le produit de 104 par 4 est 416 ; puis je fais la soustraction : 416 ôté de 416, reste zéros.

Voilà comme j'ai compris l'extraction de la racine carrée du nombre 2,916, et je pense que pour quelque nombre que ce soit, ce doit être la même marche à suivre.

Théodore. — Oui, c'est toujours la même marche à suivre, sauf que lorsque le nombre proposé ne sera pas un carré parfait, il faudra ajouter deux zéros au dernier restant, séparer par une virgule ou trait le quotient déjà trouvé et continuer à chercher par la même méthode le carré du restant augmenté de deux zéros ; ce carré ne peut être que des décimales. L'opération terminée, vous retranchez sur la droite autant de chiffres décimaux, moins la moitié du nombre de zéros que vous avez ajouté à chaque reste. Supposez que vous ayez ajouté en plusieurs fois 6 zéros, vous retranchez trois chiffres sur la droite ; si vous aviez ajouté 8 zéros, vous retrancheriez quatre chiffres sur la droite, et ainsi de suite.

On pourrait, si on voulait, ajouter de suite au nombre proposé, qui ne serait pas un carré parfait, tous les zéros dont on aurait besoin, soit pour arriver à un dixième, centième, millième, dix-millième près. Il est facile de reconnaître des dixièmes ; il ne faut, pour former des dixièmes, qu'un chiffre décimal après les entiers ; donc, il faudra ajouter deux zéros pour les former. Pour les centièmes, il faut deux chiffres décimaux ; pour les former, il faudra ajouter quatre zéros. Pour les millièmes, il faut trois chiffres décimaux ; pour les former, il faudra ajouter six zéros. Pour les dix-millièmes, il faut quatre chiffres ; donc, pour les former, il faudra huit zéros ajoutés au nombre proposé.

Ainsi, il est facile de se rappeler qu'il faut toujours ajouter le double de zéros par la raison que nous en avons donnée ci-dessus.

Maintenant, il faudra que chacun de vous me prouve, non-seulement par des exemples, mais encore par le raisonnement, qu'il a parfaitement compris comment on extrait la racine carrée d'un nombre formant un carré parfait ou non parfait.

Alphonse. — Supposons qu'on ait à extraire la racine carrée de 29,81,16. Comme j'ai six chiffres, je les sépare par tranches de deux chiffres : la première tranche se forme de 29, la seconde de 81, la troisième de 16. Pour me reconnaître et opérer avec plus de facilité, je distingue chaque tranche par des lettres ; ainsi, 29 sera la tranche A, 81 la tranche B, et 16 la tranche C.

    Exemple :

$$
\begin{array}{ccc|l}
A & B & C & \\
29 & 81 & 16 & 546 \\
4 & 81 & & \\
1 & 04 & & \\
\hline
0 & 65 & 16 & \\
& 10 & 86 & \\
\hline
& 00 & 00 &
\end{array}
$$

On voit dans l'exemple ci-dessus que j'ai séparé le nombre proposé 298,116 en trois tranches, que j'ai distinguées par les lettres A B C ; il me reste maintenant à chercher la racine carrée de chaque tranche : je commence par la tranche A, et je cherche quel est le nombre qui, multiplié par lui-même, me donnerait le carré de 29 ; si je prends 4, que je le multiplie en pensée seulement, je vois que 4 fois 4 font 16 ; si de 29, j'ôte 16, il me restera 13, nombre qui, ajouté à la tranche B-81, donnerait un nombre de 1381, nombre beaucoup trop fort et dont je ne puis extraire la racine. Si je multiplie 6 par 6, le produit

36 dépassant 29 me prouve que la soustraction ne peut pas se faire. C'est donc entre 4 et 6 que je dois chercher la racine : je multiplie 5 par lui-même et je vois que 25 peut s'extraire de 29 ; c'est donc 5 ; je pose 5 au quotient et j'ai pour reste 4 que je pose sous le 9 ; j'abaisse la tranche B-81 à côté de 4, et j'ai pour second nombre 481 ; comme d'après ce qui a été dit, il faut toujours multiplier par 2 le quotient, je multiplie le quotient par 2, ce qui me donne 10 que je pose sous les deux premiers chiffres 48 ; j'examine combien le nombre 10 peut être contenu de fois dans 48, il est facile de reconnaître qu'il y est 4 fois, je pose 4 au quotient, je pose aussi 4 sous le dernier chiffre de la tranche B-81, à côté de 10, double du premier quotient, et j'ai 104 que je multiplie par 4, ce qui me donne pour produit 416 que j'ôte de 481, et j'ai pour reste 65 ; j'abaisse à coté des 65 la dernière tranche C-16, et j'ai pour nouveau nombre, dont on doit extraire la racine carrée, 6,516 ; je multiplie le quotient 54 par 2, et j'ai pour produit 108 que je pose sous 6,516 ; j'examine combien de fois 108 est contenu dans 6,516, je vois qu'il y est 6 fois, je pose 6 au quotient, je pose de même 6 à côté de 108 et j'ai 1,086 ; je multiplie 1,086 par 6 et j'ai pour produit 6,516, qui, ôté de 6,516, reste zéro. Je conclus de là que la racine carrée de 298,116 est 545.

Théodore. — C'est très-bien. Nous laisserons maintenant les définitions de côté, nous opérerons seulement ; car je pense que tous ces Messieurs ont parfaitement compris le raisonnement.

NAPOLÉON. — Je vais opérer sur un nombre qui ne présente pas un carré parfait, tel que 97,567.

Exemple :

```
8.75.67 | 295-917
4 75
  49
 ────────
 34 67
  5 85
 ────────
  5 4200
   5909
 ────────
  101900
   59181
 ────────
  4271900
   591827
 ────────
   129111
```

La racine carrée ne pouvant s'obtenir, j'ai poussé jusqu'à des millièmes, le restant ne pouvant amener que des dix-millièmes, on peut les négliger ; mais à la rigueur on pourrait pousser la racine jusqu'à des dix-millièmes en ajoutant deux zéros au restant 129,111.

Ainsi, la racine carrée de 87,567 est 295 et 917 millièmes ; j'aurais pu ajouter de suite au nombre 87,567 autant de zéros qu'il en faut pour amener des millièmes ; or, comme il faut toujours en mettre le double, il faudra en mettre 6.

THÉODORE. — C'est très-bien. A Léonidas.

Léonidas. — Je vais extraire la racine carrée du nombre 1936. Je commence par former deux tranches de 1636 : la première 19, la seconde 36, je les distingue par des lettres et je les arrange ainsi qu'il suit :

$$D \text{—} E$$
$$19 \text{—} 36$$

Je cherche quel est le nombre qui, multiplié par lui-même, peut former le carré de 19, je vois que c'est 4 ; je multiplie 4 par 4, ce qui me donne 16 qui ôté de 19, me laisse 3 pour reste ; je porte 4 au quotient, je multiplie 4 par 2 pour avoir le double de la racine : ainsi, deux fois 4 font 8 que je pose, après avoir descendu la tranche E qui est 36, sous le chiffre 3 ; séparant par un point le dernier chiffre 6, il me reste 33 ; J'examine dans 33 combien de fois 8 est contenu, je vois qu'il ne peut y être contenu que 4 fois, je pose 4 au quotient, je porte de même 4 à côté de 8, ce qui donne 84 ; je multiplie 84 par 4, le produit est 336 qu'il faut soustraire de 336, il ne reste rien.

Je conclus de là que la racine carrée du nombre 1936 est 44.

Comme il ne reste rien, le nombre 936 est un carré parfait.

Exemple :

$$
\begin{array}{r|l}
\text{D} \quad \text{E} & \\
1936 & 44 \\
336 & \\
84 & \\
\hline
000 &
\end{array}
$$

Pour faire l'opération par complément, je dis :
4 fois 4 font 16, 16 pour aller à 19 c'est 3; j'abaisse 36 à côté de 3 et j'ai 336, je double le chiffre 4 et j'ai 8 que je pose sous le second chiffre; j'examine combien 8 peut être contenu de fois dans 33, je vois qu'il y est 4 fois, je porte 4 à côté du premier quotient 4 et j'ai 44; j'abaisse le dernier quotient 4 à côté de 8 et j'ai 84; je multiplie 84 par 4, le produit est 336, qui étant soustrait de 336 donne zéro pour reste; donc, 44 est la racine carrée de 1936.

THÉODORE. — Fort bien. Nous ne reviendrons plus là-dessus; l'extraction de la racine carrée d'un nombre quelconque vous est familière. Il ne s'agit que de se rappeler que pour obtenir des décimales il faut ajouter le double des zéros comparés avec les décimales que l'on veut obtenir; l'on peut ajouter de suite ces zéros ou les descendre deux à deux au fur et à mesure que l'on en a besoin. De cette manière ou peut pousser les décimales aussi loin qu'on le désirera; d'ailleurs, tout cela a déjà été dit et redit, et je pense que nous pouvons maintenant passer aux racines cubiques.

XVe ENTRETIEN.

De la formation des nombres cubes et de l'extraction de leur racine.

Pour former ce qu'on appelle le cube d'un nombre, il faut d'abord multiplier ce nombre par lui-même, et multiplier ensuite par ce même nombre le produit résultant de cette première multiplication.

Ainsi, le cube d'un nombre est, à proprement parler, le produit du carré d'un nombre multiplié par ce même nombre. 27 est le cube de 3, parce qu'il résulte de la multiplication de 9 (carré de 3) par le même nombre 3.

Le nombre que l'on cube est donc trois fois facteur dans le cube; c'est pour cette raison que le cube est aussi nommé troisième puissance ou troisième degré de ce nombre.

En général, on dit qu'un nombre est élevé à la seconde, troisième, quatrième, cinquième, etc., puissance, quand on le multiplie par lui-même, une, deux, trois, quatre, etc., fois consécutives, ou lorsqu'il est deux, trois, quatre, cinq fois, etc., facteur dans le produit.

La racine cubique d'un cube proposé est le nombre qui, multiplié par son carré, produit ce cube; ainsi, 3 est la racine cubique de 27.

On n'a donc pas besoin de règle pour former le cube d'un nombre; mais pour revenir du cube à sa racine, il faut une méthode. Nous déduirons cette méthode de l'examen de ce qui se passe dans la formation du cube.

Observons cependant qu'on n'a besoin de méthode pour extraire la racine cubique en nombre entier, que lorsque le nombre proposé a moins de quatre chiffres; car 1,000 étant le cube de 10, pour tout nombre au-dessous de 1,000, et par conséquent de moins de quatre chiffres, on aura pour racine moins de 10, c'est-à-dire moins de deux chiffres.

Ainsi, tout nombre qui tombera entre deux de ceux-ci :

1, 8, 27, 64, 125, 216, 343, 512, 729, aura sa racine cubique en nombre entier, entre les deux nombres correspondants de cette suite : 1, 2, 3, 4, 5, 6, 7, 8, 9, dont la première contient les cubes.

On ne peut pas toujours assigner exactement en nombres la racine cubique de tout nombre proposé ; mais on peut approcher continuellement d'un nombre qui, étant cubé, approche aussi de plus en plus de reproduire ce premier nombre ; c'est ce que nous verrons après avoir appris à trouver la racine d'un cube parfait.

Voyons, pour cet effet, de quelles parties peut être composé le cube d'un nombre qui contiendrait des dizaines et des unités.

Puisque le cube résulte du carré d'un nombre multiplié par ce même nombre, il est essentiel de se rappeler ici que le carré d'un nombre composé de dizaines et d'unités renferme :

1° Le carré des dizaines ;

2° Deux fois le produit des dizaines par les unités ;

3° Le carré des unités.

Pour former le cube, il faut donc multiplier ces trois parties par les dizaines et les unités du même nombre.

Afin d'apercevoir plus distinctement les produits qui en résulteront, donnons à cette opération simulée la forme suivante.

Le carré des dizaines étant multiplié par les dizaines, donnera le cube des dizaines.

Deux fois le produit des dizaines par les unités, étant multiplié par les dizaines, donnera deux fois le produit du carré des dizaines multiplié par les unités.

Le carré des unités, étant multiplié par les dizaines, donnera le produit des dizaines par le carré des unités.

1° Le carré des unités, multiplié par les unités de la racine, donne le cube des unités;

2° Le double des dizaines multiplié par les unités, étant encore multiplié par les unités, il en résulte un produit qui peut être considéré comme le double des dizaines multiplié par le carré des unités;

3° Le carré des dizaines, multiplié par les unités, donne le carré des dizaines par les unités.

Prenons maintenant les dizaines pour multiplicateur.

4° Le carré des unités, multiplié par les dizaines, donne le carré des unités par les dizaines;

5° Le double des dizaines par les unités multiplie par les dizaines, donne deux fois le carré des dizaines par les unités;

6° Enfin, le carré des dizaines par les dizaines donne le cube des dizaines.

Donc, en rassemblant ces six produits ou ré-sultats, et réunissant ceux qui sont semblables, on voit que le cube d'un nombre composé de di-zaines et d'unités contient quatre parties, savoir: le cube des dizaines, trois fois le carré des dizai-nes multiplié par les unités, trois fois les dizai-nes multipliées par le carré des unités, et enfin le cube des unités.

Formons, d'après cela; le cube d'un nombre, composé de dizaines et d'unités, de 43; par exemple:

$$64000$$
$$14400$$
$$1080$$
$$27$$
$$\overline{79507}$$

Nous prendrons donc le cube de 4 qui est 64; mais comme ce 4 est des dizaines, son cube sera des mille, parce que le cube de 10 est 1,000; ainsi, le cube des quatre dizaines, 3 fois 16 ou 3 fois le carré des dizaines, étant multiplié par les trois unités, donnera 144 centaines, parce que le carré de 10 est 100; ainsi, ce pro-duit sera 14,400.

3 fois 4 ou 3 fois les dizaines, étant multipliées par le carré 9 des unités, donneront des dizaines, et ce produit sera 1080; enfin, le cube des unités se terminera à la place des unités et sera 27. En réunissant ces quatre parties, on aura 79,507 pour le cube de 43, cube qu'on aurait obtenu

plus facilement en multipliant 43 par 43, et le produit 1849 encore par 43 ; mais il ne s'agit pas tant ici de trouver la valeur du cube que de reconnaître par l'examen des parties qui le composent la manière de revenir à sa racine.

Cela posé, voici le procédé de l'extraction de la racine cubique.

Exemple :

Soit donc proposé d'extraire la racine cubique de 79,507.

Cube.   Racine.

79.507 | 43

15 507

48

Pour avoir la partie du nombre qui renferme le cube des dizaines de la racine, je sépare les trois derniers chiffres dans lesquels nous venons de voir que ce cube ne peut être compris, puisqu'il vaut des mille.

Je cherche la racine cubique de 79, elle est 4 que j'écris à côté ; je cube 4 et j'ôte le produit 64 de 79, il me reste 15 que j'écris au-dessous de 79 ; à côté de 15, j'abaisse 507, ce qui me donne 15507, dans lequel il doit y avoir trois fois le carré des quatre dizaines trouvées, multipliées par les unités que nous cherchons ; plus trois fois ces mêmes dizaines multipliées par le carré des unités ; plus enfin le cube des unités.

Je sépare les deux derniers chiffres 07, la partie 155 qui reste à gauche renferme trois fois le carré des dizaines multiplié par les unités ; c'est pourquoi, afin d'avoir les unités, je vais diviser cette partie 255 par le triple du carré des 4 dizaines, c'est-à-dire par 48 ; je trouve que 48 est 3 fois dans 155 ; j'écris donc 3 à la racine. Pour éprouver cette racine et connaître le reste, s'il y en a, nous pourrions composer les trois parties du cube qui doivent se trouver 15,507, et voir si elles forment 15,507, ou de combien elles en diffèrent ; mais il est aussi commode de faire cette vérification en cubant tout de suite 43 par 43, ce qui produit 1849, et en multipliant ce produit par 43, ce qui donne enfin 79,507. Ainsi, 43 est exactement la racine cubique.

Si le nombre proposé a plus de six chiffres, on raisonnera comme dans l'exemple ci-après.

Exemple :

Soit proposé d'extraire la racine cubique de 596,947,688.

```
        A    B     C
     5 9 6.9 4 7.6 8 8  | 842
     8 4 9 4 7
     1 9 2
     5 9 2 7 0 4
     ───────────
         4 2 4 3 6 8 8
         2 1 1 6 8
         5 9 6 9 4 7 6 8 8
         ───────────
       0 0 0 0 0 0 0 0
```

On considérera sa racine comme composée de dizaines et de d'unités, et par cette raison on commencera par séparer les trois derniers chiffres.

La partie 596,947 qui renferme le cube des

dizaines, ayant plus de trois chiffres, sa racine en aura plus d'un, et par conséquent elle aura des dizaines et des unités : il faut donc pour trouver le cube de ces premières dizaines, séparer les trois chiffres 947. Cela posé, je cherche la racine cubique de 596; elle est 8, j'écris ce 8 à côté.

Je cube 8 et je retranche le produit 512 de 596; il reste 84 que j'écris au-dessous de 596. A côté de 84 j'abaisse 947, ce qui me donne 84947 dont je sépare les deux derniers chiffres. Au-dessous de la partie 849, j'écris 192 qui est le triple carré de la racine 8, et je divise 849 par 192; je trouve pour quotient 4, que j'écris à la racine.

Pour vérifier cette racine, et avoir en même temps le reste, je cube 84 et je retranche le produit 592704 du nombre 596947, et j'ai pour reste 4243. A côté de ce reste, j'abaisse la tranche 688, et considérant la racine 84 comme un seul nombre qui marque les dizaines de la racine cherchée, je sépare les derniers chiffres 88 de la tranche abaissée, et je divise la partie 42436 par le triple carré de 84, c'est-à-dire par 21,168; je trouve pour quotient 2, que j'écris à la suite de 84. Pour vérifier la racine 842, et avoir le reste, s'il y en a, je cube 842, et je retranche le produit 596947688, du nombre proposé 596947688, et comme il ne reste rien, j'en conclus que 842 est la racine exacte de 596947688.

Il faut observer, 1° que dans le cours de ces opérations, on ne doit jamais mettre plus de 9 à la racine.

Si le chiffre qu'on porte à la racine était trop

fort on s'en apercevrait en ce que la soustraction ne pourrait se faire, et alors on diminuerait la racine successivement de 1, 2, 3, etc. unités, jusqu'à ce que la soustraction devînt possible.

Lorsque le nombre proposé n'est pas un cube parfait, la racine qu'on trouve n'est qu'une racine approchée, et il est rare qu'il soit suffisant de les avoir en nombre entier, les décimales sont encore d'un usage très-avantageux pour pousser cette approximation beaucoup plus loin, et aussi loin qu'on le désire, sans que cependant on puisse jamais atteindre à une racine exacte.

Pour approcher aussi près qu'on le voudra de la racine cubique d'un cube imparfait, il faut mettre à la suite de ce nombre trois fois autant de zéros qu'on veut avoir de décimales à la racine; l'extraction se fait comme dans les exemples précédents, et après l'opération, séparer par une virgule sur la droite de la racine, autant de chiffres qu'on voulait avoir de décimales.

Exemple :

On demande d'approcher de la racine cubique de 8755, jusqu'à moins d'un centième près. Pour avoir des centièmes à la racine, il faut deux décimales; il faut donc mettre 6 zéros à la suite de 8755.

Ainsi la question se réduit à tirer la racine cubique de 8755000000.

324

8.7 5 5.0 0 0.0 0 0 | 20,61
0 7 5 5
1 2
8 0 0 0

---

7 5 5 0.0 0
1 2 0 0
8 7 4 1 8 1 6

---

1 3 1 8 4 0 0 0
9 2 7 3 0 8
8 7 4 5 5 2 9 8 1

---

4 4 7 0 1 9

Suivant ce qui a été dit ci-dessus, je partage ce nombre en tranches de trois chiffres en allant de droite à gauche.

Je tire la racine cubique de la dernière tranche 8; elle est 2 que j'écris à la racine (ou au quotient). Je cube 2 et je retranche le produit 8, j'ai pour reste 0 à côté duquel j'abaisse la tranche 755, dont je sépare les deux derniers chiffres 55 au-dessous de la partie restante 7, j'écris 12 triple carré de la racine, et divisant 7 par 12, je trouve zéro pour quotient que j'écris à la racine.

Je cube la racine 20, ce qui me donne 8000, que je retranche de 8755; j'ai pour reste 755, à côté duquel j'abaisse la tranche 000; dont je sé-pare deux chiffres sur la droite, au-dessous de la partie restante 7550, j'écris 1200, triple carré de la racine 20, et divisant 7550 par 1200, je trouve pour quotient 6 que j'écris à la racine.

Je cube la racine 206, et je retranche le produit

de 8755000; j'ai pour reste 13184 à côté duquel j'abaisse la dernière tranche 000, dont je sépare les deux derniers chiffres. Au-dessous de la partie restante 131840, j'écris 127,308, triple carré de la racine trouvée 206, je divise 131,840 par 127308; je trouve pour quotient 1 que j'écris à la suite de 206. Je cube 2061, et ayant retranché de 8755000000, le produit 8754552981, j'ai pour reste 44019.

La racine cubique approchée de 8755000000 est donc 2061, mais comme 8755000000 est 1,000000 de fois plus grand que 8755, sa racine est 100 fois plus grande que celle de 8755; puisque 1,000000 est le cube de 100; donc la racine cubique de 8755 est de 20,61, ou 21 entiers et 61 centièmes.

Si on voulait pousser l'approximation plus loin, on mettrait à la suite du reste trois zéros, et on continuerait comme on a fait chaque fois qu'on a abaissé une tranche.

Maintenant, je pense avoir assez défini l'extraction de la racine cubique pour avoir été compris, et il n'est pas un de vous qui ne soit à même de l'extraire.

HIPPOLYTE. — Je puis vous assurer que j'ai copié sur mon cahier non seulement les définitions, mais encore les opérations sans pouvoir m'en rendre compte.

ALFRED. — Je vous en offre autant, je conçois cependant qu'il n'est toujours question que de multiplications, soustractions, divisions, etc.

Mais c'est la marche à suivre pour faire ces opérations que je ne puis pas saisir.

ALPHONSE. — J'ai compris, ou au moins je le crois, mais souvent je m'embrouille; je conçois néanmoins que pour trouver le cube 8, il faut le multiplier par lui-même et multiplier encore par 8 le produit 64 et j'obtiens 512. Plus loin je vois qu'il faut tripler le carré de la racine 8. Je croyais que tripler le carré était la même chose que cuber, mais d'après le produit 192 que donne le triple carré de 8, je m'aperçois qu'il est bien différent, puisque l'un donne 512 et l'autre 192. Pour trouver le triple carré d'après ce que vous nous avez dit, il faut multiplier 8 par 8 pour en obtenir le carré et multiplier le carré 64 par 3. C'est de cette manière que j'obtiens 192, nombre par lequel je dois diviser 849. J'ai bien fait tout cela, et enfin en suivant la marche que vous avez indiquée, j'arrive à la fin de l'opération, mais sans connaissance de cause et sans pouvoir me rendre compte pourquoi et comment j'opère.

LÉONIDAS. — Je me trouve dans le même cas qu'Alphonse et je pense que tous mes camarades sont aussi embarrassés que moi. Veuillez donc, mon cher Théodore, nous éclaircir plus amplement sur l'extraction de la racine cubique, afin que nous puissions opérer avec connaissance de cause.

THÉODORE. — Cependant les définitions que je vous ai données sont assez claires et assez précises pour vous faire connaître tout le mécanisme ou méthode qu'on emploie pour extraire la racine

cubique d'un nombre quelconque; mais puisqu'enfin vous n'avez pas saisi toute la marche à
suivre pour arriver à la fin de l'opération, je vais
prendre une autre route qui sûrement vous con-
duira au but que je me propose de vous faire atteindre; mais je vous réponds qus si vous lisiez
avec attention vos cahiers, vous comprendriez facilement l'opération ; mais enfin je me rends à
vos sollicitations et je vais tâcher d'éclaircir de
mon mieux l'extraction de la racine cubique d'un
nombre quelconque par des exemples.

Je reprends le nombre 596,947,688.

```
        A     B   C Racine ou quotient.
  5 9 6.9 4 7.6 8 8 | 842
    8 4.9 4 7
    1 9 2
    5 9 2 7 0 4
  ───────────────────
        4 2 4 3 6 8 8
        2 1 1 1 6
      5 9 6 9 4 7 6 8 8
  ───────────────────
      0 0 0 0 0 0 0 0 0
```

EXPLICATION.

Je prends la tranche A ou 596. J'examine quel
est le nombre multiplié par lui-même et dont le
produit multiplié par ce même nombre donnerait
pour résultat 596 plus ou moins; le plus ne peut
pas avoir lieu, parce qu'il est impossible d'extraire un plus grand nombre d'un plus petit.
Supposons que j'eusse pris 9 au lieu de 8; en

multipliant 9 par 9 j'ai 81 ; si je multiplie 81 par 9, j'ai pour produit 729, résultat beaucoup trop fort et qui ne peut s'extraire de 596. Si je prends 7 , 7 fois 7 font 49, qui multiplié par 7 donnerait 343 , nombre trop petit, vu que le reste serait trop grand; c'est donc entre 9 et 7 que je dois chercher la racine, le nombre 8 étant entre 9 et 7, je le prends. Je multiplie 8 par 8, j'ai 64; je multiplie 64 par 8 et j'ai 512, nombre que je puis extraire de 596, et j'ai pour reste 84. Voilà donc déjà un quotient de trouvé; pour en trouver un second j'abaisse la tranche B ou 947, à côté du restant 84, et j'ai pour second nombre dont je dois extraire la racine 849,47; je retranche les deux derniers chiffres et j'ai 849 dont je dois chercher la racine cubique. Mais pour la trouver que me reste-t-il à faire? le voici. Je triple le carré 8 , premier quotient trouvé, c'est-à-dire que je multiplie 8 par lui-même et j'ai 64 pour produit ou carré de 8, car vous savez que 8 fois 8 font 64 ; voici donc le carré trouvé. Quel sera son triple? son triple sera 64 multiplié par 3, je multiplie donc 64 par 3 et j'ai pour produit ou triple carré 192, qui devient diviseur de 849. Si je divise 849 par 192 je trouve pour quotient 4 avec un reste de 81 auquel il ne faut pas faire attention. Je pose ce second quotient à côté de 8 et j'ai 84. Maintenant pour vérifier cette racine, et avoir en même temps le reste, je cube le quotient 84, c'est-à-dire que je multiplie 84 par 84 ; le produit est 7056. Je multiplie ce produit par 84 et j'ai pour résultat 592,704 que je retranche de 596,947, c'est-à-dire des tranches A B, et j'ai pour reste 4243; à côté de ce reste j'abaisse 688. Maintenant, considérant la racine ou quotient 84 comme un seul nombre qui marque les dizaines de la racine cherchée, je sépare les derniers chiffres 88 de la tranche B abaissée et je divise 42436 par le triple carré de 84. Le triple carré de 84 n'est autre chose que 84 multiplié par 84 et le produit de 84 par 84 multiplié par 3. Ainsi 84 multiplié par 84 donne 7056 qu'il faut multiplier par 3, et le résultat 21116 est le diviseur de 42436; il faut donc diviser 42436 par 21116, le quotient est 2 avec un petit restant auquel vous ne faites pas attention; je pose donc 2 au quotient à côté de 84, ce qui me donne pour racine 842. Pour vérifier la racine 842, et avoir le reste s'il y en a, je cube 842, c'est-à-dire que je multiplie 842 par 842 et je multiplie encore par 842 le produit de 842 par 842. La première multiplication de 842 par 842 me donne 708964, et la seconde multiplication de 708964 par 842 me donne 596,947688; je fais la soustraction de 596947688. Comme c'est le même nombre il ne reste rien. Je conclus de là que 842 est la racine exacte de 596947688.

Maintenant commencez-vous à comprendre la méthode employée pour extraire la racine cubique d'un nombre?

ALPHONSE. — Oui, je comprends maintenant comment on doit opérer pour extraire la racine cubique d'un nombre quelconque.

THÉODORE. — C'est fort bien. mais avant de

vous mettre à l'épreuve, je veux encore vous aplanir le chemin, afin que vous ne rencontriez plus d'obstacles.

Reprenons pour exemple 596,947,688.

$$5\,9\,6.9\,4\,7.6\,8\,8 \mid 842$$
$$8\,4\,9\,4\,7$$
$$1\,9\,2$$
$$5\,9\,2\,7\,0\,4$$
$$\overline{4\,2\,4\,3\,6\,8\,8}$$
$$2\,1\,1\,6\,8$$
$$5\,9\,6\,9\,4\,7\,6\,8\,8$$
$$\overline{0\,0\,0\,0\,0\,0\,0\,0}$$

Première racine, multiplication :
$$8\times 8 = 64\times 8 = 512.$$
Soustraction :
$$596 - 512 = 84.$$
Multiplication.
$$8\times 8 = 64\times 3 = 192.$$
Division :
$$849 > 192 \text{ donne } 4 \text{ pour quotient.}$$
Multiplication :
$$84\times 84 = 7056\times 84 = 592704.$$
Soustraction :
$$596,947 - 592,704 = 4,243.$$
Division :
$$42,436 > 21,168 \text{ donne } 2 \text{ pour quotient.}$$
Multiplication :
$$842\times 842 = 708,964\times 842 = 596,947,688.$$
Soustraction :
$$596,947,688 - 596,947,688 = 0.$$

*Explication des signes dont on fait usage
en opérant.*

— Ce signe, dont on se sert pour faire une soustraction, veut dire *moins*.

+ Ce signe, dont on se sert pour faire une addition, veut dire *plus*.

× Ce signe, dont on se sert pour faire une multiplication, veut dire *multiplié par*.

= Ce signe sert à réunir, soit le produit d'une multiplication, soit la somme ou total d'une addition et veut dire *égale*.

Exemple :
4 multiplié par 8 égale 32 ;

$$4 \times 8 = 32.$$

> Ce signe sert pour la division et veut dire *divisé par*.

Répétition des signes.

— veut dire *moins*.
+ veut dire *plus*.
× veut dire *multiplié par*.
= veut dire *égal*.
> veut dire *divisé par*.

Maintenant, en examinant comme j'ai fait l'opération au moyen des signes dont vous connaissez l'emploi, il vous sera facile de reconnaître la marche à suivre pour extraire la racine cubique d'un nombre quelconque, et enfin connaître quand il faut multiplier, soustraire et diviser.

ALPHONSE. — Nous avons parfaitement compris, et vous pouvez maintenant nous donner le nombre que vous voudrez pour en extraire la racine cubique.

Théodore. — Cela n'est pas nécessaire. Je ne doute pas maintenant que vous pussiez extraire la racine cubique d'un nombre quelconque. Je vais seulement prier Eugène, Victor et Henri, de me démontrer comment on doit opérer pour obtenir la racine cubique d'un nombre quelconque.

Eugène. — Je vais prendre pour exemple 79,507.

Je pose 79,507.

Comme il s'agit ici de chercher la racine cubique, il faut donc, après avoir séparé les deux premiers chiffres vers la gauche, c'est-à-dire 79, chercher quel est le nombre dont le cube approche le plus près possible de 79; il est facile, après avoir essayé un nombre ou deux, de reconnaître que c'est 4; je pose 4 au quotient, je multiplie 4 par 4 et j'ai, pour produit 16, carré de 4; mais comme je cherche le cube, je multiplie le carré 16 par 4, et j'ai, pour le cube de 4, 64 que je retranche de 79, et il me reste 15 que je pose sous 79; j'abaisse la tranche 507 à côté de 15, et j'ai 15,507; j'écris au-dessous de la partie 155 le triple carré de 4 qui est 48, je sépare les deux derniers chiffres 07, je divise 155 par 48, et je trouve 3 pour quotient que j'écris à la racine ou quotient. Pour vérifier cette racine et avoir en même temps le reste, je cube 43 : $43 \times 43 = 1849 \times 43 = 79{,}507$, ôté de 79,507, reste 0. J'en conclus que 43 est la racine exacte de 79,507.

Maintenant je vais opérer d'après ce que j'ai dit.

$$7\,9\,5.0\,7\ |\ 43$$
$$1\,5\,5\,0\,7$$
$$4\,8$$

Multiplication : $4 \times 4 = 16 \times 4 = 64$.

Soustraction : $79 - 64 = 15$.

Multiplication : $4 \times 4 = 16 \times 3 = 48$.

Division : $155 > 48$ donne 3 pour quotient.

Multiplication : $43 \times 43 = 1{,}849 \times 43 = 79{,}507$.

Soustraction : $79{,}507 - 79{,}507 = 0$.

Voilà, mon cher Théodore, comme je pense et comme j'ai compris, d'après vos définitions, la méthode à suivre pour extraire la racine cubique d'un nombre quelconque. Je puis, si vous le voulez, faire une autre opération.

C'est très-bien, Eugène; mais il est inutile d'en faire d'avantage ; car, quand on sait faire une opération et qu'on sait la raisonner, on sait en faire mille. A Victor.

Victor. — J'ai compris que pour extraire la racine cubique d'un nombre quelconque, il ne fallait que se rappeler que le premier quotient trouvé doit être multiplié par lui-même, et multiplier le produit de cette multiplication par ce même quotient. Le produit de cette dernière multiplication forme le cube dudit quotient trouvé ; le cube de ce quotient doit être extrait du nombre formant la première tranche, et après cette première opération faite, il faut abaisser la seconde tranche à côté du reste, provenant de la soustraction du nombre dont on avait à chercher la racine, avec la différence qui existe entre le cube du premier quotient. Maintenant, pour trouver un second quotient, il faut multiplier le premier quotient par lui-même, et multiplier par 3 le produit de cette multiplication ; le produit de cette dernière multipltcation s'appelle triple carré, vu que le carré est multiplié par 3. Il ne faut donc pas confondre le triple carré avec le cube ; car le carré du cube, au lieu d'être multiplié par 3, est multiplié par le chiffre de la racine ou quotient : si la racine est 7, je multiplie 7 par 7, et 49 encore par 7 ; tandis que le triple du carré donnerait 7 par 7, 49 par 3. Les produits sont bien différents, et c'est ce qui, dans les commencements, m'a beaucoup embarrassé, et ce qui faisait que je me perdais à ne plus pouvoir me retrouver. Mais maintenant, et d'après vos définitions, je ne confonds plus le triple carré avec le cube ; aussi je puis vous assurer que je ne suis pas plus embarrassé pour trouver la racine cubique d'un nombre quelconque, que pour faire la plus simple des règles de l'arithmétique.

Maintenant, je reviens au triple carré ; après l'avoir trouvé, je le place sous la première tranche et je divise par le nombre que m'a donné le triple carré, le nombre que forme le restant augmenté d'un chiffre de la seconde tranche abaissée ; car si j'ai abaissé trois chiffres de la seconde tranche, j'en ai séparé deux sur la droite, et ce n'est que le nombre restant après ce retranchement que je divise par le nombre qu'a produit le triple carré ; je pose le quotient qui vient de cette division à côté du second quotient. Je cube le quotient augmenté d'un chiffre et je soustrais ce cube du nombre entier dont j'avais à chercher la racine cubique. Si le nombre est plus grand et qu'il puisse y avoir trois chiffres à sa racine, je continuerai d'opérer d'après les mêmes principes.

THÉODORE. — C'est fort bien, mon cher Victor; voilà qui me prouve que vous avez compris et saisi le mécanisme qu'on emploie pour extraire la racine cubique d'un nombre.

Maintenant je désirerais que vous fissiez une opération.

VICTOR. — Volontiers. Maintenant je vais vous faire cela en courant. Je vais extraire la racine cubique de 8,755, jusqu'à moins d'un centième près. Comme règle générale, et d'après ce que vous nous avez dit qu'il faut ajouter trois zéros pour obtenir un chiffre décimal ou des dixièmes, il faudra donc en ajouter six pour obtenir deux chiffres décimaux ou des centièmes; il suit de là que pour obtenir des millièmes ou trois chiffres décimaux, il faudrait mettre neuf zéros à la suite du nombre dont on voudrait extraire la racine cubique à un millième près; et enfin, si l'on voulait pousser jusqu'à des dix-millièmes, il faudrait ajouter douze zéros, puisqu'il y a quatre chiffres décimaux pour obtenir les dix-millièmes, ce qui fait toujours trois zéros par chiffre décimal. Or, comme je ne cherche que la racine cubique jusqu'à moins d'un centième près, j'ajouterai six zéros.

Ainsi, la question se réduit à tirer la racine cubique de 8755000000.

```
8.7 5 5.0 0 0.0 0 0 | 20,61
0 7 5 5
1 2
8 0 0 0
              ———————
          7 5 5 0 0 0
            1 2 0 0
          8 7 4 1 8 1 6
                  ———————
            1 3 1.8 4 0 0 0
            1 2 7 3 0 8
          8 7 5 4 5 5 2 9 8 1
                ———————
Reste.            4 4 7 0 1 9
```

$2 \times 2 = 4 \times 2 = 8$, multiplication pour obtenir le cube.

$8 - 8 = 0$, soustraction.

$2 \times 2 = 4 \times 3 = 12$, multiplication pour obtenir le triple carré.

$20 \times 20 = 400 \times 20 = 8,000$, multiplication pour obtenir le cube de 20.

$8,755 - 8,000 = 755$, soustract. du cube de 20.

$7550 > 1200$ donne 6 pour quotient, division pour obtenir le quotient.

$8,755,000 - 8,741,816 = 13,184$, soustraction du cube de 206.

$206 \times 206 = 42,436 \times 3 = 227,308$, triple du carré 206.

$131840 > 127,308$ donne 1 pour quotient, division par le triple carré de 206.

$8,755,000,000 - 8,754,552,981 = 447,019$, reste :

soustraction du cube 2,016 pour obtenir le reste.

Comme cette opération a déjà été faite avec toutes les définitions et les raisonnements néces- saires pour en faire connaître la marche, je n'en parlerai pas ; j'ai cru devoir seulement vous don- ner cette opération d'après les signes que vous nous avez fait connaître, pour vous prouver qu'ils sont écrits sur mon cahier et que je ne les ai pas oubliés.

Théodore. — C'est on ne peut mieux, mon cher Victor, et vous venez de me prouver que vous avez parfaitement compris l'extraction de la racine cubique. Maintenant ce serait le tour de Henri ; mais je pense que cela devient inutile et que Henri sait opérer comme vous et qu'enfin personne de vous ne laisse rien à désirer sur l'arithmétique, c'est pourquoi nous en resterons là.

Adolphe. — Nous n'irons donc pas plus loin ?

Théodore. — Non, pour cette année ; mais je ne finirai pas sans vous apprendre encore bien des choses utiles.

Je sais que bien des gens trouveront à redire que dans une arithmétique on ait amalgamé des choses qui lui sont étrangères ; nous les laisse- rons dire, et nous n'acquerrons pas moins des connaissances utiles. Il est vrai qu'il se trouvera des personnes qui nous approuveront et ne crain- dront pas de nous lire à la veillée. Eh bien ! ceux-là nous dédommageront des sarcasmes des autres. Ainsi va le monde ; il faut se consoler de ce que l'on ne peut pas éviter.

XVIᵉ ENTRETIEN.

Arithmétique politique.

Depuis que la politique s'est éclairée sur ce qui constitue la vraie force des Etats, on a fait beaucoup de recherches sur le nombre des hommes de chaque pays pour reconnaître sa population. D'ailleurs, presque tous les gouvernements s'étant trouvés contraints à faire de forts emprunts, pour la plupart en rente viagère, ont été naturellement conduits à examiner suivant quelle progression s'éteignait la race humaine, afin de proportionner les intérêts de ces emprunts à la probabilité de l'extinction de la rente. Ce sont ces calculs auxquels on a donné le nom d'arithmétique politique ; et comme ils présentent plusieurs faits curieux, soit qu'on les considère du côté politique, soit qu'on les envisage du côté physique, nous avons cru devoir les insérer ici pour amuser et instruire nos lecteurs.

DU RAPPORT DES MALES AUX FEMELLES,

Beaucoup de gens sont dans la persuasion que le nombre des filles qui naissent excède le nombre des naissances des garçons ; le contraire est démontré depuis bien longtemps. Il naît annuellement plus de garçons que de filles ; et depuis 1631, qu'à une petite lacune près on a le nombre des naissances arrivées à Londres, avec distinction de sexe, on n'a pas pu observer une seule fois que celui des filles égalât même celui des garçons. On trouve enfin, en prenant un temps moyen par le calcul d'un grand nombre d'années, que le nombre des garçons naissants est à celui des filles comme 18 à 17. Ce rapport est aussi celui qui règne dans la généralité de la France ; mais quelle qu'en soit la raison, il semble être à Paris comme 27 à 26.

Ce n'est pas seulement en Angleterre et en France qu'on observe cette espèce de phénomène, mais c'est encore partout ailleurs : on peut s'en convaincre par la lecture des gazettes qui nous communiquent, au commencement de chaque année, le nombre des naissances arrivées dans la plupart des capitales de l'Europe ; on y verra le nombre des mâles naissants excéder toujours celui des filles, et conséquemment, on peut regargarder cela comme une loi générale de la nature.

On doit même reconnaître ici une sage vue de la Providence ou de la Divinité qui a pourvu à la conservation de la race humaine. Les hommes, par la vie active à laquelle la nature les a destinés en leur donnant des forces et un courage dont elle a en général privé les femmes, sont exposés à beaucoup de dangers ; les guerres, les longues navigations, les métiers dangereux ou nuisibles à la santé, les débauches, moissonnent un nombre considérable d'hommes ; d'où il résulte que, si le nombre des garçons naissants n'excédait pas celui des filles, la race des mâles diminuerait assez rapidement et s'éteindrait bientôt.

DE LA MORTALITÉ DU GENRE HUMAIN SELON LES DIFFÉRENTS AGES.

Il y a à cet égard une différence assez considérable en apparence, entre les villes et les campagnes ; mais cela vient de ce que les femmes des villes nourrissent rarement, et conséquemment, la plus grande partie des enfants étant nourris à la campagne, comme c'est dans les premières années de la vie qu'est la plus grande mortalité, c'est là qu'elle se manifeste le plus. Il faudrait donc pouvoir faire cette séparation ou accoupler les lieux où l'on ne nourrit guère avec ceux où l'on envoie les enfants à nourrir ; c'est ce que M. Dupré de Saint-Maur a tâché de faire en compulsant les registres de trois paroisses de Paris et de douze de campagne.

Suivant ces observations, sur 23,994 sépultures, il s'en est trouvé 6,454 d'enfants n'ayant pas encore un an ; et comme le nombre des naissances pendant le même temps balance assez bien le nombre des morts, il s'en suit que de 24,000 enfants nés, il en arrive seulement :

année.	année.	année.
2—17540	30—9544	90—103
3—15162	35—8770	91— 71
4—14177	40—7929	92— 63
5—13477	45—7008	93— 47
6—12968	50—6197	94— 40
7—12562	55—5375	95— 33
8—12255	60—4564	96— 23
9—12015	65—3450	97— 18
10—11861	70—2544	98— 16
11—11405	75—1507	99— 8
20—10909	80— 807	100-6 ou 7
25—10259	85— 291	

Telle est donc la condition de l'espèce humaine, que de 24,000 enfants qui naissent, à
peine une moitié atteint sa neuvième année ; les
deux tiers sont au tombeau avant 40 ans ; il n'en
reste qu'un sixième après 62 ans ; un dixième après
70 ans ; un centième après 86 ans, un millième
environ arrive à 96 ans ; et six ou sept à 100
ans.

Nous devons cependant faire observer qu'il y a,
à cet égard, des différences entre les auteurs qui
ont traité ces matières, et nous devons en signaler
la cause.

Suivant la table de M. de Parcieux, par exemple, la moitié des enfants nés ne périt pas avant
31 ans ans accomplis, tandis que, suivant celle
de M. Dupré de Saint-Maur, elle est moissonnée
avant le commencement de la neuvième année.
Cela vient de ce que la table de M. de Parcieux a
été formée d'après des listes de rentiers, qui sont

toujours des sujets choisis. En effet, un père ne s'avise pas de placer une rente viagère sur la tête d'un enfant mal constitué ou cacochyme. La loi de la mortalité est donc, dans ce cas, différente; et si l'une est la loi générale et commune, l'autre est celle que les administrateurs qui créent des rentes viagères doivent consulter avec attention, pour ne pas faire des emprunts trop onéreux.

DE LA VITALITÉ DE L'ESPÈCE HUMAINE SELON LES DIFFÉRENTS AGES, OU DE LA VIE MOYENNE.

Un enfant vient de naître; à quel âge peut on parier au pair qu'il arrivera? ou bien, cet enfant est déjà arrivé à un certain âge, combien d'années est-il probable qu'il a encore à vivre? Voilà deux questions dont la solution est non-seulement curieuse, mais encore importante.

Nous accouplerons ici les deux tables, l'une de M. Dupré de Saint-Maur, l'autre de M. de Parcieux. Nous ferons ensuite quelques observations générales sur ce sujet.

TEMPS A VIVRE.

AGE.	SELON M. DUPRÉ DE ST-MAUR.		SELON M. DE PARCIEUX.	
	ANNÉES.	MOIS.	ANNÉES.	MOIS.
0	8	»	»	»
1	33	»	41	9
2	38	»	42	8
3	40	»	43	6
4	41	»	44	2
5	41	6	44	5
6	42	»	44	3
7	42	3	44	»
8	41	6	43	9
9	40	10	43	3
10	40	2	42	8
20	33	5	36	3
30	28	»	30	6
40	22	1	25	6
50	16	7	19	5
60	11	1	14	11
70	6	2	9	2
75	4	6	6	10
80	3	7	5	»
85	3	»	3	4
90	2	»	2	2
95	»	5		6
96	»	4		5
97	»	3		4
98	»	2		3
99	»	1		2
100	»	1/2		1

Deux observations se présentent à faire à la suite de cette double table : la première concerne la différence qu'il y a dans l'une et dans l'autre. On voit, en effet, celle de M. de Parcieux présenter toujours, pour chaque âge, un temps plus considérable. Nous en avons dit plus haut la raison. Nous avons même supprimé de la table de M. de Parcieux la première année, comme présentant une différence trop énorme, ce qui vient, je pense, de ce que 1° l'on ne s'avise de constituer une rente viagère sur un enfant qui est dans sa première année, qu'après s'être parfaitement assuré de la bonté de sa constitution, et 2° que ce n'est pas au moment de la naissance d'un enfant, mais dans le courant, comme vers le milieu ou la fin de la première année, que l'on hasarde une pareille constitution ; car les rentes viagères restant quelquefois plusieurs mois et même jusqu'à une année à remplir, on a d'ordinaire le temps de ne faire le placement sur une tête aussi jeune, qu'après avoir eu la commodité de laisser écouler quelques mois et s'être assuré de la constitution du sujet. Ainsi, je pense que les 34 ans de vitalité, donnés par M. de Parcieux à un sujet qui vient de naître, doivent être regardés comme ceux d'un enfant qui a 6 ou neuf mois et plus. Or, c'est dans les premiers mois de la première année que la vie d'un enfant est la plus frêle, et qu'il en meurt davantage.

La seconde observation est celle-ci, et elle est commune aux deux tables : c'est que la vitalité, qui est fort faible au moment de la naissance,

va en augmentant passé ce terme, jusqu'à un autre où elle est la plus grande ; car il y a moins de
trois contre un à parier que l'enfant qui vient de
naître atteindra la fin de sa première année, et à
parier au pair, il n'a que 8 ans à vivre; mais le
commencement de la seconde une fois atteint,
il y a six contre un à parier qu'il arrivera à la
troisième, et l'on peut parier au pair qu'il vivra
33 ans. Enfin, l'on voit que, suivant la table de
M. Dupré de Saint-Maur, c'est vers l'âge de 10
ans accomplis, et entre 10 et 15 ans, que la vie
est plus assurée.

A cette époque, on peut parier au pair que le
sujet vivra encore 43 ans, et il y a 125 contre 1
à parier qu'il vivra encore un an, ou 25 contre 1
qu'il en vivra cinq; passé ce terme, la probabilité de vivre encore un an diminue. Il n'y a, par
exemple, à 20 ans, qu'un peu moins de 16 contre 1 à parier qu'on ne mourra pas dans les cinq
années suivantes. Lorsqu'on a atteint sa soixan-
tième année, il n'y a plus que 4 1/5 à parier contre 1 qu'on atteindra le commencement de la soi-
xante-cinquième.

DU NOMBRE D'HOMMES DE CHAQUE AGE,
SUR UNE QUANTITÉ DONNÉE.

On peut déduire des observations précédentes
que, sur un million d'habitants d'un pays, il y
en a :

de 0 an à	1 accomplis,	38740
1	5	119460
5	10	99230
10	15	94540
15	20	88675
20	25	82380
25	30	77650
30	35	71665
35	40	64205
40	45	57230
45	50	50605
50	55	43940
55	60	37110
60	65	28690
65	70	21305
70	75	13195
75	80	7065
80	85	2880
85	90	1025
90	95	335
95	100	82
Au-dessus de 100 ans,		3 ou 4

Ainsi, dans un pays peuplé d'un million d'habitants, il s'en trouve, entre l'âge de 15 ans accomplis et de 60, environ 572,500, dont un peu moins de la moitié sont des hommes. C'est pourquoi cette quantité d'habitants pourrait fournir, à la rigueur, 250,000 hommes en état de porter les armes, en ayant même égard aux malades, perclus, etc., qu'on peut supposer sur cette quantité d'hommes.

SUR LE RAPPORT DES NAISSANCES ET DES MORTS AU NOMBRE TOTAL DES HABITANTS D'UN PAYS; CONSÉQUENCES DE CES OBSERVATIONS.

Comme il serait bien difficile de faire l'énumération des habitants d'un pays, surtout s'il fallait la réitérer autant de fois qne des intérêts politiques peuvent exiger qu'on connaisse sa population, on a tâché d'y suppléer en déterminant le rapport des naissances ou des morts avec le nombre total des habitants de ce pays; car, comme dans tous les pays de l'Europe civilisée, on tient des registres des naissances et des morts, on peut, en les compulsant, juger de la population, voir si elle augmente ou diminue; ou examiner, dans le dernier cas, les causes qui produisent cette diminution.

On déduit, par exemple, des tables de M. Halley, qui présentent l'état de la population de Breslaw, vers l'année 1690, que, sur 34,000 habitants, il arrivait annuellement, calcul moyen, 1,238 naissances; ce qui donne le rapport des premiers aux seconds de 27 1/2 à 1. Pour des villes telles que Breslaw, où il n'y a pas un grand abord d'étrangers, on peut donc prendre pour règle de multiplier les naissances par 27 1/2, et l'on aura le nombre des habitants.

Il a paru, en 1766, un ouvrage très-intéressant en ce genre, intitulé : *Recherches sur la population des généralités d'Auvergne, de Lyon, de Rouen et de quelques provinces et villes du royaume, etc., par M. Messance.*

Par des dénombrements faits tête par tête, des habitants de dix-sept petites villes, bourgs ou villages de la généralité d'Auvergne, comparés au nombre moyen des naissances dans les mêmes lieux, il montre que le nombre des naissances est à celui des habitants comme 1 à 24 1/2, 1/40, 1/80. Un semblable dénombrement de vingt-huit petites villes, bourgs ou villages de la généralité de Lyon, donne ce rapport de 1 à 23 3/4. Enfin, par celui de cent cinq petites villes, bourgs et paroisses de la généralité de Rouen, il a trouvé que ce rapport était de 1 à 27 1/2 et 1/20. Or, comme ces trois généralités comprennent un pays très-montagneux, comme l'Auvergne; un qui l'est médiocrement, comme la généralité de Lyon; un qui est presque tout de plaines ou collines cultivées, comme la généralité de Rouen, on peut conclure que leur réunion représente assez bien l'état moyen du royaume. C'est pourquoi, fondant ensemble les rapports ci-dessus, ce qui donne celui de 1 à 25 1/2, ce sera, pour la totalité du royaume (les grandes villes non comprises), le rapport des naissances au nombre des habitants, en sorte que pour deux naissances on aura 51 habitants. Mais comme dans les villes un peu considérables il y a plusieurs classes de citoyens qui passent leur vie dans le célibat, et qui ne contribuent que peu ou point à la population, il est évident que ce rapport entre les naissances et les habitants effectifs doit y être plus considérable. M. Messance dit s'être assuré, par plusieurs comparaisons, que le rapport le plus approchant de la vérité, dans ce cas, est de 1 à 28, et que c'est celui qu'on doit prendre pour déduire, par le nombre des naissances, le nombre des habitants d'une ville du second ordre, comme Rouen, Lyon, etc.; ce qui cadre assez bien avec ce qu'a trouvé M. Halley pour la ville de Breslaw.

Enfin, il est très-vraisemblable que, pour des villes du premier rang ou des capitales d'états comme Paris, Londres, Amsterdam, etc., où viennent fondre une foule d'étrangers attirés par les plaisirs ou les affaires, où règne un luxe considérable qui multiplie les célibataires volontaires; il est, dis-je, plus que vraisemblable qu'il faut hausser encore le rapport ci-dessus et le porter au moins à 30 ou 31.

M. Kerseboom s'est efforcé d'établir, dans son livre intitulé: *Essai de calcul politique, concernant la quantité des habitants des provinces de Hollande et de Westfriesland*, etc., imprimé à la Haye en 1748, qu'il fallait multiplier par 35 le nombre des naissances en Hollande, pour avoir le nombre de ses habitants. Si cela est, on doit en conclure que les mariages sont moins féconds ou moins nombreux en Hollande qu'en France; ce qui pourrait bien être fondé sur des raisons physiques.

Si l'on applique ces calculs à la détermination de la population des grandes villes, on verra qu'on est en général dans l'erreur à leur égard; car on dit vulgairement que Paris contient un million d'habitants; mais le nombre des naissances n'y excède pas, année commune, 19,500, ce qui, multiplié par 30, donne 585,000 habitants. Si on emploie pour multiplicateur le nombre 31, on aura 604,500 ; c'est sûrement tout au plus ce qu'il y a d'habitants à Paris.

DE QUELQUES AUTRES RAPPORTS ENTRE LES HABITANTS D'UN PAYS.

Nous allons présenter ici, en abrégé, quelques autres considérations sur la population. Le livre que nous avons cité dans le paragraphe précédent nous servira encore ici de principal guide.

En confondant ensemble les trois généralités ci-dessus, on a trouvé :

1° Que le nombre des habitants d'un pays est à celui des familles comme 1,000 à 222 1/2 ; ensorte que 2,000 habitants donnent communément 445 familles, et conséquemment pour chacune, l'une portant l'autre, 4 têtes 1/2, ou neuf personnes pour deux familles. A cet egard, celles de l'Auvergne sont les plus nombreuses, ensuite celles du Lyonnais, et celles de la généralité de Rouen le sont le moins. Par un calcul moyen, on trouve encore que, sur 25 familles, il y en a une dans laquelle on compte six enfants ou plus ;

2° Le nombre des enfants mâles naissants excède, comme on l'a dit, celui des filles naissantes, et cet excès se soutient jusqu'à un certain âge. Par exemple, le nombre des garçons de 14 ans et au-dessous est aussi plus grand que celui des filles du même âge, et dans le rapport de 30 à 29 ; toutefois, le nombre total des femelles excède celui des mâles dans le rapport de 18 à 19. On voit ici l'effet de la consommation considérable d'hommes qu'occasionnent la guerre, la navigation, les métiers de fatigue et la débauche ;

3° On trouve qu'il se fait annuellement trois mariages sur 337 habitants, en sorte que 112 en produisent un ;

4° Le rapport des hommes mariés ou veufs est au nombre des femmes mariées ou veuves, à très-peu de chose près, comme 125 à 140, et le nombre total de cette classe de la société est à la totalité des habitants comme 265 à 631 ou 53 à 126 ;

5° Suivant MM. King et Kerseboom, le nombre des veufs est à celui des femmes veuves à peu-près comme 1 à 3 ; en sorte qu'il y a trois veuves pour un veuf. Cela se déduit au moyens des dénombrements faits en Hollande et en Angleterre. Mais en est-il de même en France ? c'est ce qu'il eût été à désirer que l'auteur cité ci-dessus eût recherché. Je crois, au reste, que ce rapport approche assez de la vérité, et l'on ne s'en étonnera pas, si l'on considère que la plupart des hommes se marient tard en comparaison des filles ;

6° En admettant le rapport ci-dessus entre les veufs et les veuves il s'ensuivrait que, sur 631 habitants, il y a 118 mariages subsistants, 7 à 8 veufs, et 21 ou 22 veuves ; le reste est composé d'enfants, de célibataires, de domestiques, de passagers.

7° On déduit encore de là, que 1870 mariages subsistants donnent annuellement 357 enfants; car une ville de 10,000 habitants contiendrait ce nombre de couples mariés, et donnerait 357 naissances annuelles. Ainsi cinq couples mariés, de tout âge, produisent annuellement une naissance.

8° Le nombre des domestiques est au total des habitants, à peu près comme 136 à 1535; ce qui est un peu plus que la onzième partie, et moins que la dixième.

Au reste, le nombre des domestiques mâles est assez égal à celui de femelles, étant dans le rapport de 67 à 69; mais il est très-vraisemblable que, dans les grandes villes, où règne beaucoup de luxe, la proportion doit être différente.

9° Le nombre des ecclésiastiques et religieux des deux sexes, tant séculiers que réguliers, y comprenant aussi les religieuses avant la révolution de 93, était à peu près au nombre des habitants de ces trois généralités, dans le rapport de 1 à 112; ce qui est assez contraire à l'opinion commune, qui suppose ce rapport beaucoup plus fort.

10° En répartissant le terrain des trois généralités entre tous les habitants, on trouve que la lieue carrée de 2400 toises en contiendrait 864 : or, la lieue carrée de 2400 toises, contient 6400 arpents de 18 pieds la perche : ainsi chaque homme, l'un portant l'autre, aurait 7 arpents 4/10, et chaque famille ou feu étant composée l'un portant l'autre de 4 têtes, il en reviendrait à chaque famille 33 arpents 1/2; mais il faut observer que la généralité de Rouen, considérée seule, est beaucoup plus peuplée; car on y trouve 1264 habitants par lieue carrée : ce qui ne donne pour chaque tête que 5 arpents.

Nous allons terminer ce chapitre par quelques remarques physico-mathématiques sur la prodigieuse fécondité et la multiplication progressive des animaux et des végétaux, qui aurait lieu si les forces de la nature n'éprouvaient pas continuellement des obstacles.

On ne sera point étonné que la race d'Abraham après 260 ans de séjour en Egypte, ait pu former une nation capable de donner de l'inquiétude aux souverains du pays. En effet l'Ecriture raconte que Jacob s'établit dans cette contrée avec soixante-dix personnes. Je suppose que de ces soixante-dix personnes il y en eût vingt, ou trop avancées en âge, ou trop jeunes pour être propres à la génération; que des cinquante autres restantes il y en eût vingt-cinq mâles et vingt-cinq femelles formant vingt-cinq mariages; que chaque couple enfin eût produit dans la durée de vingt-cinq ans, huit enfants l'un portant l'autre, ce qui ne paraît pas difficile à croire dans un pays renommé pour la fécondité de ses habitants; on trouvera qu'au bout de vingt-cinq ans ce nombre de soixante-dix a pu s'accroître jusqu'à deux cent soixante-dix, dont ôtant les morts, il n'y a peut-être pas d'exagération à le porter à deux cent dix : ainsi la race de Jacob a pu être triplée après vingt-cinq ans de séjour en Egypte. Par la même raison, ces deux cent dix personnes, après vingt-cinq autres années, ont pu s'augmenter jusqu'à six cent trente, et ainsi de suite en progression géométrique triple; d'où il suit qu'après deux cent vingt-cinq ans, la population a pu monter à 1,377,810 personnes, parmi lesquelles il a pu aisément se trouver 5 à 600,000 adultes et en état de porter les armes.

En supposant que la race du premier homme, toute déduction faite des morts, eût doublé tous les vingt-cinq ans, ce qui n'est assurément pas contraire aux forces de la nature, le nombre des hommes, après cinq siècles, a pu monter à 1,048,576. Ainsi, Adam ayant vécu plus de 900 ans, il a pu voir au milieu de sa vie, c'est-à-dire, vers l'an 500 de son âge une postérité de 1,048,576 personnes.

Quelle ne serait pas la multiplication de plusieurs animaux, si la difficulté de la subsistance, si la guerre que les uns font aux autres, ou la consommation qu'en font les hommes, ne mettaient pas de bornes à leur propagation? Il est aisé de démontrer que la race d'une truie qui aurait mis bas six petits, dont deux mâles et quatre femelles, en supposant ensuite chaque femelle mettre bas pareillement chaque année six petits, dont quatre femelles et deux mâles, monterait après douze ans, à 33,554,230.

Plusieurs autres animaux, comme les lapins, les chats, etc. qui ne portent que pendant quelques semaines, multiplieraient encore avec bien plus de rapidité; la surface de la terre ne suffirait pas, après 50 ans seulement, pour leur don-

ner la subsistance, ou même pour les contenir.

Il ne faudrait qu'un bien petit nombre d'années, pour qu'un hareng remplît l'océan de sa
postérité, si tous ses œufs étaient fécondés; car
il n'est guère de poisson ovipare qui ne contienne
plusieurs milliers d'œufs qu'il jette dans le temps
du frai. Supposons que ce nombre monte seulement à 2,000, qui donnent naissance à autant de
poissons, moitié mâles, moitié femelles: dans la
seconde année, il y en aurait plus de 200,000 ;
dans la troisième, plus de 200,000,000 et dans la
huitième année, ce nombre surpasserait celui qui
est exprimé par 2 suivi de 24 zéros. Or, la solidité
de la terre contient à peine autant de pouces
cubes. Ainsi l'océan, quand même il occuperait
toute la surface du globe terrestre et toute sa
profondeur, ne suffirait pas pour contenir tous
ces poissons.

Plusieurs végétaux couvriraient en très-peu
d'années toute la surface du globe, si toutes leurs
semences étaient mises en terre; il ne faudrait
pour cela que quatre ans à la jusquiame, qui est
peut-être, de toutes les plantes connues, celle
qui donne la plus grande quantité de semences.
D'après quelques expériences, on a trouvé qu'une
tige de jusquiame donne quelquefois plus de
50,000 grains; réduisons ce nombre à 10,000; à
la quatrième génération, il monterait à 1 suivi de
16 zéros. Or la surface de la terre ne contient pas
plus de 5,359,758,336,000,000 pieds carrés. Ainsi
en allouant à chaque tige un pied carré seule-

ment, l'on voit que la surface entière de la terre ne suffirait pas pour toutes les plantes provenant d'une seule de cette espèce à la fin de la quatrième année.

Nous ne pousserons pas cette énumération plus loin, de crainte de tomber dans le défaut qu'on peut justement reprocher à l'ancien auteur des Récréations mathématiques. Il n'est aucun lecteur à qui, ce que nous venons de dire ne suffise.

Alphonse. — Voilà bien des choses dont nous n'avions pas connaissance et qui cependant sont bonnes à savoir et peuvent même être utiles.

Napoléon. — Certainement; d'ailleurs comme il s'agit toujours de calculs, on ne saurait mieux leur faire occuper la place qui leur convient, que dans un traité d'arithmétique.

Théodore. — Je vais encore vous entretenir de choses prises dans la nature et qui ont rapport au calcul. C'est de l'ombre, de son utilité et des services qu'elle rend, soit à l'homme, soit aux arts.

XVIIᵉ ENTRETIEN.

De l'Ombre.

Théodore. — Tous les corps exposés aux regards du soleil en reçoivent la lumière et leur couleur. Mais à la suite de ces corps nous voyons encore une ombre qui en est inséparable, et qui peut à son tour mériter nos réflexions. L'ombre n'est pas un néant comme les ténèbres. C'est une lumière diminuée : c'est un affaiblissement plus ou moins grand de la lumière réfléchie de dessus les corps, dans un lieu où le soleil ne peut porter la sienne directement. Des lois invariables et aussi anciennes que le monde font rejaillir cette lumière d'un corps sur un autre, et de celui-ci successivement sur un troisième, puis en continuant sur d'autres comme par autant de cascades, mais toujours avec de nouvelles dégradations d'une chute à l'autre. Sans le concours de ces sages lois, tout ce qui n'est pas immédiatement et sans obstacle sous le soleil, serait dans une nuit totale. Tandis que le soleil réjouit les cœurs de ceux qui sont dans la cour d'un bâtiment, ceux qui voudraient en visiter les dedans, ou les dehors opposés, s'y trouveraient tout d'un coup dans la plus noire obscurité, et le passage du côté des objets qui est éclairé, à celui que le soleil ne voit pas, serait dans toute la nature, comme le passage des dehors de la terre à l'intérieur des caves et des antres. Mais par un effet des ressorts puissants que la Providence fait jouer dans chaque parcelle de cette substance légère, elle pousse tous les corps sur lesquels elle arrive et en est repoussée, tant par son ressort que par la résistance qu'elle y éprouve : elle bondit de dessus les corps qu'elle a nappés et rendus brillants par son impression directe : elle est portée de ceux-là sur ceux des environs, et quoiqu'elle passe ainsi des uns aux autres avec une perte toujours nouvelle, elle nous montre ceux même qui n'étaient point tournés vers le soleil. Elle parvient de surface en surface, et de détour en détour jusqu'aux endroits les plus reculés; et quand elle ne peut plus nous y procurer la vue distincte des objets, elle nous épargne au moins les chutes, et nous avertit de tous les dangers.

Ce que toute la masse de la lumière fait en grand dans la nature après le coucher du soleil, en se changeant en crépuscule, chaque rayon de lumière le fait à chaque instant, en se convertissant en ombre par ses divers rejaillissements. Toute portion de lumière qui nous a déjà servi, au lieu d'interrompre tout d'un coup ses services, les prolonge et les varie même en s'affaiblissant. Ces différents degrés de force règlent nos démarches et se conforment à nos besoins. La grande beauté et le vif éclat de la lumière pure nous déterminent à tourner nos appartements vers le soleil, d'où nous vient la vie et la santé. Le côté le plus sombre sert à mettre en réserve ce qui redoute la chaleur ou le grand jour. L'ombre nous aide à juger de la situation des objets, comme à en sentir mieux les distances. Elle sert à différencier les choses semblables. En ôtant à une même couleur la vivacité qu'elle avait au grand jour, elle semble en faire deux couleurs différentes. L'écarlate semble changer de nature en passant dans l'ombre : elle changera encore en passant dans une ombre plus forte : tous les corps, même ceux qui ont les couleurs les plus claires se rembrunissent à mesure qu'ils se détournent des traits du soleil et des premiers reflets de la lumière : ce qui met partout des différences utiles. Car en relevant ou détachant un objet par le secours d'un fond ou d'un voisinage plus ou moins brun , elle embellit, elle caractérise et démêle à nos yeux ce que l'éloignement ou l'uniformité de la couleur aurait confondu.

C'est l'étude de ce mélange et de ces diminutions graduelles de la lumière et des ombres, qui fait une des plus riches parties de la peinture. En vain le peintre sait-il composer un sujet, bien placer ses figures, et dessiner le tout correctement, s'il ne sait pas par les affaiblissements et par les justes degrés du clair et de l'obscur, rapprocher certains objets, en reculer d'autres, et leur donner à tous du contour, des distances, de la fuite, un air de vérité et de vie. Les dessinateurs n'emploient pour exprimer leurs pensées que quelques ombres plus faibles ou plus fortes. Les graveurs pour multiplier les copies des plus riches tableaux, ne mettent point d'autre couleur en œuvre que le blanc de leur papier, qu'ils convertissent en autant d'objets qu'ils veulent, par les masses et par les degrés d'ombre qu'ils y jettent ; ou bien tout au contraire, ils sillonnent de gros traits tout leur cuivre, en sorte que le papier qu'on appliquerait sur cette planche noircie ne présenterait après l'impression qu'une ombre uniforme, ou une noirceur universelle. Ils effacent ensuite sur ce cuivre plus ou moins de ces traits. Les points d'ombre affaiblis deviennent autant de points de l'objet; et plus ces points d'ombre sont aplanis et bien effacés, plus les traits deviennent forts et relevés.

Outre l'important service d'une plus grande netteté dans le grand tableau de la nature, l'ombre apporte partout avec elle un autre avantage plus considérable : je veux dire la fraîcheur. Celle-ci est au froid ce que l'ombre est aux ténèbres. Le froid n'est que l'absence de la chaleur, comme les ténèbres ne sont que la privation de la lumière; et de même que l'ombre ne nous ôte pas l'usage du jour, la fraîcheur dont elle est accompagnée ne nous ôte pas l'usage d'une chaleur douce et modérée.

Aux approches de l'été et à mesure que la fraîcheur devient nécessaire, la Providence étend et épaissit les ombres qui nous la procurent. Elle fortifie les feuillages et prépare des abris commodes, sous lesquels les troupeaux languissants se dérobent aux coups du soleil. L'homme y vient réparer son épuisement : il y goûte le frais sans être dans l'obscurité. Il y continue son travail sans être privé de la vue de la nature. Quand le retour de l'hiver le ramènera auprès de son foyer, les feuillages seront alors des voiles devenus inutiles : c'est aussi le temps où ils tombent : mais l'homme les verra renaître avec son besoin.

LA GNOMONIQUE.

Cette ombre naturellement si utile le devient encore plus par l'industrie de l'homme et par l'at-

tention qu'il a donnée aux différents usages auxquels elle est propre. La voyant suivre exactement
toutes les situations du soleil, ou plutôt observant
que les mouvements de l'ombre sont les mêmes
que ceux des rayons qui parviendraient jusqu'à
terre, s'ils n'étaient interrompus, il s'instruit de
la marche du soleil par la marche de l'ombre. Il
fait tomber ou reçoit l'ombre d'une pyramide,
d'un style, ou d'une colonne, sur des lignes ou
sur des points, où elle lui montre tout d'un coup
et sans effort de sa part, l'heure, l'élévation du
soleil sur l'horizon, et jusqu'au point précis du
signe céleste sous lequel il se trouve actuellement. La raison de cette pratique est facile à
concevoir. Imaginez-vous dans le ciel un point
qui réponde à notre tête, et que nous appellerons
zénith, avec les Arabes, qui après les Grecs ont
été nos maîtres dans l'astronomie, et en ont fixé le
langage. Elevons une pyramide ou un simple piquet posé bien à plomb, et prolongeons-le par la
pensée en l'unissant au zénith par une ligne perpendiculaire qui passe de l'un à l'autre. Si le soleil parvenait à notre zénith, son rayon tomberait
le long de cette perpendiculaire sur la pyramide,
et la pointe de celle-ci ne lui opposant pas plus
d'obstacle vers un côté du monde que vers
l'autre, ne ferait point d'ombre. Mais si le soleil
s'éloigne du zénith, son rayon tombant oblique-
ment sur le haut de la pyramide, le point d'ombre
qu'elle tracera de son sommet sur la terre sera à
proportion éloigné du pied de la pyramide, comme
le soleil le sera du zénith, et la longueur de l'ombre

pourra être appelée la distance du soleil au zénith pour ce jour-là. Si la longueur de l'ombre varie d'un jour à l'autre au moment de la plus grande élévation du soleil en son midi, on pourra compter de combien le soleil s'approche ou s'écarte du zénith dans la durée d'une année. Cette ombre, le 21 juin, est la plus courte qu'on la puisse éprouver, et le 22 décembre, la plus longue qu'elle puisse être dans toute l'année. Tous ces points d'ombre fidèlement observés et marqués seront donc l'image fidèle des différentes situations du soleil dans le ciel, et les inégalités successives de cette ombre vous exprimeront la suite et les bornes de la course du soleil.

Cadrans solaires ou méridiens.

Au lieu de l'ombre on peut employer au travers de l'ombre un rayon vif, qui vienne de son extrémité blanchir et désigner parmi des points et des lignes tracées sur terre ou ailleurs, l'endroit qui a rapport aux progrès du jour, ou du mois qui s'écoule. On pratique une petite ouverture ronde ou à la voûte, ou à la muraille qui fait ombre du côté du midi à un pavé ou à un parquet. On étend sur ce pavé, plutôt que sur un parquet que la sécheresse et l'humidité tourmentent, une lame de marbre ou de cuivre qui dirige ces deux extrémités vers les deux pôles. On nomme cette ligne méridienne, parce qu'elle embrasse nécessairement tous les points sur lesquels tombera le rayon du soleil chaque jour de l'année, au moment où cet astre est également distant de son lever et de son coucher, et comme il s'élève et s'abaisse différemment dans le ciel selon les saisons, le point de midi, quoique toujours reçu sur cette lame, y arrive plus haut ou plus bas selon la situation du soleil. Cette diversité y est exprimée par autant de marques qui vous distinguent précisément les solstices, les équinoxes et les éloignements journaliers du soleil, depuis l'équateur jusqu'à l'un ou l'autre des tropiques dans lesquels sa course est renfermée.

Telle est cette célèbre ligne qu'Egnatio Dante, dominicain, traça en 1575 dans l'église de St-Pétrone de Boulogne pour marquer principalement les points des solstices et des équinoxes, dont l'inobservation avait troublé l'ordre des fêtes. Cette ligne a été placée ailleurs dans la même église, et infiniment perfectionnée par le grand Cassini.

Telle est la méridienne tracée à l'observatoire de Paris. Telles sont celles que les particuliers sont à présent dans l'usage de se donner dans leurs cabinets, ou ailleurs, pour gouverner plus régulièrement leurs pendules.

Chambre obscure.

On fait de l'ombre, ou plutôt de la lumière environnée d'épaisses ombres, un usage tout différent. On pose sur une table une espèce de chambrette ou de tente, soutenue par un assemblage de tringles et exactement fermée avec de fortes étoffes. Cette tente qu'on allonge pour l'ordinaire en forme de pyramide est terminée par un grand verre en forme de lentille, au-dessus duquel s'élèvent deux petits montants destinés à soutenir et à incliner à volonté un miroir plane. Les rayons des objets viennent de tous côtés sur ce miroir, d'où ils sont par la juste situation qu'on lui a donnée, réfléchis sur le verre lenticulaire placé horizontalement au haut de la chambrette. Ce verre plus épais vers le milieu que vers les bords rompt et approche tous ces rayons, en sorte qu'ils peignent en petit l'image des objets sur le bas de la chambre où l'on étend un papier blanc pour leur donner plus de force. En tournant le dos aux objets et en mettant la tête sous le rideau de devant, de manière que le jour n'entre cependant par aucun endroit dans la tente, les objets de dehors s'y voient peints avec toutes leurs couleurs: il n'est point possible de voir une perspective plus exacte. C'est la nature même.

Cette jolie invention va plus loin que l'amusement. On peut s'exercer utilement à tracer sur le papier les lignes qui terminent les objets. On peut placer à la distance convenable une personne à qui l'on fasse prendre une situation de corps, un air de tête et telle autre attitude dont on a besoin. Et non seulement il est aisé de s'exercer par ce moyen dans ce que le dessin a de plus difficile, mais on pourra en très peu de temps prendre le profil et la vue d'un château, d'un paysage, d'une grande ville avec ses tours et ses clochers. Par ce moyen vous êtes sûr de la vérité des figures et des situations. Vous prenez ensuite le loisir nécessaire pour ombrer chaque pièce, selon le degré de force qui lui convient, ou pour colorier le tout sans perdre de vue l'original que vous copiez. On trouve ainsi dans la nature le plus savant et le plus commode de tous les maîtres.

Il est aisé de faire de l'ombre un autre usage, moins amusant à la vérité, mais quelquefois plus nécessaire. Vous voulez savoir sans peine et sans machine la hauteur d'un arbre, d'un bâtiment, d'un clocher, d'une montagne; l'ombre de ces objets vous dira sur le champ ce qu'il en est, pourvu que vous ne fassiez pas cette opération aussitôt après le lever du soleil, ou immédiatement avant son coucher, parce que l'ombre alors se raccourcit ou s'allonge si vite, qu'il y aurait du mécompte d'un moment à l'autre. L'heure à laquelle on peut faire cette opération avec une donnée exacte est neuf heures du matin et trois heures de l'après-midi.

Pour connaître la hauteur d'une tour, d'un clocher, d'un arbre, etc., enfoncez en terre un piquet en le tenant droit et parfaitement d'aplomb; mesurez-en l'ombre : elle est ou plus grande que le piquet, ou plus courte, ou égale. Il en sera de l'ombre de la tour, du clocher, de l'arbre, comparés à la hauteur de la tour, du clocher, de l'arbre, etc., comme de l'ombre du piquet comparée à la hauteur du piquet. Mesurez la longueur de l'ombre de la tour. Je suppose que vous la trouviez de dix mètres. Après avoir de même mesuré l'ombre du piquet, partagez cette dernière longueur en dix parties égales, que nous nommerons des centimètres. Appliquant cette mesure au piquet, il se trouve, par exemple que le piquet n'a hors de terre que huit centimètres, et son ombre m'en donne dix; l'ombre excède donc de deux centimètres la hauteur du piquet; j'en conclus de là que l'ombre de la tour a deux mètres de plus que sa hauteur réelle. Ainsi au lieu de dix mètres de longueur que son ombre m'a donnés, elle n'aura que huit mètres de hauteur. Si au contraire l'ombre de la tour ne se trouve que de huit mètres et que la hauteur du piquet excède de deux centimètres son ombre, que vous aurez partagée en huit, vu que vous avez trouvé que la longueur de l'ombre de la tour est de huit mètres, il suit de là que la tour est plus haute de deux mètres que son ombre n'est longue. Elle a donc dix mètres de hauteur. Enfin si le piquet est égal à son ombre, et que l'ombre de la tour promptement mesurée se trouve avoir dix mètres, vous pouvez sans autre calcul être sûr que la tour et son ombre sont égales, et que sa hauteur est de dix mètres. Je suppose ici la hauteur du piquet de dix centimètres.

Il ne s'agit, pour faire ces calculs et ne pas se tromper, que de se rappeler de diviser le piquet en autant de parties que l'ombre d'un objet quelconque présente de mètres de longueur, un arbre ou un clocher dont je veux connaître la hauteur par son ombre. Je suppose que l'ombre de l'arbre me donne trente mètres; je diviserai le piquet

que je plante en terre en trente parties égales
que je nommerai centimètres. Si l'ombre du clocher me donne quarante mètres, je diviserai mon
piquet en quarante parties égales; alors le piquet
devient une échelle de proportion. Si l'ombre du
piquet est plus grande que le piquet de deux de
ces parties, l'ombre de l'arbre sera de deux mètres
plus grande que l'arbre; ainsi l'ombre de l'arbre
étant de trente mètres, sa hauteur sera de vingt-
huit mètres. Si au contraire le piquet avait été
plus grand de deux de ces parties, l'arbre aurait
eu en hauteur deux mètres de plus que son ombre.

Cette comparaison de la hauteur déterminée
d'une pyramide ou de tout autre gnomon (aiguille haute et plantée pour faire connaître quelque chose par son ombre), avec son ombre, four-
nit un excellent moyen pour fixer certains points
de géographie. Par exemple, si nous savons sur
des mémoires fidèles le rapport qu'il y a à Pékin
entre une tour de cent mètres de haut et son ombre, le jour du solstice d'été, et que nous trouvions
un autre rapport à Paris entre une aiguille de cent
mètres et son ombre, nous voyons par la différence de l'un à l'autre de combien Pékin est plus
près que nous des lignes qui bornent la course du
soleil. Car plus un lieu se trouve près de la chute
perpendiculaire des rayons du soleil du midi,
plus aussi l'ombre des tours y devient-elle courte.
On peut donc juger de combien deux villes sont
plus voisines l'une que l'autre du point du solstice par l'inégalité des ombres de deux tours d'une

égale hauteur sous le soleil du midi d'un certain jour.

Quoique l'adresse de l'homme entre pour quelque chose dans ces différentes opérations, elle ne consiste qu'à observer les mouvements de la lumière, et qu'à faire valoir les secours que la lumière nous offre. Le fluide où toutes ces lignes et toutes ces directions subsistent, nous touche immédiament; mais la source des ébranlements réguliers qui s'y opèrent sans cesse en notre faveur, est à trente-trois millions de lieues loin de nous.

ALPHONSE. — Voilà qui est assez intéressant pour mettre sur nos cahiers.

LÉONIDAS. — Il reste encore bien du blanc, pour les remplir il faudrait que Théodore nous trouvât quelque chose.

HENRI. — Il y a un Monsieur qui est venu chez nous, il a vu et lu mon cahier, il l'a trouvé bien et prétend qu'il est impossible que l'on n'apprenne pas l'arithmétique en lisant cet ouvrage; mais il prétend que si nous eussions ajouté un cours de tenue de livres au cours d'arithmétique, cet ouvrage devenait utile et nécessaire à l'instruction de la jeunesse.

THÉODORE. — Ce Monsieur est très-indulgent, et il pourrait avoir raison, lorsqu'il dit qu'un cours de tenue de livres serait bien à sa place dans ce traité d'arithmétique.

LÉONIDAS — Voilà le moyen tout trouvé pour remplir nos cahiers, et je pense que Théodore doit connaître assez la tenue des livres pour nous en faire suivre un cours.

THÉODORE. — Je connais la tenue des livres comme je connais l'arithmétique, c'est-à-dire bien peu, je raisonne comme je l'entends, je déblaie la route afin de la rendre moins pénible, et je laisse aux hommes de talent, aux hommes de génie, le reste de la course à faire pour atteindre le but.

Quant à la tenue des livres, je vais, comme dans le traité d'arithmétique, vous tracer la route, et MM. les professeurs de tenue de livres feront le reste ; mais je pense qu'ils ne seront pas fâchés d'avoir des élèves un peu dégrossis.

XVIIIᵉ ENTRETIEN.

Premières notions sur la Tenue des Livres.

THÉODORE.—Nous avons sur la Tenue des Livres de commerce des ouvrages qui jouissent d'une grande réputation ; des professeurs éclairés enseignent cette partie aux jeunes gens qui se destinent aux affaires de commerce. Par quelle fatalité la plupart de ceux qui ont étudié dans les livres les plus estimés ou qui ont suivi les meilleurs cours, éprouvent-ils tant de difficultés lorsqu'il s'agit de mettre en œuvre les connaissances qu'ils ont acquises ? J'ai pu croire qu'il y avait dans les méthodes employées un vice quelconque qui les empêchait de se les graver dans la mémoire. Peut-être, me suis-je dit, multiplie-t-on trop les exemples et pas assez les définitions, ou peut-être aussi oublie-t-on souvent que l'on parle à des jeunes gens à la portée de l'intelligence desquels il est d'autant plus nécessaire de se mettre, qu'ils ne peuvent qu'avec le secours d'autrui arriver à des connaissances plus étendues.

C'est en partant de ces deux idées, exprimées par M. Jacquet, négociant, et auteur d'un petit traité élémentaire aussi instructif qu'intéressant, que je me suis déterminé à simplifier et à raisonner la tenue des livres de manière à ce que les jeunes gens qui auraient suivi ce cours puissent mettre en œuvre leurs connaissances sans le secours d'autrui. C'est après m'être entouré de tous les meilleurs auteurs et principalement des idées précieuses de M. Jacquet qui raisonnait dans mon sens, que j'ai reconnu qu'il manquait à presque tous les teneurs de livres la connaissance de la comptabilité, et qu'il n'y avait dans cette science qu'une routine de laquelle personne ne s'écarte; car le langage et la marche restent les mêmes partout. En Angleterre, tout est simplifié et conduit par une connaissance parfaite de la comptabilité en général et du commerce, tandis que chez nous il est rare de trouver un teneur de livres qui puisse se flatter d'être comptable. Présentez-lui une comptabilité quelconque à rendre ou à débrouiller, il n'y est plus, c'est hors de sa sphère et par la même raison hors de sa compétence. Quant aux jeunes gens qui reçoivent des leçons de tenue de livres d'après cette routine, sans raisonnement, je les compare à ces écoliers dont le cours d'arithmétique est terminé, remportant chez leurs parents leur gros cahier où l'on a poussé les opérations jusqu'aux règles de trois, et qui, au fait, au bout de quelque temps, ont tout oublié et ne savent plus rien. Pourquoi cela, je le demande? La réponse est toute simple : c'est parce que l'on n'a pas assez défini ni expliqué les leçons qu'ils reçoivent. Un bon teneur de livres (et il n'en manque pas), est donc celui qui raisonne ses leçons et les définit.

Est-ce défaut de connaissance de la part des maîtres qui, eux-mémes, n'ont reçu que cette routine? car dans un maître qui aurait des moyens démonstratifs, on ne pourrait pas supposer une pareille négligence; son intérêt et son honneur y sont engagés. Il en est de même pour la tenue des livres que pour l'arithmétique. Des professeurs de tenue de livres, qui n'ont acquis que des connaissances routinières, ne peuvent propager que cette routine; on leur fait copier dans un auteur, soit Dégrange soit tout autre, un journal qui n'est que la copie du journal de l'auteur; de là, on leur fait transporter les écritures de ce journal sur un grand livre qui n'est encore que la copie du grand livre de l'auteur, de manière que l'élève a copié un journal, un grand livre et un inventaire, sans savoir ce qu'il a fait; ce qu'il sait, c'est qu'il a beaucoup travaillé et qu'il ne peut, seul, mettre à exécution ce qu'il croit avoir appris. Donc, il ne sait rien.

Au lieu de tout cela, ne devrait-on pas commencer par leur expliquer et démontrer en quoi consiste la science du négociant ?

La science du négociant consiste en deux points :

1° A connaître toutes les qualités et les circonstances des choses dont il fait commerce ;

2° A savoir faire les écritures nécessaires pour conduire ce commerce dans un ordre exact qui en donne une parfaite connaissance en tout temps.

Je sens que la connaissance renfermée dans le premier point s'acquiert plus par l'usage que l'on en fait chez les négociants, que par les préceptes que l'on pourrait donner.

La science du second point est la connaissance des écritures qui se pratiquent dans les comptoirs du négociant ; cette science, on doit la réduire à des principes ou règles certaines, et c'est ce que je me propose de faire dans cette donnée sur la tenue des livres.

Le premier raisonnement à faire à l'élève est de commencer par lever tous les obstacles qui se présentent dans les mots que l'on emploie dans la tenue des livres, tels que Crédit, Débit, Marchandises générales, Caisse, Billets à payer, Billets à recevoir, Profits et Pertes, etc.

Il est un fait que tous ces mots employés, tels qu'on les emploie ordinairement, doivent être incompréhensibles pour l'élève, et par la même raison il lui est impossible d'en tirer parti avec connaissance de cause.

Si, au contraire, simplifiant la chose et personnifiant les cinq comptes généraux, c'est-à-dire en expliquant à l'élève que le négociant, ne paraissant en rien dans le commerce, a cru devoir confier le commerce à cinq agents, chargés de lui rendre compte de leurs opérations. Ces cinq agents seront positivement les cinq comptes généraux sur lesquels roule tout le mécanisme des affaires.

Il ne s'agit que d'en faire le raisonnement et l'application ; par exemple, je dirai que *Caisse* est une personne à qui le négociant a confié une somme quelconque dont il lui demandera compte quand bon lui semblera. *Caisse* se trouve donc obligé, tant par nécessité que par intérêt, d'ouvrir un compte pour en rendre un quand on le lui demandera.

Ainsi, si je dis à l'élève : supposons que vous soyez M. *Caisse* et qu'on vous remette de l'argent sans qu'on vous en doive, que ce ne soit qu'à titre de dépôt ; que ferez-vous dans une pareille circonstance? L'élève me répondra : J'écrirai que je dois à un tel la somme de. . . . . . .

Voilà donc un raisonnement naturel qui me met à même de lui expliquer en peu de mots la manière dont la caisse doit se reconnaître débitrice.

Ainsi, je lui dis : Ce tel à qui caisse doit se nomme *capital* (Le mot *capital* personnifié représente le négociant). Il ne lui sera plus difficile de reconnaître le créancier, et comment il doit ouvrir son compte, il écrira : *Caisse* doit à *Capital*, etc.

Mais cette somme que je lui ai dit lui avoir été

confiée à titre de dépôt? Pour mieux faciliter son intelligence, je lui explique que ce dépôt doit être employé par lui dans les affaires du commerce; qu'en conséquence il sera obligé d'écrire aussi le nom des personnes ou comptes généraux à qui il prêtera, afin que lorsqu'il sera sommé par M. *Capital* de lui rendre compte de ses fonds, il puisse lui donner pour comptant toutes ses créances. Ce sont toutes ces créances qu'il appellera son *avoir* et qui figureront en face du compte qu'il a ouvert pour écrire ce qu'il doit, et qu'il appellera son *doit*.

Il en est de même des autres comptes généraux; chaque fois qu'un des comptes généraux empruntera à un autre, il créditera le prêteur et débitera le compte qui a emprunté.

Mais pour mieux encore faciliter l'élève, le maître devra faire établir de petits comptes généraux, c'est-à-dire les ouvrir tous, mais avec peu d'articles, ainsi qu'un brouillard de peu d'articles, un journal de peu d'articles. C'est en faisant faire ces petits relevés que l'élève concevra tout le mécanisme de la tenue des livres; c'est surtout par ces petits comptes que le maître commencera ses démonstrations; c'est par de pareils procédés qu'il pourra faire concevoir ce que c'est que brouillard, journal, grand-livre, débit et crédit. Lorsque l'élève aura conçu tous ces petits comptes et toutes les expressions dont on se sert, quoiqu'en petit, il aura deviné et compris, pour ainsi dire la tenue des livres en grand. Effectivement, vous lui avez expliqué ce que c'est qu'un brouillard; pour vous prouver qu'il a conçu ce que vous venez de lui expliquer, faites-lui en établir un d'une quinzaine d'articles; s'il l'établit bien, vous êtes assuré qu'il a compris ce que vous lui avez dit.

S'il fait quelques fautes, ce qui ne peut être que peu de chose sur quinze articles, corrigez-les de suite; faites-lui en établir un second, et si le second est encore fautif, expliquez les fautes et faites-lui en faire un troisième qui, à coup sûr, sera bien. Je suppose qu'il fallût tout un jour à l'élève pour concevoir et établir trois brouillards de quinze articles, ce qui ferait en tout 45 articles, il n'est pas moins vrai qu'il l'aurait appris dans une journée.

J'en suppose autant pour le journal destiné à recevoir les 15 articles du Brouillard dont nous venons de parler; il aura donc obtenu dans deux jours une partie des connaissances qui constituent la tenue des livres.

Il ne reste plus qu'à ouvrir un Grand-Livre pour recevoir les comptes du journal. Je l'ouvre en effet comme il doit s'ouvrir (en grand), c'est-à-dire j'ouvre un compte particulier pour les cinq comptes généraux par *doit* et *avoir*. Il est facile au moyen de ces petits comptes de faire concevoir à l'élève ce que c'est que *doit* et *avoir*, et comment les articles du journal doivent passer au grand-livre; son Journal ne contenant que 15 articles qu'il a déjà su rédiger, il ne reste plus qu'à lui faire lire le premier article de son Journal et lui demander comment il doit créditer ou débiter cet article. Supposons qu'il lise, sur le premier article de son journal, *Marchandise Générale doit à Caisse pour une somme quelconque à elle prêtée*, etc.; vous lui demanderez quel est le débiteur ou le créditeur; comme il a déjà compris le Journal d'après les explications que vous lui en avez faites, il vous dira de suite que c'est Marchandise Générale, puisqu'il a reconnu que Marchandise Générale est débitrice; dites-lui qu'il faut aller au Grand Livre au feuillet où le compte de M. G. est ouvert. Arrivé à ce compte, faites-lui reconnaître le feuillet où doit être inscrit la dette de M. G. envers Caisse, et il l'écrira. Ce peu d'explications suffira pour lui faire reconnaître le feuillet du Doit, de tous les comptes en général, et par la même raison le feuillet sur lequel doit s'inscrire l'Avoir ou la créance; enfin que c'est, règle générale, sur le feuillet de gauche que chaque compte inscrit ce qu'il doit à un autre compte, et que c'est sur le feuillet qui est à droite qu'il écrit ce qu'un autre compte lui doit : chaque compte en agit ainsi jusqu'à l'Inventaire, et puis, l'Inventaire terminé après avoir débité et crédité tous les comptes tels que vous les trouvez, vous recommencez de nouveau en suivant la même marche que vous avez suivie dans les premiers comptes.

Maintenant revenant sur vos pas, vous lui expliquez que le premier article n'est pas terminé, vous lui dites qu'où il y a un débiteur il y a aussi un créditeur; qu'il n'a fait que le compte du débiteur qui est M. G., mais qu'il reste à créditer Caisse qui a prêté à M. G. Vous lui démontrez comment il faut passer cet article, après quoi vous lui dites d'aller au Grand Livre chercher le compte de Caisse. Arrivé à ce compte, vous lui faites reconnaître le feuillet (quoi qu'il sache déjà que la créance d'un compte ou son avoir s'inscrit sur le feuillet de droite, mais une seconde explication n'est pas nuisible), où doit être inscrit l'article qui concerne la caisse ; et il inscrira naturellement, d'après vos explications à l'avoir de Caisse, ce que marchandise générale doit. Cela fait pour les 15 articles dont j'ai parlé plus haut, l'élève sera au courant; et lorsque vous lui direz : Voilà une grande partie connue de la tenue des livres, il vous reste maintenant peu de chose à apprendre pour la connaître en entier, nul doute que l'élève ne soit étonné d'être aussi avancé sans s'en être aperçu.

Léonidas. — Nous commencions à comprendre; pourquoi n'achevez-vous pas et laissez-vous à d'autres le soin de nous instruire sur la tenue des livres ?

Théodore. — Parce que le volume de l'arithmétique est déjà assez gros comme cela, et qu'un trop gros volume répugne au lecteur.

Mais si des professeurs, des maîtres d'école me demandaient de leur faire un traité de tenue de livres pour l'instruction de leurs élèves, je m'empresserais de répondre à leur désir; mais ce traité de tenue des livres serait établi sur le même plan que le traité d'arithmétique, c'est-à-dire qu'il serait dialogué, et c'est vous, Messieurs, qui seriez les dialogueurs et les interlocuteurs choisis pour ce traité.

Je pense d'après les succès de l'arithmétique,
qu'un traité de tenue de livres mis en dialogue,
mettrait à même tous ceux qui voudraient se
donner la peine de le lire, dans le cas d'être en bien
peu de temps de bons teneurs de livres. Les cas
les plus embarrassants, prévus ou non prévus, y
seraient définis d'une manière si simple et si claire
que rien ne pourrait échapper à l'intelligence de
l'élève.

ALPHONSE. — Que messieurs les professeurs et
les maîtres d'école se dépêchent donc bien vite,
il nous tarde de traiter de la tenue des livres.

THÉODORE. — Dans tous les cas, consolez-vous
si ces messieurs ne nous demandent pas cet ouvrage, nous le ferons pour nous, mais un peu
plus tard.

Et enfin pour clore ce volume, j'invite les
personnes qui l'ont entre les mains de le lire plusieurs fois de suite et en entier, et je réponds
qu'au bout de quatre ou cinq fois qu'elles en auront fait la lecture, elles sauront calculer.

Quant à messieurs les professeurs, ils choisiront
parmi les élèves de leur classe les plus avancés
dans la lecture et l'écriture, dix élèves à qui ils
donneront à copier à chacun un rôle d'après le
nom qu'ils leur auront fait prendre (d'après ceux
qui sont dans l'ouvrage), ils les feront dialoguer
le premier entretien jusqu'à ce qu'ils le sachent
de manière à pouvoir raisonner et opérer ; de là
ils passeront au second entretien et ne l'abandon-
neront que quand ils le sauront comme le premier, et ainsi de suite jusqu'à la fin. D'ailleurs pour

cela ils n'ont qu'à suivre la marche qui leur est tracée dans l'ouvrage. Dix élèves remplaceront les dix élèves qui figurent dans cette arithmétique; d'un autre côté, comme il est beaucoup de jeunes professeurs à qui la démonstration n'est pas familière, ils pourront prendre le rôle de Théodore, et en peu de temps ils seront aguerris dans l'art de démontrer : première science qui doit caractériser le maître.

Quant aux notions sur la tenue des livres, je pense que messieurs les professeurs en saisiront le sens, et qu'ils les trouveront suffisantes pour bien dégrossir leurs élèves et les mettre à même de bien comprendre cette science, et qu'ils me sauront gré d'avoir joint ces notions à mon arithmétique.

FIN.

TABLE.

FIN DE LA TABLE.

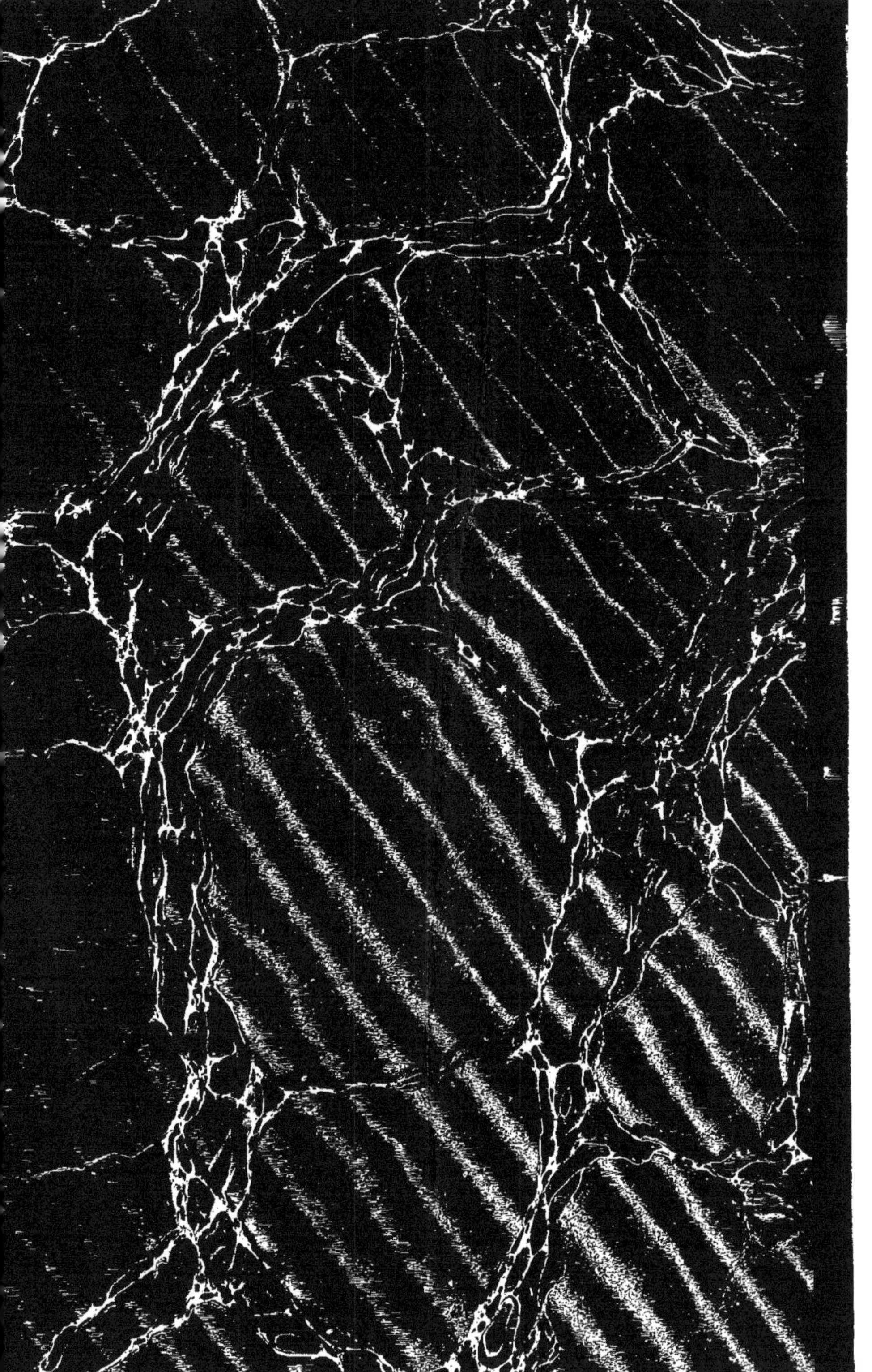